"创新设计思维"
数字媒体与艺术设计类
新形态丛书

数字媒体技术与应用

移动学习版

互联网 + 数字艺术教育研究院 策划

刘琴琴 王哲 主编 曹文俊 程阳 副主编

人民邮电出版社

北京

图书在版编目（CIP）数据

数字媒体技术与应用 ： 移动学习版 / 刘琴琴，王哲主编. -- 北京 ： 人民邮电出版社，2023.4（2024.7重印）
（“创新设计思维”数字媒体与艺术设计类新形态丛书）
ISBN 978-7-115-61229-8

Ⅰ. ①数… Ⅱ. ①刘… ②王… Ⅲ. ①数字技术—多媒体技术 Ⅳ. ①TP37

中国国家版本馆CIP数据核字(2023)第033482号

内 容 提 要

本书系统地介绍了数字媒体技术的基础知识和相关软件的使用。全书共 7 章，主要包括数字媒体技术概述、使用 Photoshop 处理图像、使用 Animate 制作动画、使用 Audition 制作音频、使用 Premiere 制作视频、使用 After Effects 制作后期特效等内容，最后还将数字媒体技术与商业案例相结合，对全书知识进行综合应用。

为了便于读者更好地学习本书内容，本书提供了“疑难解答”“技能提升”“提示”“设计素养”等小栏目来辅助学习，并且在操作步骤和部分案例说明旁附有对应的二维码，读者可以扫描二维码观看操作步骤的视频演示及案例的高清效果。

本书不仅可作为各类院校数字媒体艺术、数字媒体技术、视觉传达设计、动画设计等专业的软件应用基础课程的教材，还可供数字媒体行业的初学者自学或作为相关行业工作人员的参考书。

◆ 主　　编　刘琴琴　王　哲
　副 主 编　曹文俊　程　阳
　责任编辑　韦雅雪
　责任印制　王　郁　陈　犇

◆ 人民邮电出版社出版发行　　北京市丰台区成寿寺路 11 号
　邮编　100164　　电子邮件　315@ptpress.com.cn
　网址　https://www.ptpress.com.cn
　三河市祥达印刷包装有限公司印刷

◆ 开本：787×1092　1/16
　印张：13.5　　2023 年 4 月第 1 版
　字数：359 千字　　2024 年 7 月河北第 3 次印刷

定价：59.80 元

读者服务热线：(010)81055256　印装质量热线：(010)81055316
反盗版热线：(010)81055315
广告经营许可证：京东市监广登字 20170147 号

数字媒体技术发展日新月异，并在现阶段得到了广泛的应用。因此，很多院校都开展了与数字媒体相关的课程，但目前市场上很多教材的教学结构、所使用的软件版本等已不能满足院校当前的教学需求。党的二十大报告中提到："教育、科技、人才是全面建设社会主义现代化国家的基础性、战略性支撑。"为了帮助各类院校快速培养优秀的数字媒体技能型人才，我们认真总结了教材编写经验，用2～3年的时间深入调研各类院校对教材的需求，组织一批具有丰富教学经验和实践经验的优秀作者编写了本书。

本书特色

本书以设计案例带动知识点的方式，讲解数字媒体技术的基础知识和相关软件的应用，其特色可以归纳为以下5点。

● 精选数字媒体技术基础知识，轻松了解数字媒体技术领域　本书先介绍数字媒体的基本概念、关键技术、信息系统，以及数字媒体技术的应用与发展等基础知识，再分别按图像、动画、音频、视频、后期特效的处理与制作顺序进行讲解，让读者兼备理论知识与实践技能。

● 课堂案例+软件功能介绍，快速掌握数字媒体相关软件的进阶操作　基础知识讲解完成后，书中会以课堂案例引入每小节的知识点。课堂案例充分考虑了案例的商业性和知识点的实用性，以提高读者的学习兴趣，加强读者对知识点的理解与应用。课堂案例讲解完成后，再提炼讲解本节的重要知识点，从而让读者进一步掌握软件的相关操作。

● 课堂实训+课后练习，巩固并强化软件操作技能　正文讲解完成后，通过课堂实训和课后练习进一步巩固并提升读者对本章软件操作技能的掌握。其中，课堂实训提供了完整的实训背景、实训思路，可以帮助读者梳理和分析实训操作；课后练习则进一步训练读者的软件独立操作能力。

● 设计思维+技能提升+素养培养，培养高素质专业型人才　在设计思维方面，本书在课堂案例还是课堂实训中都融入了设计需求和思路，并且通过"设计素养"小栏目体现了设计标准、设计理念、设计思维。另外，本书还通过"技能提升"小栏目，以多种表现形式进行了设计思维的拓展与能力的提升。在素养培养方面，本书在案例中结合了传统文化、创新思维、爱国情怀、艺术创作、文化自信、工匠精神、环保节能、职业素养等，引发读者的思考和共鸣，培养读者的能力与素质。

● 真实商业案例设计，提升综合应用与专业技能　本书的最后一章通过企业电商活动海报设计、产品介绍动画制作、企业宣传片制作等商业案例，帮助读者对数字媒体技术进行综合运用，旨在提升读者的实际应用能力与专业能力。

 教学建议

本书的参考学时为48学时，其中讲授环节为22学时，实训环节为26学时。各章的参考学时可参见下表。

章序	课程内容	学时分配	
		讲授	实训
第1章	数字媒体技术概述	3学时	1学时
第2章	使用Photoshop处理图像	3学时	4学时
第3章	使用Animate制作动画	3学时	4学时
第4章	使用Audition制作音频	3学时	4学时
第5章	使用Premiere制作视频	4学时	4学时
第6章	使用After Effects制作后期特效	4学时	4学时
第7章	综合案例	2学时	5学时
学时总计		22学时	26学时

 配套资源

本书提供立体化教学资源，主要包括以下6个方面。教师可登录人邮教育社区（www.ryjiaoyu.com），在本书页面中进行下载。

   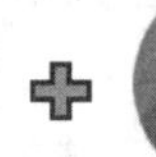     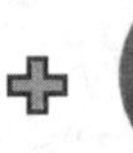 

视频资源　素材与效果文件　拓展案例　模拟试题库　PPT和教案　拓展资源

- 视频资源　本书在讲解与数字媒体技术相关的操作及展示案例效果时均配套了相应的视频，读者可扫描相应的二维码进行在线学习，也可以扫描右侧二维码关注“人邮云课”公众号，输入校验码“61229”，将本书视频载入手机上的移动学习平台，利用碎片时间轻松学。
- 素材与效果文件　本书提供书中案例涉及的素材与效果文件。
- 拓展案例　本书提供拓展案例（本书最后一页）涉及的素材与效果文件，便于读者进行练习和自我提高。
- 模拟试题库　本书提供丰富的与数字媒体技术相关的试题，读者可自由组合出不同的试卷进行测试。
- PPT和教案　本书提供PPT和教案，辅助教师顺利开展教学工作。
- 拓展资源　本书提供图片、视频、音频素材和相关设计拓展资源。

 致谢

本书由南通理工学院计算机与信息工程学院刘琴琴、王哲担任主编，由曹文俊、程阳担任副主编。由于编者水平有限，书中难免存在不妥和疏漏之处，恳请读者不吝指正。

编者

2023年1月

目录 CONTENTS

第1章 数字媒体技术概述

1.1 数字媒体的基本概念……2
1.1.1 媒体与数字媒体……2
1.1.2 数字媒体的分类……2
1.1.3 数字媒体的采集……2
1.1.4 数字媒体的文件格式……4
1.1.5 数字媒体文件格式的转换……5
1.2 数字媒体技术中的关键技术……6
1.2.1 数字媒体压缩技术……6
1.2.2 数字存储技术……7
1.2.3 数字媒体信息检索技术……7
1.2.4 流媒体技术……7
1.3 数字媒体信息系统……8
1.3.1 数字媒体硬件系统……9
1.3.2 数字媒体软件系统……10
1.4 数字媒体技术的应用与发展……11
1.4.1 数字媒体技术的应用领域……11
1.4.2 数字媒体技术的发展趋势……14
1.5 课堂实训……15
1.5.1 使用手机拍摄照片并传输到计算机中……15
1.5.2 将图片的格式由JPEG转换为PNG……15
1.6 课后练习……16
练习1 使用系统自带的“录音机”软件录制声音并转换为MP3格式……16
练习2 使用手机录制视频片段并转换为AVI格式……16

第2章 使用 Photoshop 处理图像

2.1 图像与Photoshop基础……18
2.1.1 图像的分辨率……18
2.1.2 位图与矢量图……18
2.1.3 图像的色彩模式……19
2.1.4 认识Photoshop的操作界面……19
2.1.5 Photoshop的基本操作……21
2.2 选取与绘制图像……23
2.2.1 课堂案例——制作“端午节”推文封面首图……23
2.2.2 创建选区……25
2.2.3 编辑选区……26
2.2.4 课堂案例——制作企业Logo……26

2.2.5 创建路径……28
2.2.6 编辑路径……29
2.3 调整与修复图像……30
2.3.1 课堂案例——处理风景照片……31
2.3.2 调整图像明暗、色彩与色调……33
2.3.3 课堂案例——修复人像照片……35
2.3.4 修复图像……36
2.4 合成图像……38
2.4.1 课堂案例——制作“夏至”节气推文封面次图……38
2.4.2 设置图层样式与不透明度……40
2.4.3 课堂案例——制作美食优惠券……41
2.4.4 添加文字……43
2.4.5 创建蒙版……44
2.4.6 课堂案例——制作水彩装饰画……44
2.4.7 应用滤镜特效……47
2.5 课堂实训……48
2.5.1 制作茶文化宣传册封面……48
2.5.2 制作比萨商品主图……49
2.6 课后练习……51
练习1 制作电商促销Banner……51
练习2 制作中国电影发展史海报……51

第3章 使用 Animate 制作动画

3.1 动画与Animate基础……53
3.1.1 动画的原理与帧的含义……53
3.1.2 认识Animate的操作界面……53
3.1.3 Animate的基本操作……56
3.2 制作逐帧动画与补间动画……59
3.2.1 课堂案例——制作动态标志……59
3.2.2 元件与“库”面板……61
3.2.3 创建与编辑元件……63
3.2.4 创建与编辑帧……64
3.2.5 课堂案例——制作旅行视频片头动画……66
3.2.6 认识和创建补间动画……68
3.3 制作引导层动画与遮罩动画……70
3.3.1 课堂案例——制作电商Banner动画……70
3.3.2 认识和创建引导层动画……72
3.3.3 课堂案例——制作招聘海报动画…73
3.3.4 认识和创建遮罩动画……75
3.4 制作交互动画……76
3.4.1 课堂案例——制作动态风景相册H5动画……76
3.4.2 认识 ActionScript……79
3.4.3 认识“动作”面板和使用脚本……80
3.5 课堂实训……82
3.5.1 制作篮球比赛宣传动画……82
3.5.2 制作模拟菜单交互动画……84
3.6 课后练习……85
练习1 制作运动鞋Banner动画……85
练习2 制作吹泡泡交互动画……86

第4章 使用 Audition 制作音频

4.1 音频与Audition基础……88
4.1.1 音频三要素……88
4.1.2 声音转换为音频的过程……88
4.1.3 音频的采样率、位深度和声道……89
4.1.4 认识Audition的操作界面……89
4.1.5 Audition的基本操作……91
4.2 编辑音频……95
4.2.1 课堂案例——制作古诗朗诵音频…95
4.2.2 选择与查看波形……97
4.2.3 剪切与复制波形……99
4.2.4 裁剪音频……99
4.2.5 删除音频……99
4.2.6 课堂案例——制作琵琶演奏音频·100
4.2.7 淡入淡出波形……102
4.3 处理音频效果……103

4.3.1 课堂案例——制作宣传片解说音频 …… 103
4.3.2 设置音量大小 …… 105
4.3.3 降噪处理 …… 106
4.3.4 设置延迟与回声 …… 107
4.3.5 添加混响 …… 107
4.3.6 课堂案例——制作卡通人物音频 …… 108
4.3.7 设置变调 …… 109
4.4 合成音频 …… 110
4.4.1 课堂案例——制作广告背景音乐 …… 111
4.4.2 在多轨编辑模式下编辑音频 …… 113
4.4.3 管理轨道 …… 114
4.5 课堂实训 …… 115
4.5.1 制作并处理产品解说音频 …… 115
4.5.2 制作并合成周年庆音频 …… 116
4.6 课后练习 …… 118
练习1 制作闹钟铃声 …… 118
练习2 制作短视频配音 …… 118

第5章 使用 Premiere 制作视频

5.1 视频与Premiere基础 …… 120
5.1.1 场频、行频和扫描方式 …… 120
5.1.2 视频的制式标准与时基 …… 120
5.1.3 认识Premiere的操作界面 …… 121
5.1.4 Premiere的基本操作 …… 121
5.2 剪辑视频素材 …… 124
5.2.1 课堂案例——制作产品推广视频 …… 124
5.2.2 插入素材的部分内容 …… 127
5.2.3 移动、复制与删除素材 …… 128
5.2.4 剪断素材 …… 128
5.2.5 更改素材播放速度和持续时间 …… 128
5.3 添加视频效果和转场 …… 129
5.3.1 课堂案例——制作环境保护视频 …… 129
5.3.2 添加并设置效果 …… 135
5.3.3 管理关键帧 …… 136
5.3.4 设置转场 …… 137
5.4 添加字幕、图像和音频 …… 138
5.4.1 课堂案例——制作电视广告视频 …… 138
5.4.2 设置字幕格式 …… 147
5.4.3 应用音频过渡效果 …… 148
5.5 课堂实训 …… 149
5.5.1 制作热爱犬类的公益视频 …… 149
5.5.2 制作企业宣传视频 …… 150
5.6 课后练习 …… 151
练习1 制作水果广告视频 …… 151
练习2 制作社区篮球宣传视频 …… 152

第6章 使用 After Effects 制作后期特效

6.1 后期特效与After Effects基础 …… 154
6.1.1 后期特效的制作思路 …… 154
6.1.2 认识After Effects的操作界面 …… 155
6.1.3 After Effects的基本操作 …… 156
6.2 后期特效制作的基本操作 …… 158
6.2.1 课堂案例——制作节目片头特效 …… 158
6.2.2 创建不同类型的图层 …… 160
6.2.3 图层的基本属性 …… 162
6.2.4 管理与编辑图层 …… 162
6.2.5 课堂案例——制作文明行车广告 …… 164
6.2.6 关键帧与关键帧运动路径 …… 166
6.2.7 渲染与输出数字媒体 …… 167
6.3 制作丰富的后期特效 …… 169
6.3.1 课堂案例——制作水滴相溶特效 …… 169
6.3.2 创建蒙版并编辑属性 …… 170
6.3.3 蒙版的布尔运算 …… 171
6.3.4 应用遮罩 …… 173
6.3.5 课堂案例——制作时空穿梭转场特效 …… 174
6.3.6 添加与设置特效 …… 176
6.4 制作三维效果 …… 177

6.4.1 课堂案例——制作三维空间的手机广告 …… 178
6.4.2 应用三维图层 …… 180
6.4.3 应用灯光 …… 181
6.4.4 应用摄像机 …… 182
6.5 课堂实训 …… 184
6.5.1 制作流沙书法特效 …… 184
6.5.2 制作资讯类自媒体片尾特效 …… 185
6.6 课后练习 …… 186
练习1 制作雷雨天气特效 …… 186
练习2 制作招生广告特效 …… 187
练习3 制作水墨转场特效 …… 187

第7章 综合案例

7.1 海报设计——制作企业电商活动海报 …… 189
7.1.1 案例背景 …… 189
7.1.2 案例要求 …… 189
7.1.3 制作思路 …… 190
7.2 动画制作——制作产品介绍动画 …… 193
7.2.1 案例背景 …… 193
7.2.2 案例要求 …… 194
7.2.3 制作思路 …… 194
7.3 视频制作——制作企业宣传片 …… 198
7.3.1 案例背景 …… 198
7.3.2 案例要求 …… 198
7.3.3 制作思路 …… 199
7.4 课后练习 …… 205
练习1 制作“星辰大海”公益海报 …… 205
练习2 制作活动开屏广告 …… 206
练习3 制作《多彩中国》节目宣传片 …… 207
拓展案例 …… 208

第1章 数字媒体技术概述

数字媒体技术随着互联网技术的发展和普及而产生，现阶段已经得到广泛的应用。在我国，数字媒体技术及产业得到了各方面的高度关注和支持，并成为市场投资和开发的热点方向。要想更好地发展数字媒体产业，首先应该发展数字媒体技术和培养数字媒体技术的专业人才，这样就要求我们必须了解数字媒体技术的基本情况。

学习目标

◎ 了解数字媒体的基本概念和关键技术

◎ 熟悉数字媒体信息系统

◎ 了解数字媒体技术的应用领域和发展趋势

素养目标

◎ 加强对数字媒体技术的认识，深入了解我国数字媒体技术的发展情况

◎ 重视对数字媒体技术的掌握，并提高学习相关知识的主动性

案例展示

数字媒体设备

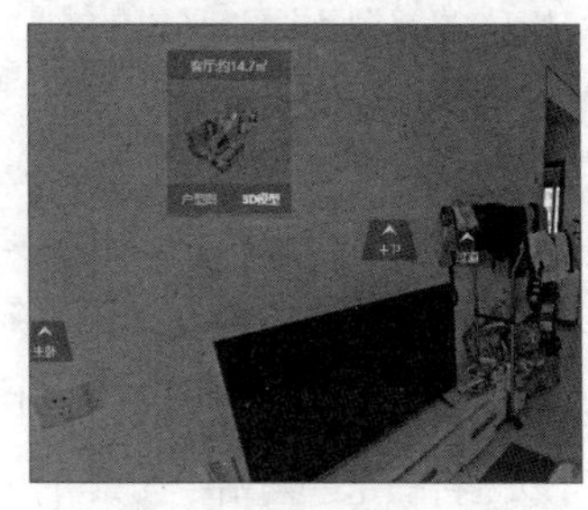

VR 看房

1.1 数字媒体的基本概念

在数字化和信息化时代，数字媒体已经被越来越多的人认识和使用，特别是信息技术和移动互联网技术的不断发展，使数字媒体的应用更加普及。

1.1.1 媒体与数字媒体

媒体是传播信息的媒介，一般有两层含义：一是指承载信息的载体，如文字、图像、声音、影像等；二是指存储和传递信息的实体，如报刊、磁带、光盘等。

数字媒体是数字化的内容作品，以现代网络为主要传播载体，通过完善的服务体系，分发到终端和用户进行消费的全过程。这是我国“国家高技术研究发展计划”（简称863计划）对数字媒体概念所做的解释。从中也可以看出，数字媒体与互联网密不可分。

1.1.2 数字媒体的分类

从承载信息载体的角度来看，数字媒体常见的类型主要有图像、音频、动画和视频4种。

- 图像：各种图形和影像的总称，它是人对视觉感知的物质的再现。数字媒体中的图像以二维数字组的形式表示，基本元素为像素。
- 音频：人类能够听到的各种声音，包括人声、乐器声、风声、鸣笛声等。数字媒体中的音频是将声音的电平信号转换成二进制数据实现保存和展现的。
- 动画：动画是采用逐帧拍摄对象并连续播放而形成运动的影像技术。数字媒体中的动画是指完全通过计算机来设计和制作的动画，主要分为二维动画和三维动画。
- 视频：视频是指根据“视觉暂留”原理，将一系列静态影像通过连续播放而形成的运动画面。数字媒体中的视频就是以数字形式记录的视频，如通过数码相机、摄像机拍摄的视频就是典型的数字媒体中的视频。这类视频可以传输到计算机中进行编辑和处理，然后分享到互联网上。

1.1.3 数字媒体的采集

数字媒体的类型不同，采集的方法也有所不同。了解了这些方法，有利于在制作各种数字媒体时获取需要的素材。

1. 采集图像

采集图像的方法较多，如从图像素材网站下载，使用抓图软件截取，使用扫描仪扫描，使用手机、数码相机等数码设备拍摄等。

- 从图像素材网站下载：互联网上有许多图像资源网站，这些网站中提供了各种类型的图像素材，可以直接在这些网站中搜索并下载需要的图像。但需要注意的是，无论是图像素材还是其他数字媒体素材，都需要在取得相应使用权的前提下才能使用（特别是商业版权），否则将可能构成侵权而取得使用权的方法主要是付费购买。

疑难解答

如何了解下载图像的使用权限?

在互联网上下载图像资源时，网站都会对该资源做出相关声明，如“××图片是××的原创作品，受著作权法保护，未经许可任何人不得擅自使用”就表明该资源是不允许被擅自下载并进行商业使用的，这类资源往往需要付费购买后才能获得商业使用的权利。因此，在下载网络资源时一定要留意网站对资源使用权限的相关说明。

- **使用抓图软件截取**：常用的抓图软件有HyperSnap、Super Capture和Snagit等。这些软件可以很方便地截取桌面、菜单、窗口等各种界面，并将其保存为指定类型的图像。另外，Windows 10操作系统自带抓图程序，按【Print Screen】键可截取全屏幕图像，按【Alt+Print Screen】组合键可截取当前窗口的图像，截取后再按【Ctrl+V】组合键可粘贴到图像处理软件中。
- **使用扫描仪扫描**：利用扫描仪中的光学系统可以将图像、照片、图书上的内容投影到平面上，然后通过传感器将其转换成电信号，再经过模数转换器变成数字信号，最后传输到计算机中。利用扫描仪自带的驱动程序或Photoshop等图像处理软件还可以将扫描的图片、照片以JPEG或BMP的格式保存。
- **使用手机、数码相机等数码设备拍摄**：通过手机、数码相机等数码设备拍摄照片后，这些照片就会存储在设备中，并且可以通过数据线将手机、数码相机与计算机相连，将拍摄好的照片复制并粘贴到计算机中，也可以利用手机QQ、微信等通信软件将图像传输到计算机中。

2. 采集音频

采集音频除了可以在互联网上下载音频素材外，最常见的采集渠道就是录制声音。我们一方面可以利用计算机或手机等设备上的录音和麦克风功能录入声音，另一方面也可以利用录音笔或麦克风等录音设备收录大自然或人类社会中产生的各种声音，如图1-1所示。

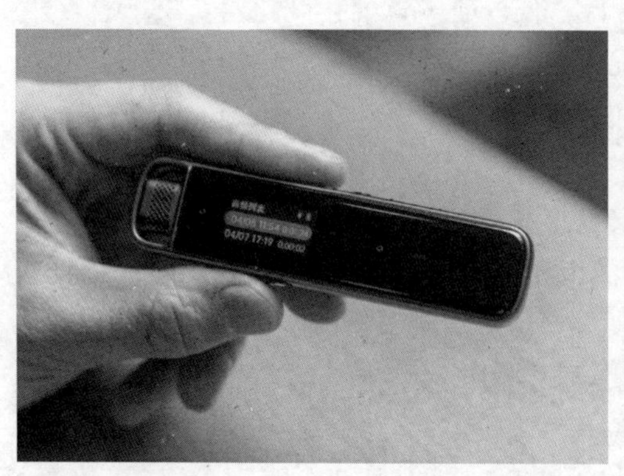

图1-1 录音笔（左）与野外录音麦克风（右）

3. 采集动画

严格来说，动画类型数字媒体的素材基本上都是通过手动绘制图形得到的。当然，互联网上也提供大量的动画素材可供下载，只是使用时依旧需要注意版权问题。

4. 采集视频

采集视频的方法也较多，如从视频素材网站下载，使用录屏软件录制，使用手机、数码相机、摄像头等数码设备拍摄等。

- **从视频素材网站下载**：在提供视频资源的网站上可以进行下载，但同样要注意需要获取使用权限。
- **使用录屏软件录制**：常用的录屏软件有嗨格式录屏大师、Snagit 等，这些软件可以录制屏幕上的各种操作，并能将录制内容保存为指定格式的视频。
- **使用手机、数码相机、摄像头等数码设备拍摄**：使用这些设备的摄像功能可以拍摄室内、室外的各种场景，并可以将拍摄的视频传输到计算机上进行编辑。

1.1.4 数字媒体的文件格式

不同类型的数字媒体具有不同的文件格式，不同的文件格式有各自的特点。了解这些知识后，就可以有针对性地使用各种文件。

1. 图像文件格式

不同格式的图像文件会直接影响到图像质量。高质量的图像可以让画面显得更加逼真和细腻，但文件体积也会变大，在网络上加载的时间也会变长，使用时需要根据实际需求选择合适的图像文件格式。

- **JPEG**：JPEG 格式通常也称作 JPG 格式，是一种很常见的图像文件格式，其特点是压缩比高、生成的文件体积小、图像质量一般，但可以满足日常大部分图像使用的环境，如无须极度放大的照片、普通的印刷作品等。
- **TIFF**：TIFF 格式是一种高质量的图像文件格式，生成的文件体积较大。当对图像质量要求较高时，可以选择这一格式。TIFF 格式有压缩和非压缩两种形式，但即便 TIFF 是压缩形式，也几乎属于无损压缩，因此可以充分保证图像的质量。
- **GIF**：GIF 格式是一种在网络上被广泛应用的图像文件格式，它生成的文件体积很小，支持动画和透明效果，易于网络传播，但图像质量相对较低，同一个文件中最多支持 256 种色彩。
- **PNG**：PNG 格式结合了 GIF 和 TIFF 格式的优点，具有压缩不失真、透明背景等特点，因此其图像质量优于 GIF 格式，网络传播效率优于 TIFF 格式。

2. 音频文件格式

不同的音频文件格式，在音频质量和文件体积上也各不相同。

- **WAV**：WAV 格式是一种被 Windows 平台广泛使用的音频文件。WAV 格式音频文件的质量较高，所需要的存储空间很大，因此文件体积也较大。
- **APE**：APE 格式是一种无损压缩音频格式，其文件体积比 WAV 格式的文件体积几乎小一半，且只要还原成未压缩状态，就能毫无损失地保留原有音质。
- **MP3**：MP3 格式是一种有损压缩的音频文件格式，可以基本保持低音频部分不失真，但会牺牲 12kHz ～ 16kHz 的高音频部分的质量，文件存储空间较少，文件体积较小。
- **WMA**：WMA 格式是一种采用流式数字音频压缩技术生成的音频文件，其文件体积比 MP3 格式的文件体积更小，但在音质上却毫不逊色。

3. 动画文件格式

这里所说的动画文件格式主要是指传输速率快、加载速度快的网页动画的文件格式，目前常见的主要有SWF、FLA和GIF 3种格式。

- **SWF**：SWF 格式是一种基于矢量的 Flash 动画文件格式，一般由 Flash 软件创作并生成。SWF 格式可以包含视频、声音、图像和动画等内容，并可在任何操作系统和浏览器中使用，应用较为广泛。
- **FLA**：FLA 格式是一种包含原始素材的 Flash 动画格式，这类格式的文件可以在 Flash 认证的软件中进行编辑并生成 SWF 文件。由于 FLA 包含了所有原始素材，因此这类格式的文件体积较大。
- **GIF**：GIF 格式不仅可以存储静态图像，还可以存储动态画面，它是一种流行的网页动画格式。GIF 格式的文件运行速度快，并支持离线浏览。

4. 视频文件格式

视频文件格式非常多，用户在使用时需要综合考虑其文件大小、质量和传输速率。

- **AVI**：AVI 格式是一种将视频信息与音频信息一起存储的视频文件格式，其视频质量好，可以在多个平台上播放使用，但文件体积较大。
- **MOV**：MOV 格式具有较高的压缩率、较完美的视频清晰度和跨平台性。
- **MP4**：MP4 格式是一种标准的视频文件格式，具有先进的压缩标准，既保证了画面的清晰度，也有效地降低了文件大小。
- **WMV**：WMV 格式是一种可以在互联网上实时观看视频的文件压缩格式，具有支持本地或网络回放、支持多种语言、扩展性好等优点。

1.1.5 数字媒体文件格式的转换

当采集到需要的素材，却发现该素材的文件格式并不是适合的格式时，重新采集该格式的素材不仅浪费时间，而且可能无法采集到相同的内容。此时，可以利用格式工厂软件将素材的文件格式转换为适合的格式。

格式工厂软件可以转换图像、音频、视频等多种数字媒体的文件格式。以将PNG图像转换为JPEG图像为例，其操作方法：启动格式工厂软件，在“图片”栏下单击需要转换的格式缩略图，这里单击“JPG”格式缩略图，在打开的窗口中利用添加文件按钮添加需要转换的PNG图像，利用输出配置按钮设置转换参数，在窗口左下方设置文件转换后的保存位置，单击确定按钮，如图1-2所示。返回格式工厂软件操作界面，单击工具箱中的开始按钮即可开始转换。

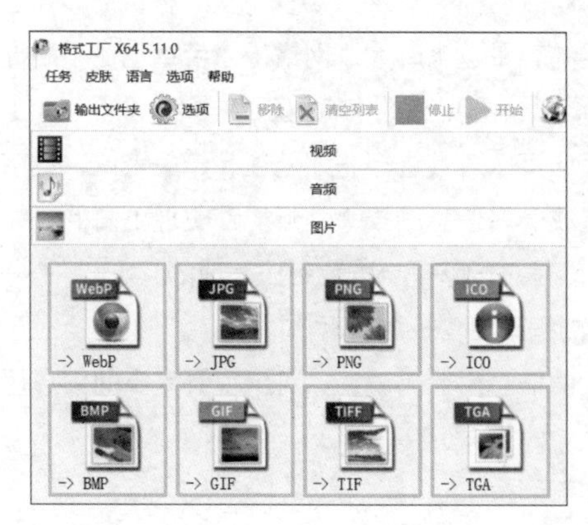

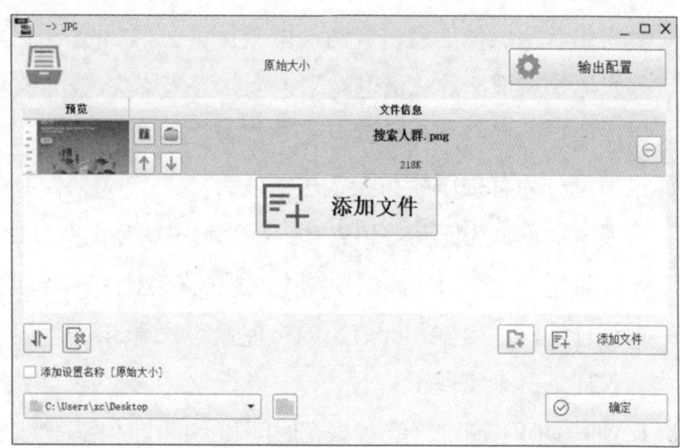

图1-2 使用格式工厂软件转换图像文件格式

技能提升

分清各种数字媒体的类型，并熟悉各种文件格式的特点，有助于更好地制作和处理数字媒体信息。请在表1-1中填写文件不同格式对应的数字媒体类型和文件格式特点。

表 1-1 不同文件格式对应的数字媒体类型和文件格式特点

文件格式	数字媒体类型	文件格式特点
AVI		
JPEG		
WAV		
WMV		
WMA		
PNG		
SWF		
MP4		

1.2 数字媒体技术中的关键技术

简单来说，数字媒体技术就是将图像、音频、动画、视频等各种媒体信息通过计算机进行数字化加工处理，使这些媒体信息能够为人们所使用的一种综合应用技术。数字媒体技术的实现需要许多关键技术的支持，否则便无法达到数字化加工处理的目的。

1.2.1 数字媒体压缩技术

数字化后的媒体信息包含海量的数据，虽然如今存储器的容量越来越大，网络传输带宽也在不断提升，但媒体信息数据的总量也越来越大。为了解决这一问题，就需要用到数字媒体压缩技术。

媒体信息经过数字化处理后一般都存在多余的内容，因此可以对其进行压缩处理。一般来说，数字媒体压缩可分为有损压缩和无损压缩两大类：有损压缩会造成一些信息的损失，但能够实现更高的压缩率；无损压缩没有任何偏差和失真，且压缩编码后的数字媒体信息能够完全恢复到压缩前的状态。

就目前而言，常用的数据压缩方法主要有统计编码、预测编码、变换编码3种。

- 统计编码：通过分析信息的出现概率，对出现概率大的信息用短码编码、对出现概率小的信息用长码编码来实现压缩。
- 预测编码：通过降低数据在时间和空间上的相关性来实现压缩。
- 变换编码：通过函数变换来实现将信号的一种空间表示变换到另一种空间表示，然后对变换后的信号进行编码来实现压缩。

1.2.2 数字存储技术

这里所说的数字存储技术针对的是互联网中应对大量数字信息的存储技术。目前的数字存储技术大致分为以下3种。

- 直连式存储：直连式存储（Direct Attached Storage，DAS）是存储设备与服务器主机直接相连的存储技术。该技术依赖于服务器，其本身是硬件的堆叠，不带有任何存储操作系统。
- 网络附属存储：网络附属存储（Network Attached Storage，NAS）是一种以数据为中心，将存储设备与服务器彻底分离的存储技术。该技术可以实现数据的集中管理，从而能够有效释放带宽、提高性能、降低成本，效率远高于直连式存储技术。
- 存储区域网络：存储区域网络（Storage Area Network，SAN）是一种采用网状通道技术，通过交换机连接存储阵列和服务器主机的存储技术。该技术可以建立专用于数据存储的区域网络，这样不仅能够改善数据可用性及网络性能，还能够减轻管理作业。

1.2.3 数字媒体信息检索技术

数字媒体信息检索技术是一种基于内容特征的检索（Content-Based Retrieval，CBR）。基于内容特征的检索是指对媒体对象的内容及上下文语义环境进行检索，如图像中的颜色、纹理、形状，音频中的音调、响度、音色，视频中的镜头、场景、镜头的运动等。

数字媒体信息检索技术突破了传统的基于文本检索的局限，直接对图像、音频或视频内容进行分析，抽取特征和语义，利用这些内容特征建立索引并实现检索。该技术采用了一种近似匹配（或局部匹配）的方法和技术，通过逐步寻找准确信息来获得检索结果，摒弃了传统的精确匹配技术，避免了不确定性。

数字媒体信息检索技术通常由媒体库、特征库和知识库组成。媒体库包含图像、音频、视频等媒体信息，特征库包含用户输入的特征和预处理自动提取的内容特征，知识库包含领域知识和通用知识，能够满足用户多层次的检索要求，实现对数字媒体信息的快速检索。

1.2.4 流媒体技术

流媒体就是数字媒体在网络上传输的方式，它的出现使用户可以在不同的网络环境下在线观看稳定、高质量的数字媒体节目。

就目前而言，流媒体主要以下载和流式传输两种方式来实现。在下载方式中，用户必须等待数字媒体文件从互联网上下载完成后，才能通过播放器进行播放；在流式传输方式中，计算机会在播放数字媒体前预先下载一段数字媒体信息作为缓冲，当网络实际速度小于播放所耗用文件的速度时，播放程序就会取用一小段缓冲区内的信息进行播放，同时继续下载一段新的内容到缓冲区，避免播放中断，这样就保证了使用数字媒体时的稳定。

实现流媒体的关键技术是流式传输技术，它主要分为顺序流式传输技术和实时流式传输技术两种。

- 顺序流式传输：顺序流式传输是指按顺序下载，用户在下载文件的同时可观看在线媒体，但只能观看已下载的部分。顺序流式传输比较适合传输高质量的、内容较短的数字媒体信息。

● 实时流式传输：实时流式传输可以借助专用的流媒体服务器和特殊的网络协议实现实时传输，适合传输现场直播、线上会议等实时传输的数字媒体信息。需要注意的是，要想获得高质量的实时流式传输体验，就需要良好的网络环境；如果网络环境不佳，流媒体会为了保护流畅度而降低数字媒体信息的质量。

技能提升

数字媒体技术的不断发展依靠的远不止压缩、存储、检索和流媒体等这些技术的支持。众所周知，数字媒体信息的数据量是非常巨大的，用户要想精准和流畅地处理这些数据，还需要计算机芯片技术的"保驾护航"；没有芯片强大的计算和处理能力，数字媒体信息的分析、计算和处理将会变得非常被动。表1-2列出了与数字媒体技术相关的其他一些技术，试想一下这些技术对数字媒体技术的发展起到了哪些作用，并填写在表中。

表 1-2　数字媒体技术的其他相关技术

关键技术	对数字媒体技术发展起到的作用
数字媒体输入技术	
数字媒体输出技术	
数字媒体软件技术	
移动互联网技术	

1.3 数字媒体信息系统

数字媒体信息系统是一种由硬件系统和软件系统有机结合的综合系统。它能够把图像、音频、视频等媒体信息与计算机系统融合起来，并由计算机系统对各种媒体信息进行数字化处理。数字媒体信息系统可分为数字媒体硬件系统和数字媒体软件系统两大部分，其组成结构如图1-3所示。

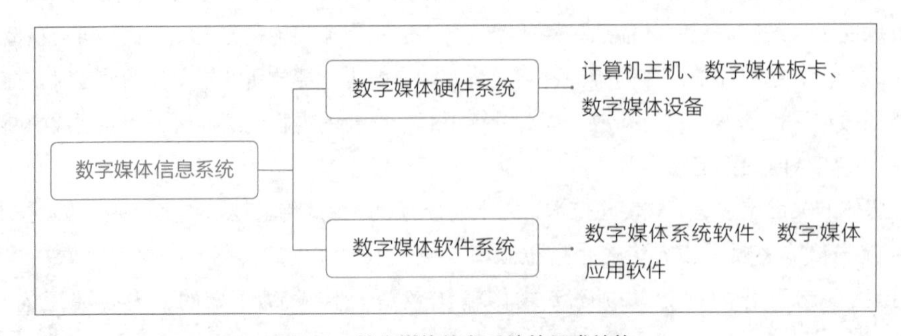

图 1-3　数字媒体信息系统的组成结构

1.3.1 数字媒体硬件系统

数字媒体硬件系统主要由计算机主机、数字媒体板卡以及可以接收和播放数字媒体信息的各种数字媒体设备所组成。数字媒体硬件系统为数字媒体信息系统的使用提供了坚实的硬件平台。

1. 计算机主机

计算机主机主要由中央处理器（Central Processing Unit，CPU）、内存和外存组成。其中，CPU是计算机主机的核心部件；内存是计算机运行时临时存放数据的部件；外存主要指硬盘，它是长期存放数据的部件，如图1-4所示。CPU和内存的性能越高，计算机的性能就越好，处理数字媒体信息的效率就越高。

图1-4　CPU（左）、内存（中）和硬盘（右）

2. 数字媒体板卡

数字媒体板卡是建立数字媒体应用程序工作环境必不可少的硬件设备。常用的数字媒体板卡有显示卡、音频卡、视频卡和网卡等，如图1-5所示。

- 显示卡：显示卡即显卡，又称显示适配器，它是计算机主机与显示器之间的接口，用于将主机中的数字信号转换成图像信号并在显示器上显示出来。它的性能影响着画面的显示效果。
- 音频卡：音频卡即声卡，它是计算机处理声音信息的专用功能卡。音频卡上都预留了麦克风、激光唱机、乐器数字接口（Musical Instrument Digital Interface，MIDI）等外接设备的插孔，可以录制、编辑和回放数字音频文件，控制各声源的音量并加以混合，在记录和回放数字音频文件时进行压缩和解压缩，具有初步的语音识别功能。
- 视频卡：视频卡即视频采集卡，它是一种基于计算机的数字媒体视频信号处理的硬件设备。它可以汇集视频源和音频源的信号，通过捕获、压缩、存储、编辑等处理，产生高质量的视频画面。
- 网卡：网卡又称网络接口控制器（Network Interface Controller，NIC），它是计算机与传输介质的接口。数字媒体信息如果需要在互联网上应用，则计算机系统需要配备网卡。

显示卡

音频卡

视频卡

网卡

图1-5　常用的数字媒体板卡

3. 数字媒体设备

数字媒体设备多种多样，其作用主要是输入和输出数字媒体信息。常见的数字媒体设备包括显示器、音箱、扫描仪、数码相机、触摸屏等，如图1-6所示。

- 显示器：一种计算机输出显示设备，由显示器件、扫描电路、视放电路、接口转换电路组成，其分辨率和视频带宽比普通电视机的分辨率和视频带宽要高出许多。
- 音箱：一种能将模拟脉冲信号转换为机械性振动，并通过空气的振动再形成人耳可以听到的声音的音频输出设备。
- 扫描仪：一种静态图像采集设备，其内部有一套光电转换系统，可以把各种图像信息转换成数字图像数据并传送给计算机，然后借助计算机对图像进行加工处理。
- 数码相机：一种能够进行拍摄，并把拍摄到的景物转换成数字图像的照相机。数码相机一般利用电荷耦合器件（Charge Coupled Device，CCD）进行图像传感，将光信号转变为电信号并记录在存储器或存储卡上。数码相机可以直接连接到计算机、电视机或打印机上，并可对图像进行简单加工处理、浏览和打印等操作。
- 触摸屏：一种定位设备，当用户用手指或相关设备触摸安装在计算机显示器前面的触摸屏时，所触摸到的位置将以坐标形式被触摸屏控制器检测到，并通过接口传送到 CPU，从而确定用户输入的信息。

显示器　音箱　扫描仪

数码相机　触摸屏

图1-6　常见的数字媒体设备

1.3.2 数字媒体软件系统

数字媒体软件系统的主要任务是将硬件系统有机地组织在一起，使用户能够方便地设计、创作、编辑和应用各种数字媒体信息。它主要分为数字媒体系统软件和数字媒体应用软件两类。

- 数字媒体系统软件：计算机上用于处理数字媒体信息的操作系统。目前主流的操作系统有 Windows 操作系统、macOS 操作系统、Linux 操作系统等，它们都能胜任数字媒体信息的处理工作。

● 数字媒体应用软件：能够在操作系统上运行，供用户直接使用的应用程序，如图像处理软件——Photoshop、音频处理软件——Audition、动画制作软件——Animate、视频编辑软件——Premiere 等，都可用于处理数字媒体信息。

疑难解答

我国的鸿蒙操作系统能不能安装在计算机上？

就目前而言，鸿蒙操作系统只能在智能手机、平板电脑、车载电脑等智能移动终端上安装和使用。但不容忽视的是，在数字媒体技术被广泛应用的今天，鸿蒙操作系统的优势越发明显。首先，鸿蒙操作系统是面向全场景的分布式操作系统，适用于一系列设备；其次，鸿蒙操作系统在软件层面，实现了各硬件设备的整合，构筑起了一个庞大的物联网群体世界，这十分贴合“万物互联”的发展趋势；最后，鸿蒙操作系统在人工智能和人机交互领域均有不错的表现，人工智能有望成为鸿蒙内嵌的功能配置，在信息化时代最大限度地帮助人们更好地工作、学习和生活。

技能提升

某位插画设计师喜爱一边听音乐一边工作，创作插画时也会经常从自己拍摄的照片中寻找灵感。假如该插画师需要搭建适合自己的数字媒体处理软、硬件环境，用于为客户设计并绘制插画。根据前面所学知识，试为该设计师选配一些必备的软、硬件设备，并在表1-3中进行勾选及填写。

表 1-3　某插画设计师的数字媒体软、硬件配置清单

计算机主机基本部件	数字媒体板卡	数字媒体设备	数字媒体系统软件	数字媒体应用软件
CPU □	显示卡 □	显示器 □	Windows □	Photoshop □
内存 □	音频卡 □	音箱 □	macOS □	Audition □
硬盘 □	视频卡 □	扫描仪 □	Linux □	Animate □
其他 □	网卡 □	数码相机 □	鸿蒙 □	Premiere □
—	—	触摸屏 □	其他 □	其他 □

数字媒体技术的应用与发展

无论是从当前的应用领域还是从未来的发展趋势来看，数字媒体技术都将更加全面且深入地影响到人们生活的方方面面，受到更多用户的青睐。

1.4.1　数字媒体技术的应用领域

随着数字媒体技术的迅速发展，其应用领域也在不断延伸，如电子商务、教育、医疗、通信、数字出版等领域。

1. 电子商务领域

当下电子商务发展迅速，网上购物、网上交易、在线支付及各种商务活动几乎每时每刻都在发生，而这些都离不开数字媒体技术的支持。目前，数字媒体技术在电子商务领域的应用主要体现在网页设计和营销两个方面。

- 网页设计：运用数字媒体技术可以制作出更加精美、优质的页面来展示商品，从而更易于吸引消费者。在设计电子商务网页时，可以将图像、音频、动画、视频等各种数字媒体信息融入其中，让这些内容与消费者产生互动，引导消费者更好地完成购物。某电子商务平台中的商品页面如图 1-7 所示，其中借助了文字、图像、视频等多种数字媒体信息，营造出直观生动的氛围，能吸引消费者的目光，提升消费者的购物欲望。

图 1-7 数字媒体技术在网页设计中的应用

- 营销：数字媒体营销是集文字、音频和图像于一体的一种营销方式，通过图像、视频和直播等方式对产品和品牌内容进行直观展现，从而快速吸引消费者眼球，给消费者带来强烈的视觉冲击和可视化感受。通过图像进行营销，可以生动、直观地加深消费者对产品的了解；通过视频进行营销，可以更加立体地展现营销的内容，不仅内容价值更高、观赏性更强，还能让消费者在全面了解企业产品的同时，缩短对产品建立信任的时间；通过直播进行营销，可以在主播的介绍中，让消费者看到产品的信息，同时主播也能通过弹幕、评论等方式接收消费者的反馈，为企业下一次开展直播营销提供改进意见。图 1-8 所示为某电商平台卖家现场包装榴梿的直播画面。

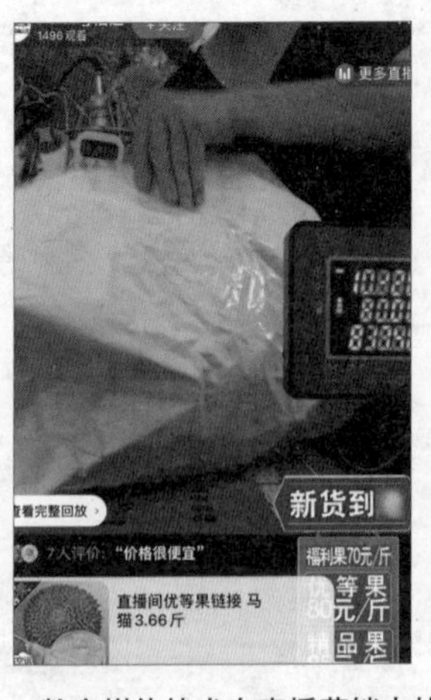

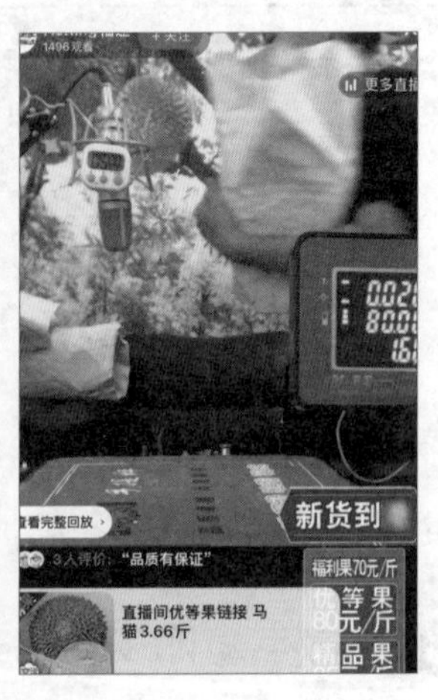

图 1-8 数字媒体技术在直播营销中的应用

2. 教育领域

数字媒体技术在教育领域的应用更多地体现在利用数字媒体计算机综合处理和控制图像、音频、动画和视频等信息，将其与教学有机地组合在一起，形成合理的教学内容并呈现在屏幕上，最后完成一系列人机交互操作，使学生拥有更好的学习体验。例如，利用数字媒体技术模拟物理或化学实验，天文或自然现象等真实场景，模拟社会环境及生物繁殖和进化等，如图1-9所示。

随着网络技术的发展，数字媒体远程教育也在不断完善。学生可以通过互联网随时调用存放在服务器上的数字媒体信息进行学习，也可以在较高的网络传输速率下通过摄像头、视频卡和麦克风等设备实现远程语音和视频信息交流。这种教学模式不受地域、时间或各种突发社会事件的影响，能够保证教学过程高质、高效，如图1-10所示。

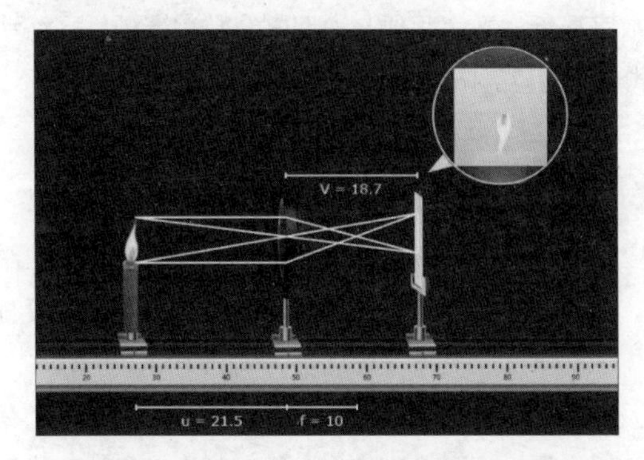

图1-9　数字媒体技术在物理实验中的应用

图1-10　数字媒体技术在远程教育中的应用

提示

数字教育广泛运用数字媒体技术开展教学，使教育突破空间和时间的限制，变得更加开放化和全球化。教师的教学效率和学生的学习效率将会更高，教与学的互动特性将会更加明显，教育的内容也将会更加全面、深入。

3. 医疗领域

数字媒体技术在医疗领域的常见应用方式是通过实时动态视频扫描和声影处理技术等医学手段（如彩超、X光片等）为病人检查病情。另外，在网络技术和数字媒体技术的共同辅助下，远程医疗应运而生，这样医生能够在千里之外为患者看病、开处方。对于疑难病例，各路专家还可以远程联合会诊，为抢救危重病人赢得宝贵的时间。

4. 通信领域

通信领域，特别是视频通信领域，也是数字媒体技术的一个应用体现。随着网络和现代通信技术的发展，用户对通信的可视化需求逐渐增加，进而转变为对音频和视频的通信需求。以传送语音、视频为一体的视频通信业务也就成为通信领域发展的热点，如视频会议、视频电话、网络直播等。

以视频电话为例，该技术是使用图像、语音压缩等数字媒体技术，利用电话线路实时传送用户图像和语音的通信方式，使用户在使用视频电话时可以听到对方的声音、看到对方的动态影像。随着数字媒体技术的发展，现在的视频电话终端已具有共享电子文档、浏览网页等功能，并且使用了增强现实技术和人脸识别技术，通话的同时可以在用户的面部实时增加如帽子、眼镜等虚拟物体，从而提高视频电话的趣味性。

提示

增强现实（Augmented Reality，AR）技术运用了数字媒体、三维建模、实时跟踪、智能交互、传感等多种技术手段，将计算机生成的各种虚拟信息模拟仿真后应用到真实世界中，从而实现对真实世界的“增强”效果。

5. 数字出版领域

数字出版是在计算机技术、数字媒体技术、通信技术、网络技术、存储技术等多种技术的基础上发展起来的新兴出版产业。数字出版是通过数字技术对出版内容进行编辑和加工，使用数字编码的方式将图像、文字、音频、视频等信息存储在磁、光及电介质上，并通过网络传播等方式进行出版的一种出版方式。

数字出版的产物主要包括数字图书、数字期刊、数字报纸、数字手册与说明书、数字音乐、网络动漫、网络游戏等，这些产物丰富了出版物的内容和形式，同时也影响着人们的生活方式和消费理念。

1.4.2 数字媒体技术的发展趋势

随着移动通信技术的不断发展，数字媒体技术的应用领域也在不断扩充。尤其是随着用户数量的激增，未来用户对数字媒体技术的要求也会越来越细化。从当前的环境来看，数字媒体技术的发展主要有以下两种趋势。

- **移动化趋势**：手机、平板电脑等智能设备的普及和5G技术的应用，为“移动化”生活提供了有力支持，数字媒体技术可以更加方便、快捷地为用户提供理财、支付、出行、购物等多种功能的智能助手和生活服务。
- **智能化趋势**：随着社会的发展，用户对人性化服务的需求越来越明显。这样就要求数字媒体技术不仅要具有强大的功能性，还要满足用户希望操作简单、快捷的要求，从而为数字媒体技术的发展提供了新的思路，即智能化。

技能提升

VR看房是一种依托于三维重建技术和虚拟现实的数字媒体三维全景在线技术，其工作原理是通过3D深度全景相机对空间场景进行拍摄扫描，再运用专门的算法对数据进行处理计算，进而拼接全景数据并生成3D模型。利用这种技术，人们可以不亲临现场，仅通过互联网就能看到房屋内部的详细情况，极大地节省了时间和精力，如图1-11所示。请结合实际，说说还有哪些数字媒体技术的应用场景。

图1-11 数字媒体技术在VR看房中的应用

1.5 课堂实训

1.5.1 使用手机拍摄照片并传输到计算机中

1. 实训背景

某设计人员需要制作一本介绍企业的画册。为了让画册内容更加形象、真实，现要求用手机拍摄多张与企业工作环境相关的照片，然后传输到计算机中作为画册的原始素材。

2. 实训思路

（1）确定拍摄内容。由于拍摄的照片是作为介绍企业的画册素材使用的，因此需要考虑拍摄哪些内容才能使介绍企业的画册显得完整、丰富。首先拍摄企业硬件设施的照片，如整体环境、大门、厂房、办公大楼等，然后拍摄企业正常生产和工作的照片，如车间工作画面、办公画面、产品运输画面等，最后拍摄体现企业文化和凝聚力的照片，如企业宗旨的牌匾、员工团建的画面等。

（2）选择传输工具。拍摄完成后，可以使用手机QQ将文件传输到计算机上的QQ软件中，然后保存到当前计算机中作为素材使用。

3. 步骤提示

STEP 01 按计划拍摄与企业相关的照片，每个场景可以拍摄多张，以备后期选择最好的一张作为素材。

视频教学：使用手机拍摄照片并传输到计算机

STEP 02 打开手机QQ并登录账号，单击下方的“联系人”图标，单击“设备”选项卡，选择“我的电脑”选项。

STEP 03 单击下方的“图片”图标，单击选中需要传输的多张图片对应的单选项，然后单击发送(11)按钮。

STEP 04 传输到计算机中后，QQ软件将自动保存图片，在任意图片上单击鼠标右键，在弹出的快捷菜单中选择【打开文件夹】命令，打开相应的文件夹，然后将文件夹中的图片通过复制或剪切的方式保存到目标位置。

1.5.2 将图片的格式由 JPEG 转换为 PNG

1. 实训背景

某公司设计人员在处理图片时，需要用到多张具有透明背景特性的PNG格式图片，但目前的图片格式是JPEG格式，因此需要将JPEG格式转换为PNG格式。

2. 实训思路

（1）选择转换工具。使用格式工厂软件进行转换操作，原因在于：一方面该软件简单易用，另一方面也便于以后转换其他类型的数字媒体文件。

（2）转换设置。由于该设计人员并没有对图片转换的质量提出其他要求，因此只需转换格式，无须设置其他转换参数。

3. 步骤提示

视频教学：将图片的格式由JPEG转换为PNG

STEP 01 启动格式工厂软件，在“图片”栏下单击PNG格式对应的缩略图，在打开的窗口中单击按钮。

STEP 02 在打开的对话框中添加需要转换的JPEG图片，在窗口左下方设置文件转换后的保存位置，单击按钮。

STEP 03 返回格式工厂操作界面，单击工具箱中的按钮进行转换。需要注意的是，完成图片格式的转换后，还需要利用Photoshop等图像处理软件先删除图像背景再保存，以便在其他软件中使用。

1.6 课后练习

练习 1 使用系统自带的“录音机”软件录制声音并转换为 MP3 格式

某学校进行校园校风工作建设时，需要在校园内广播建设工作的宣传语。现需要在Windows 10操作系统中使用自带的“录音机”软件录制以下宣传语，录制完成后在该音频选项上单击鼠标右键，在弹出的快捷菜单中选择【打开文件位置】命令，打开存放该音频文件的文件夹，将其重命名为“宣传语”，并将文件复制到桌面上，最后启动格式工厂软件，将该音频文件的格式转换为MP3格式。

宣传语参考内容：

爱教育，培育敬业精神；爱学生，提高育人水平；爱自己，塑造师德风范。

练习 2 使用手机录制视频片段并转换为 AVI 格式

某商店为了体现所处位置的人流量和商业化程度，需要使用手机录制一段该商店所在街道的视频，并需要将录制的视频传输到计算机中，然后将其格式转换为AVI格式，以备后期对视频进行编辑和处理。请按照要求使用手机录制一段视频，然后利用手机QQ将录制的视频传输到计算机的QQ软件中，并使用格式工厂软件将接收到的视频文件的格式转换为AVI格式。

第2章 使用Photoshop处理图像

数字媒体作品效果的呈现离不开图像的运用，因此使用Photoshop处理图像可以看作掌握数字媒体技术的必备能力。无论是绘制图像还是调整与修复图像，抑或是合成图像，都可以在Photoshop中轻松实现。使用Photoshop处理图像前，需要先掌握其基础知识，以便在之后处理图像时能熟练操作Photoshop，提升工作效率，并使图像呈现出精美的效果。

学习目标

◎ 掌握选取与绘制图像的方法

◎ 掌握调整与修复图像的方法

◎ 掌握合成图像的方法

素养目标

◎ 培养良好的图像处理习惯，养成独立完成的设计态度

◎ 提高对图像的审美和艺术性的感知

案例展示

"夏至"节气推文封面

美食优惠券

比萨商品主图

图像与Photoshop基础

图像是数字媒体的重要载体之一，生动、美观的图像是吸引用户的关键因素。Photoshop是一款常用且功能全面的图像处理软件，可以处理图像并提升图像效果。在使用Photoshop之前，我们需要先掌握一定的图像与Photoshop的基础知识。

2.1.1 图像的分辨率

图像的分辨率是指图像中单位长度上的像素数量，单位一般为“像素/英寸”（1英寸≈25.4毫米）。例如，一张图像的分辨率为“300像素/英寸”，就是说这张图像的水平方向上每英寸有300个像素，垂直方向上每英寸有300个像素。

图像的分辨率决定了图像的质量，图像单位长度上存在的像素越多，分辨率就越高，图像的显示效果越清晰，图像文件也就越大；反之，图像单位长度上存在的像素越少，分辨率就越低，图像的显示效果越模糊，图像文件也就越小。在数字媒体设计中，为了使作品最终呈现的效果较好，需要为作品设置合适的分辨率，或者选择分辨率较高的素材进行编辑。例如，印刷图像的分辨率要达到300像素/英寸，用于屏幕显示的设计作品分辨率通常为72像素/英寸。

2.1.2 位图与矢量图

位图与矢量图是图像的两种常用类型。在进行图像处理前，我们需要先了解和掌握这两种图像的特点。

1. 位图

位图又称栅格图、像素图或点阵图。将位图放大到一定比例后，可看到位图由一个个单一颜色的像素组成。常见的位图格式有JPG、PNG、GIF、PSD、TIF。当位图图像被放大时，图像会失真变模糊，如图2-1所示。

2. 矢量图

矢量图（又称向量图）是由计算机根据矢量数据计算后生成的，它使用包含位置和颜色属性的直线或曲线来描述图像。常见的矢量图格式有AI、EPS、DWG、CDR、WMF、EMF。矢量图无论是被放大还是被缩小，图像都不会失真，即不会变得模糊，如图2-2所示。

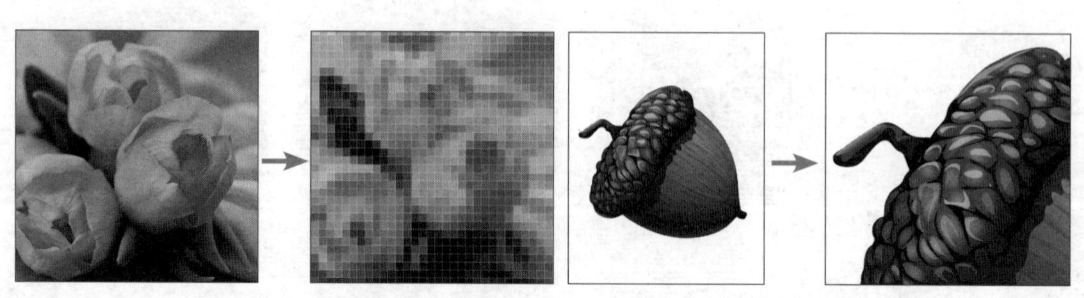

图2-1 位图放大效果

图2-2 矢量图放大效果

2.1.3 图像的色彩模式

图像的色彩模式决定着图像文件显示和输出的视觉效果，不同的色彩模式会产生不同级别的色彩细节和不同大小的图像文件。在Photoshop中，常用的色彩模式有位图模式、灰度模式、索引模式、RGB模式、CMYK模式、Lab模式和多通道模式等。

- 位图模式：位图模式是只有黑白两色图像的色彩模式。
- 灰度模式：灰度模式是在图像中使用不同的灰度级的色彩模式，灰度图像中的每个像素都由一个0（黑色）～255（白色）之间的亮度值表示。
- 索引模式：索引模式是指在Photoshop中定义含有256种典型颜色的颜色对照表，并通过该表限制图像中的色彩，实现图像有损压缩的色彩模式。
- **RGB模式**：RGB模式又称真彩模式，它是Photoshop的默认模式，由红（Red）、蓝（Blue）、绿（Green）三原色按照不同的比例混合而成。
- **CMYK模式**：CMYK模式是印刷图像时使用的色彩模式，由青色（Cyan）、洋红色（Magenta）、黄色（Yellow）和黑色（Black）4种色彩按不同的比例混合而成。
- **Lab模式**：Lab模式是基于人眼视觉原理创立的色彩模式，理论上包括了人眼可见的所有色彩，在Photoshop中常在把一种色彩模式向另一种色彩模式转换时使用。Lab模式由3个通道组成，其中L表示图像明度，a表示由绿色到红色的光谱变化，b表示由蓝色到黄色的光谱变化。
- 多通道模式：多通道模式是包含多种灰阶通道的色彩模式，每个通道均由256级灰阶组成。

疑难解答

在实际运用中，如何选择合适的色彩模式?

RGB模式具有数百万种颜色，是Photoshop默认和常用的色彩模式；CMYK模式具有4种印刷色，多用于印刷；多通道模式具有多种灰阶通道，多用于特殊印刷；Lab模式调整L通道只影响图像亮度，多用于调整图像明暗和清晰度；索引模式具有256种颜色，主要用于传输网络图像；灰度模式具有256级灰度，多用于印刷设计；位图模式具有两种颜色，多用于扫描文本。

2.1.4 认识Photoshop的操作界面

Photoshop是Adobe公司推出的一款专业图像处理软件，它不但可以处理图像，使图像效果更加完美，还可以运用在平面设计、插画设计、网页设计和界面设计中，适合从事电商美工、平面广告设计、摄影等行业的人士使用。

下面以Photoshop 2022版本为例，介绍Photoshop的操作界面。启动Photoshop后，创建文件或打开一个图像文件便可进入操作界面，如图2-3所示。Photoshop操作界面主要由菜单栏、工具属性栏、标题栏、工具箱、状态栏、图像编辑区和面板组成。

- 菜单栏：包括“文件”“编辑”“图像”“图层”“文字”“选择”“滤镜”“3D”“视图”“增效工具”“窗口”“帮助”12个菜单项，每个菜单项中包括多个命令，当命令右侧有▶符号时，表示该命令包含子菜单。

图 2-3　Photoshop 操作界面

- **工具属性栏**：用于设置工具参数和属性。选择工具箱内的工具后，工具属性栏会显示该工具对应的设置选项。
- **标题栏**：用于显示图像文件的名称、文件格式、缩放比例、颜色模式、当前图层名称等信息。
- **工具箱**：包含处理图像的常用工具，右下角有◢符号的工具表示该工具处于工具组内，将鼠标指针移至具有◢符号的工具上，单击鼠标右键可以展开工具组，显示组内其他工具。工具箱包括的工具如图 2-4 所示。

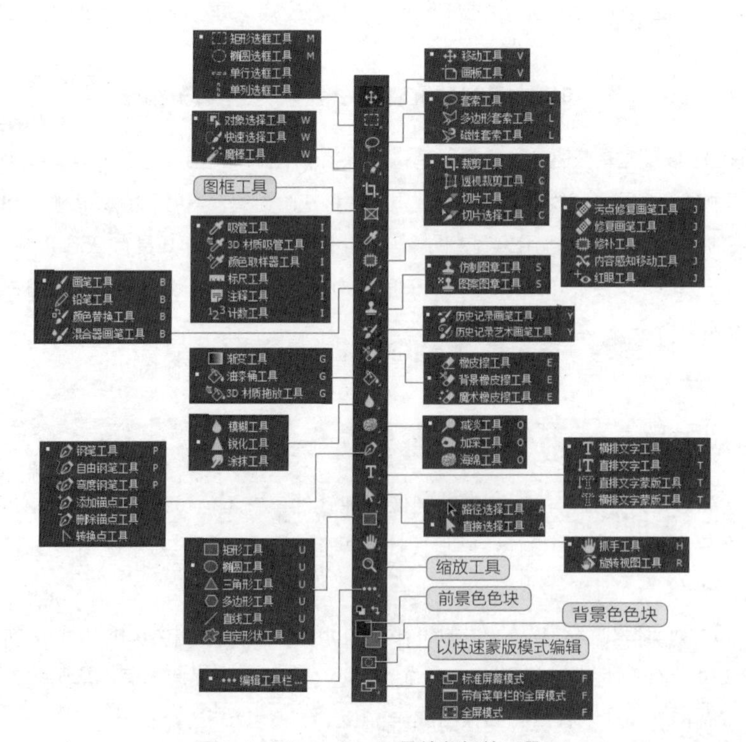

图 2-4　Photoshop 工具箱包括的工具

- **状态栏**：用于显示图像文件的展示比例和文件大小，单击右侧的〉按钮可以设置展示比例以外的显示对象，如文件大小、文档配置文件和文档尺寸等。

- 图像编辑区：是浏览图像和处理图像的场所，Photoshop的操作效果都可以在图像编辑区内展现。
- 面板：用于进行选择颜色、编辑图层和通道、编辑路径和撤销编辑等操作。打开面板的方法：在菜单栏中选择“窗口”命令，再选择所需要的面板命令，可打开对应的面板。

2.1.5 Photoshop的基本操作

掌握Photoshop的基本操作，如新建与打开图像文件、保存与关闭图像文件、调整图像文件的大小，以及创建与管理图层等，有利于顺利完成图像处理任务。

1. 新建与打开图像文件

使用Photoshop处理图像之前，我们需要先在其中新建或打开图像文件。

- 新建图像文件：启动Photoshop后，进入“启动”界面，在界面左侧单击新建按钮，或者在操作界面中选择【文件】/【新建】命令，可打开“新建”对话框，在对话框右侧的“预设详细信息”栏中设置尺寸、分辨率、颜色模式、背景内容（用于设置图层的模式，背景内容可以是单一颜色、背景色、多色和透明，默认为白色），最后单击创建按钮，即可新建文件。
- 打开图像文件：选择【文件】/【打开】命令，打开“打开”对话框，选择需要打开的图像文件后，单击打开(O)按钮，即可打开该文件。

2. 保存与关闭图像文件

使用Photoshop处理图像时，经常需要进行保存操作，该操作可以防止因意外而产生的文件受损问题。

- 保存图像文件：编辑图像文件后，选择【文件】/【存储】命令，打开“存储为”对话框，选定存储位置，单击保存(S)按钮或按【Ctrl + S】组合键，即可存储图像文件。若要将文件以不同名称、格式、存储路径再保存一份，此时可以选择【文件】/【另存储】命令或按【Ctrl + Shift + S】组合键保存。
- 关闭图像文件：存储图像文件后，选择【文件】/【关闭】命令或按【Ctrl + W】组合键，即可关闭图像文件。

3. 调整图像文件的大小

图像文件的大小由宽度、高度、分辨率决定。在处理图像时，若需要调整文件的大小，我们可通过以下3种方式完成。

（1）“图像大小”命令

选择【图像】/【图像大小】命令，打开“图像大小”对话框，对话框中的参数如图2-5所示，调整参数，单击确定按钮，即可调整图像大小。

图2-5 “图像大小”对话框

- “调整为”下拉列表框：该下拉列表框中提供了一些制定好的图像大小比例和标准纸张大小，也可以载入预设大小或自定义大小。
- “宽度”“高度”“分辨率”：通过在数值框中输入数值可调整图像大小。
- “限制长宽比”🔗：单击“限制长宽比”按钮🔗后，修改任意一个“宽度”“高度”数值，另一数值都会自动进行调整，从而使调整后的图像文件保持原文件的宽高比例。

- “重新采样”复选框：该复选框默认为勾选状态，在其下拉列表中可选择采样模式。

（2）“画布大小”命令

Photoshop默认画布大小与图像大小一致。选择【图像】/【画布大小】命令，打开“画布大小”对话框，对话框中的参数如图2-6所示，调整参数后单击确定按钮，即可调整画布大小。

- “当前大小”栏：用于显示当前图像中画布的实际大小。
- “新建大小”栏：用于调整图像中画布的“宽度”和“高度”。
- “相对”复选框：若勾选该复选框，则“新建大小”栏中的“宽度”和“高度”表示的是在原画布基础上增大或减小的尺寸，正值表示增大尺寸，负值表示减小尺寸。
- “定位”：用于指示当前图像在新画布上的位置。
- “画布扩展颜色”下拉列表框：用于选择增大画布后所填充的颜色。

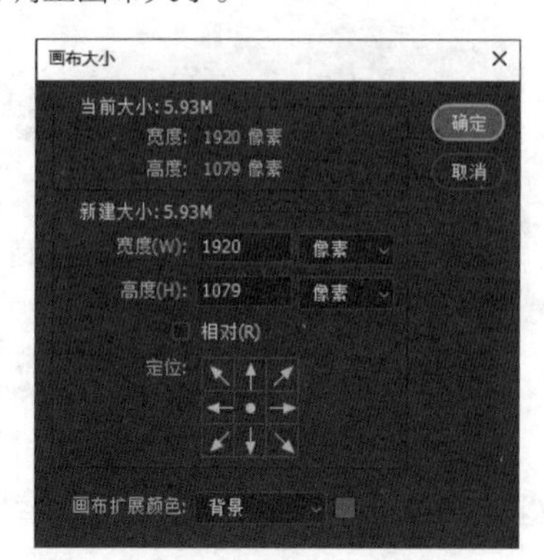

图2-6 “画布大小”对话框

（3）“裁剪工具”

选择“裁剪工具”后，图像编辑区中将显示一个矩形区域，区域内的图像为裁剪保留的区域，拖曳矩形四周的边框调节裁剪范围，按【Enter】键即可完成裁剪操作。

4. 创建和管理图层

图层可以被看作一张独立的透明胶片，完整的图像是由每一张“独立的透明胶片”上存在的内容按照顺序叠加起来构成的。创建和管理图层是处理图像时不可或缺的操作之一。在Photoshop中可以选择以下不同的方式创建图层。

- “新建图层”命令：选择【图层】/【新建图层】命令，打开“新建图层”对话框，在对话框中设置相应的参数，单击确定按钮，即可新建图层。
- “创建新图层”按钮：单击“图层”面板下方的“创建新图层”按钮，Photoshop 将自动新建一个图层。

创建图层后，还可以对图层进行一些基本操作，如移动图层顺序、复制图层和删除图层。

- 移动图层顺序：可直接在“图层”面板中选择需要移动的图层，按住鼠标左键不放并拖曳该图层，或者选择【图层】/【排列】命令，在弹出的子菜单中选择需要的命令。在 Photoshop 中，新创建的图层会位于已有图层的上方，且位于上方的图层图像会遮盖下方图层的内容，因此移动图层的顺序会影响图像编辑区内图像的显示内容。
- 复制图层：在“图层”面板中选择图层后，有 4 种方式可以复制图层。具体方式：一是按住鼠标左键不放将图层拖曳到“创建新图层”按钮上；二是选择【图层】/【复制图层】命令，打开“复制图层”对话框，设置复制图层的名称与目标文档，如图 2-7 所示，单击确定按钮；三是单击鼠标右键，在弹出的快捷菜单中选择【复制图层】命令；四是按【Ctrl + J】组合键。

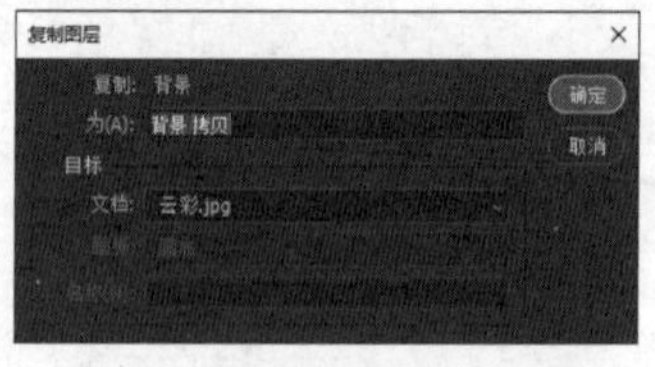

图2-7 “复制图层”对话框

- 删除图层：在“图层”面板中选择图层后，有 4 种方式可以删除图层。具体方式：一是按住鼠标左键不放将图层拖曳到“删除图层”按钮上；二是选择【图层】/【删除】命令；三是单击鼠标右键，在弹出的快捷菜单中选择【删除图层】命令；四是选择需删除的图层后，按【Delete】键。

技能提升

小李为了更好地制作关于存储资料工具变迁史的PPT，在网上下载了一个存有CD图像的PSD文件（素材位置：素材\第2章\管理图层\）。然而，当他打开文件时却发现文件的图层较为混乱，不能直接导出图像进行使用，并且CD图像四周的空白区域较多，需要将其裁剪为800像素×800像素大小的文件。调整后的最终效果如图2-8所示，请动手尝试。

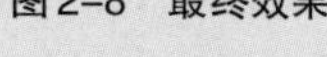

图2-8 最终效果

2.2 选取与绘制图像

选取与绘制图像是处理图像的基础操作。选取合适的对象后再对其进行编辑，可以提升图像的展示效果；绘制图像既能丰富图像画面，又能解决素材不足的问题。选取与绘制图像都能为最终作品效果的呈现奠定基础。

2.2.1 课堂案例——制作“端午节”推文封面首图

案例说明：某公众号运营人员准备在“端午节”当天更新一篇关于“端午节”的科普推文，普及“端午节”相关知识。为了提高点击率，现需要制作“端午节”推文封面首图，要求尺寸为900像素×383像素，结合“端午节”相关素材，突出节日特色，参考效果如图2-9所示。

知识要点：创建选区、收缩选区、移动选区、变换选区。

素材位置：素材\第2章\“端午节”素材\

效果位置：效果\第2章\“端午节”推文封面首图.psd

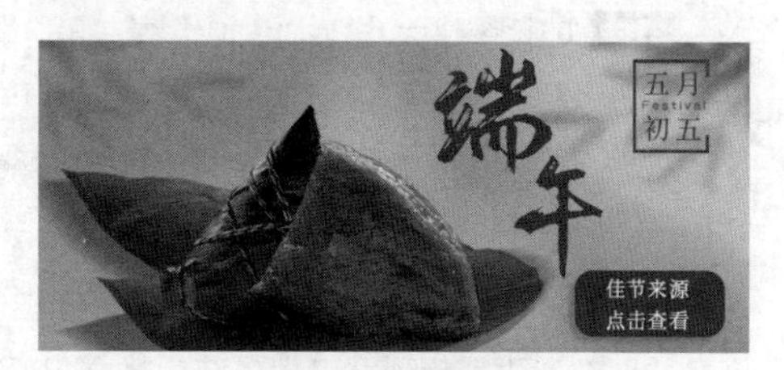

图2-9 参考效果

设计素养

端午节又称端阳节、龙舟节、天中节等，是我国的传统节日。在节日当天，人们可通过吃粽子、划龙舟、挂艾草与菖蒲、采草药等方式来庆贺佳节。在创作端午节相关的设计作品时，我们可从节日习俗入手，选用粽子、龙舟、草药等与节日相关的元素作为主体，再配上与端午节相关的诗句、文字，构成完整的画面。

视频教学：
制作“端午节”
推文封面首图

具体操作步骤如下。

STEP 01 启动Photoshop，单击打开按钮，选择“粽子1.jpg”素材，单击打开(O)按钮，打开素材文件。为防止因操作出现失误而破坏源素材，按【Ctrl+J】组合键复制“背景”图层，得到“图层1”图层，然后隐藏“背景”图层。

STEP 02 选择“对象选择工具”，将鼠标指针移至图像编辑区中的粽子图像上并单击，粽子所在区域将变成蓝色的预选区，如图2-10所示。然后选择【选择】/【修改】/【收缩】命令，打开“收缩选区”对话框，设置收缩量为“1像素”，单击确定按钮，如图2-11所示。

STEP 03 选择【文件】/【打开】命令，打开“打开”对话框，选择“粽子2.jpg”素材文件，单击打开(O)按钮。然后按【Ctrl+J】组合键复制图层，隐藏“背景”图层。

STEP 04 观察“粽子2.jpg”素材，为避免选到粽叶区域，此时需要更精准地创建粽子所在选区，因此选择【选择】/【主体】命令，Photoshop将自动选择粽子所在区域，如图2-12所示。然后选择【选择】/【修改】/【收缩】命令，打开“收缩选区”对话框，设置收缩量为“1像素”，单击确定按钮。

图2-10 形成蓝色预选区

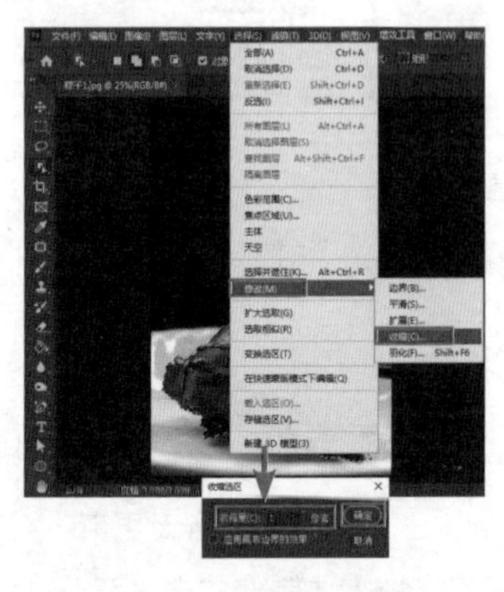
图2-11 设置收缩量

图2-12 选择粽子所在区域

STEP 05 新建大小为“900像素×383像素”、分辨率为“300像素/英寸”、颜色模式为“RGB颜色”、名称为“‘端午节’推文封面首图”的图像文件。选择【文件】/【置入嵌入对象】命令，打开“置入嵌入的对象”对话框，选择“背景图.jpg”图像，单击置入(P)按钮，调整素材的大小和位置，按【Enter】键确认置入。

STEP 06 单击标题栏中的“粽子1.jpg”选项卡，切换到该图像文件，按【Ctrl+C】组合键复制选区中的图像。再切换到“‘端午节’推文封面首图.psd”图像文件，按【Ctrl+V】组合键粘贴图像。

提示

将鼠标指针移至选区上，按住鼠标左键不放，并拖曳此选区到目标图像文件标题栏所在的区域，也可以将选区内的图像移至目标图像文件中。

STEP 07 此时，可发现复制过来的图像比例过大，按【Ctrl+T】组合键显示出图像定界框，按住【Shift】键不放并拖曳左下角的控制点缩小图像，然后将鼠标指针移动到右上角控制点的外侧，当鼠标指针变为形状时，拖曳鼠标调整图像显示角度，最后将图像拖曳到粽叶上，如图2-13所示，按【Enter】键确认。

STEP 08 按相同方法将“粽子2.jpg”图像文件中的选区内容复制到“‘端午节’推文封面首图.psd”图像文件中，并进行调整。最后按【Ctrl+S】组合键保存文件，最终效果如图2-14所示。

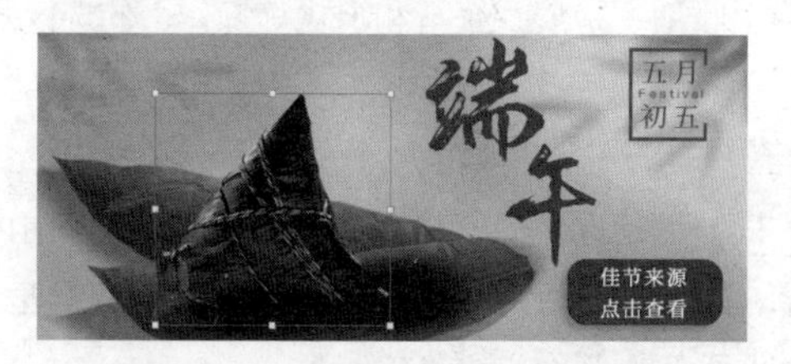

图2-13　调整粽子选区大小和角度

图2-14　最终效果

2.2.2 创建选区

选区是处理图像时划分的图像区域，运用工具或命令可在图像中创建多个选区。创建选区后，选区边缘会出现由不断闪动的虚线构成的封闭边框，此时仅可以对选区进行移动与变换、收缩与扩展等编辑操作，而无法对选区外的区域进行编辑操作。

1. 创建选区的常用工具组

运用工具组中的工具创建选区是创建选区方式中比较基础和便捷的方式。

- 选框工具组：选框工具组中的“矩形选框工具”用于创建矩形选区和正方形选区，效果如图2-15所示；“椭圆选框工具”用于创建椭圆选区和圆选区，效果如图2-16所示；“单行选框工具”用于创建高度为1像素的选区，效果如图2-17所示；“单列选框工具”用于创建宽度为1像素的选区。

图2-15　使用“矩形选框工具”创建选区

图2-16　使用“椭圆选框工具”创建选区

图2-17　使用“单行选框工具”创建选区

- 套索工具组：套索工具组中的“套索工具”用于绘制不规则的选区；“多边形套索工具”于创建选区边缘是直线的选区；“磁性套索工具”用于创建通过颜色差异自动识别区域边缘的选区。
- 对象选择工具组：对象选择工具组中的“对象选择工具”、“快速选择工具”和“魔棒工具”用于为边缘不规则或相对复杂的图像创建选区。

2. 创建选区的常用命令

运用命令创建选区常用于背景与选区对象的对比较强，以及边界不规则的情况。

- “主体”命令：选择【选择】/【主体】命令，Photoshop将为主体明确的对象自动创建选区。
- “色彩范围”命令：选择【选择】/【色彩范围】命令，Photoshop将为与背景颜色相差较大的对象创建选区。

2.2.3 编辑选区

编辑选区主要是对选区内的图像进行移动、变换、收缩、扩展、平滑和羽化等操作，使选区的范围更加精准，使设计的图像效果更加符合设计需求。

1. 移动与变换选区

移动与变换选区可以改变选区内图像的大小和方向。创建选区后，将鼠标指针移至选区范围内，按住鼠标左键不放，可移动选区内的图像。按住【Ctrl+T】组合键，将鼠标指针移至该选区定界框4个角的控制点外侧，当鼠标指针变为↶形状时，拖曳鼠标即可变换选区内图像的角度。

2. 收缩与扩展选区

收缩与扩展可以调整选区范围，使选区内的图像选取更加准确，更加符合需要。

- 收缩选区：选择【选择】/【修改】/【收缩】命令，打开“收缩选区”对话框，设置收缩量，单击确定按钮，即可收缩选区范围，如图2-18所示。
- 扩展选区：选择【选择】/【修改】/【扩展】命令，打开“扩展选区”对话框，设置扩展量，单击确定按钮，即可扩展选区范围，如图2-19所示。

图2-18 收缩选区效果展示

图2-19 扩展选区效果展示

3. 平滑与羽化选区

平滑与羽化可以降低选区边缘生硬感，平滑可使选区边缘的图像变得光滑，而羽化则可使选区边缘的图像变得柔和。

- 平滑选区：选择【选择】/【修改】/【平滑】命令，打开“平滑选区”对话框，设置取样半径，单击确定按钮，即可调整选区边缘的平滑程度。
- 羽化选区：选择【选择】/【修改】/【羽化】命令，打开“羽化选区”对话框，设置羽化半径，单击确定按钮，即可羽化选区边缘，使图像边缘在视觉上变得更加柔和。

2.2.4 课堂案例——制作企业 Logo

案例说明：一家名为“四方花树”的花卉企业准备推广自身品牌，商定推广策略后，需要制作尺寸为1000像素×750像素的企业Logo，要求结合与花卉相关的素材，突出该企业的特征，参考效果如图2-20所示。

知识要点：椭圆工具、钢笔工具、编辑路径。

素材位置：素材\第2章\企业Logo素材\

效果位置：效果\第2章\企业Logo.psd

效果预览

图2-20 参考效果

设计素养

Logo（logotype，商标）对企业或商品起着识别和推广的作用。一个好的Logo不仅要易识别、易记忆，还要与其他Logo有所区别，即有独特的象征意义。Logo的展示形式多样，可分为纯图形式、图文结合形式、文字形式和动画形式等，Logo总体特征是小巧、辨识度高、易记忆、设计独特和精简等。

具体操作步骤如下。

视频教学：制作企业Logo

STEP 01 打开“新建文档”对话框，在对话框中新建画面大小为“1000像素×750像素”、分辨率为“300像素/英寸”、颜色模式为“RGB颜色”、名称为“企业Logo”的图像文件。

STEP 02 单击“创建新图层”按钮创建新图层，再选择【视图】/【显示】/【网格】命令，Photoshop的图片编辑区内将自动显示网格。

STEP 03 设置前景色为“#f8b8c5”，选择“钢笔工具”，在工具属性栏中选择工具模式为“路径”。在图像编辑区左下角处单击创建第1个锚点，再将鼠标指针移动到第1个锚点的上方，单击创建第2个锚点并按住【Ctrl】键不放，此时会出现一条两端带有的线段，该线段为控制柄，如图2-21所示。

STEP 04 按住【Alt】键不放，拖曳控制柄一端，调整至图2-22所示的状态。当鼠标指针呈形状时，单击闭合路径。在第1个锚点处单击并按住【Ctrl】键调整路径，如图2-23所示。

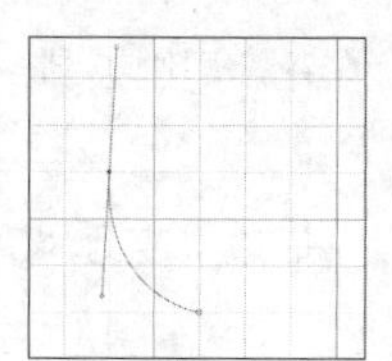

图2-21　创建第1个和第2个锚点

图2-22　调整控制柄

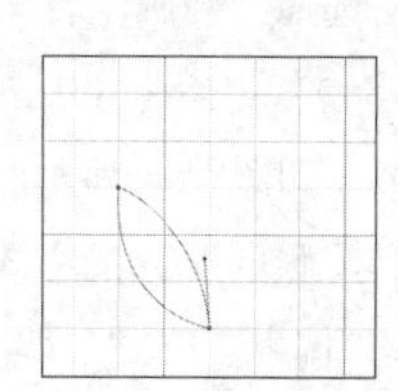

图2-23　调整路径

STEP 05 单击鼠标右键，在弹出的快捷菜单中选择“填充路径”命令，打开“填充路径”对话框，在“内容”下拉列表中选择“前景色”选项，单击确定按钮，使用前景色填充路径形状，如图2-24所示。

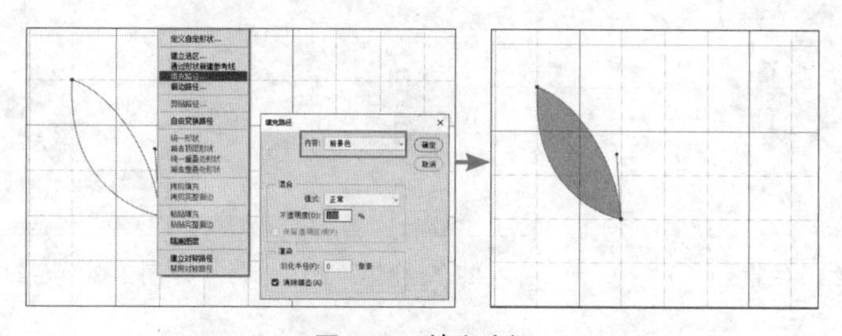

图2-24　填充路径

疑难解答

钢笔工具除了能够绘制图像外，还能用于哪些方面？

路径和选区是可以相互转换的，因此“钢笔工具”除了能够绘制图像外，还能够用于创建选区、抠取复杂图像。我们可以使用“钢笔工具”围绕图像轮廓绘制路径，并将绘制完的轮廓转换为选区，从而使轮廓内的图像与背景分离，抠取出图像。

STEP 06 第1片花瓣绘制完成后，按【Ctrl＋T】组合键显示出图像定界框，将鼠标指针移动到右上角控制点的外侧，当鼠标指针变为形状时，拖曳鼠标调整花瓣路径角度，按【Enter】键确认。单击鼠标右键，在弹出的快捷菜单中选择【填充路径】命令，打开“填充路径”对话框，在“内容”下拉列表中选择“前景色”选项，单击确定按钮，完成第2片花瓣的制作，如图2-25所示。

STEP 07 按照步骤06的方式，调整路径，确定第3片花瓣的位置和角度。单击鼠标右键，在弹出的快捷菜单中选择【填充路径】命令，打开“填充路径”对话框，在“内容”下拉列表中选择“颜色”选项，设置颜色为“#e36d85”，单击确定按钮，完成第3片花瓣的绘制，如图2-26所示。

STEP 08 按照步骤06的方式，调整路径，确定第4片花瓣的位置和角度。按照步骤07的方式，填充路径，如图2-27所示。单击鼠标右键，在弹出的快捷菜单中选择【删除路径】命令，然后按【Ctrl＋T】组合键调整全部花瓣的位置，使其位于图像编辑区中间偏上方的位置。

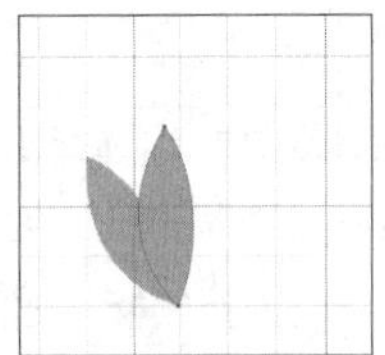
图2-25 制作第2片花瓣

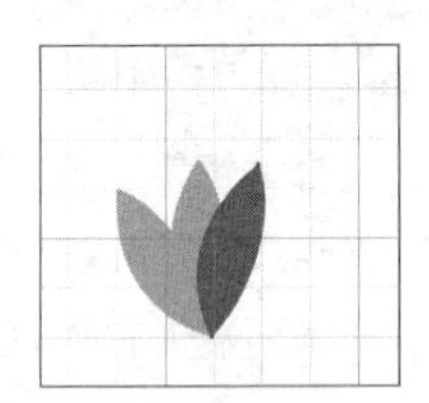
图2-26 制作第3片花瓣

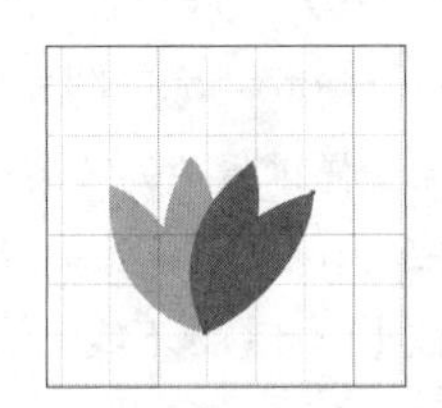
图2-27 制作第4片花瓣

STEP 09 选择“椭圆工具”，在工具属性栏中选择工具模式为“形状”，取消填充，设置描边颜色为“#f8b8c5”、描边宽度为“2像素”，按住【Shift】键不放，在花瓣周围绘制一个“465像素×465像素”的圆，如图2-28所示。

STEP 10 按照步骤09的方式再绘制一个描边颜色为“#f8b8c5”、描边宽度为“5像素”、尺寸为“496像素×496像素”的圆，如图2-29所示。

STEP 11 选择【文件】/【置入嵌入对象】命令，打开“置入嵌入的对象”对话框，选择“文字.png”图像文件，单击置入(P)按钮，调整素材的大小和位置，按【Enter】键确认置入。最后按【Ctrl+S】组合键保存文件，最终效果如图2-30所示。

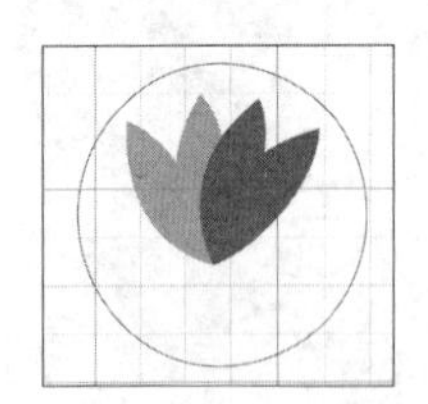
图2-28 绘制圆（1）

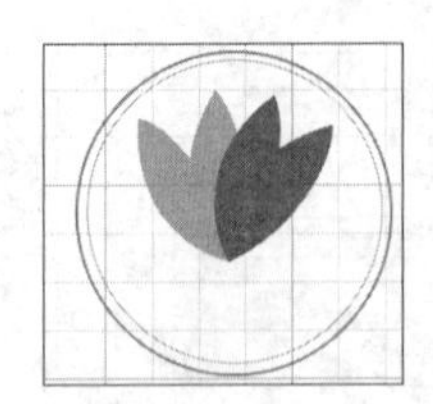
图2-29 绘制圆（2）

图2-30 最终效果

2.2.5 创建路径

在Photoshop中，路径常用于勾勒图像中某个对象的轮廓或者绘制图形。

1. 路径的组成

路径是一种矢量对象，它由线段、锚点、控制柄组成，如图2-31所示。每个线段都是一个路径组件，一个或多个形状不同且互相独立的路径组

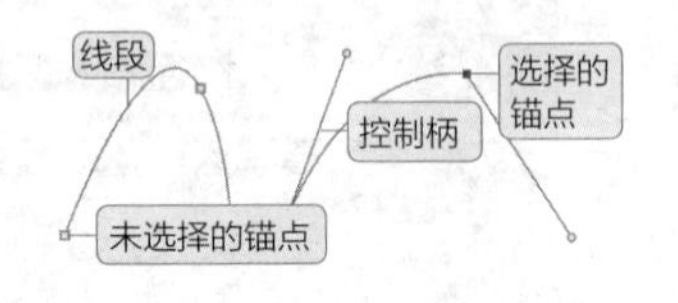

图2-31 路径的组成

件可组成路径。路径可以是闭合的，如圆圈般没有起点或终点，也可以是开放的，如线段般有明显的端点。

- 线段：分为直线段和曲线段。
- 锚点：锚点位于线段的两端，形状常为□。当锚点变为■形状时，表示该锚点当前被选中。锚点分为角点和平滑点，角点常见于两条直线段的交点，而平滑点常见于平滑曲线，位于线段中央。
- 控制柄：控制柄用于调整线段的方向、长短、平滑度等。控制柄的两端为控制柄端点，拖曳控制柄端点可改变控制柄的长度和位置（按住【Alt】键不放可以调整控制柄端点的方向），同时改变线段的形状和平滑程度。

2. 创建路径的方式

在Photoshop中可以使用钢笔工具组和形状工具组创建路径。

（1）钢笔工具组

钢笔工具组是创建不规则路径的重要工具，也是处理图像时的常用工具。“钢笔工具”用于绘制直线段和曲线段的路径；“自由钢笔工具”用于绘制不规则的路径，相较于“钢笔工具”更加灵活；“弯度钢笔工具”用于直观地绘制直线段和曲线段，可自定义精确的路径；“添加锚点工具”用于在绘制的路径上添加新的锚点；“删除锚点工具”用于删除路径上已经存在的锚点，可调整路径的平滑度；“转换点工具”用于切换角点和平滑点。

（2）形状工具组

选择形状工具组中的任意工具，然后在工具属性栏的“形状”下拉列表中选择工具模式为“路径”，可以绘制有规则形状的路径，如图2-32所示。“矩形工具”用于绘制矩形和圆角矩形的路径；“椭圆工具”用于绘制圆形和椭圆的路径；“三角形工具”用于绘制三角形的路径；“多边形工具”用于绘制多边形和星形的路径；“直线工具”用于绘制直线段或带箭头的线段；“自定义形状工具”用于绘制自定义形状的路径，可选择Photoshop自带的路径或从外部载入的路径。

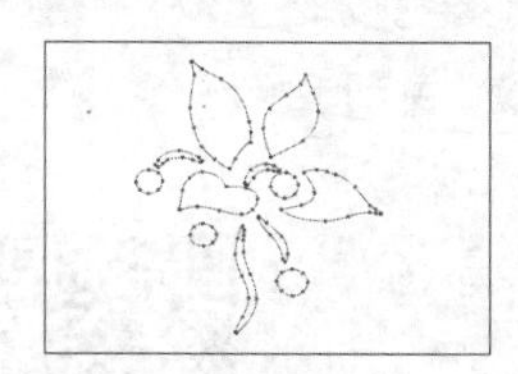
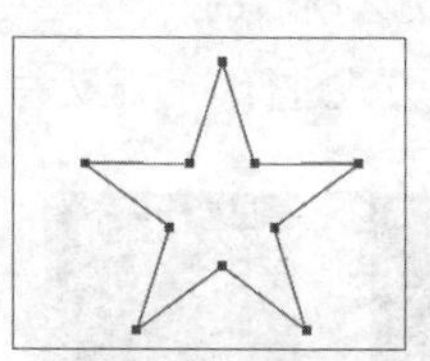
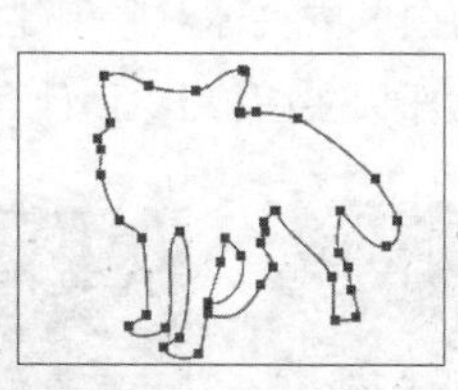
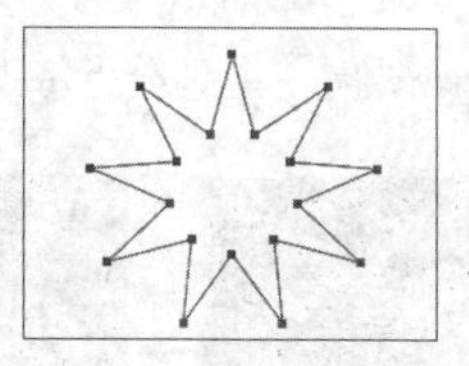

图2-32　使用形状工具组绘制的路径

2.2.6 编辑路径

为了让路径更加符合设计需求，常常需要编辑路径。编辑路径既包括选择、修改、填充、描边路径等简单的操作，也包括运算路径和变换路径等复杂的操作。

1. 选择和修改路径

选择和修改路径是编辑路径操作中的基础，综合运用这两种操作能够调整路径的形状。

- 选择路径：选择路径可以使用两个工具。一是使用“路径选择工具”选择整个路径，从而在图像编辑区的位置移动整个路径；二是使用“直接选择工具”选择该路径上的任意一个锚点。
- 修改路径：修改路径可以使用“直接选择工具”，选择需要修改的路径上的锚点，该锚点上会出现控制柄，拖曳控制柄上的端点既可以修改路径的平滑度和长度，也可以调整路径的形状。

2. 填充和描边路径

因为路径是不包含像素的矢量对象，所有没有填充或者描边的路径都是不能打印的，而通过填充和描边路径的操作能将路径变为包含像素的图像。

- 填充路径：创建闭合路径后，在图像编辑区中单击鼠标右键，在弹出的快捷菜单中选择【填充路径】命令，可打开“填充路径”对话框，在“内容”下拉列表中选择填充的颜色，单击(确定)按钮，完成路径填充。
- 描边路径：创建闭合路径后，在图像编辑区中单击鼠标右键，在弹出的快捷菜单中选择【描边路径】命令，可打开“描边路径”对话框，在“工具”下拉列表中选择描边的工具，单击(确定)按钮，完成路径描边。

3. 运算和变换路径

运算和变换路径可将已绘制的路径变为所需要的形状，这两种方式是快速绘制和编辑图像的重要方式。

- 运算路径：主要通过工具属性栏的“路径操作”下拉列表中的选项进行，如图 2-33 所示。其中，“合并形状”选项用于将两个路径合二为一，简称相加模式；“减去顶层形状”选项用于将两个路径的重叠部分减去，简称相减模式；“与形状区域相交”选项用于只保留两个路径的重叠部分，简称叠加模式；“排除重叠形状”选项用于只保留两个路径的非重叠部分。
- 变换路径：用于修改路径的大小和角度等参数。绘制路径后，按【Ctrl + T】组合键，或者单击鼠标右键，在弹出的快捷菜单中选择“自由变换路径”命令，进入自由变换状态，即可调整该路径的大小与角度。

图 2-33 “路径操作”下拉列表

技能提升

图2-34所示为两组为图像内主体对象创建选区前后的对比效果（素材位置：素材\第2章\对比图像\），请分析每张图中的主体对象用什么方式进行选取最为快捷，并动手验证。

(a)　　　　(b)

效果预览

图 2-34 为图像内主体对象创建选区前后的对比效果

2.3 调整与修复图像

调整与修复图像是图像处理的进阶操作。在拍摄图像时，由于受当时天气、环境、设备等的影响，可能会出现亮度低、主体色彩不明显、曝光度强等色彩问题，也可能因为当时拍摄的角度和拍摄对象本身特性等而出现不同类型的瑕疵，这些情况下就需要进行后期修复。因此，掌握一些调整与修复图像的相关知识，便能让图像产生更加美观的效果。

2.3.1 课堂案例——处理风景照片

案例说明：某学生毕业旅行归来后，准备在微信朋友圈发布一些在不同景点拍摄的照片，与朋友分享各地的美景。现需要优化风景照片的亮度和色彩，风景照片前后的对比效果如图2-35所示。

效果预览

知识要点：“亮度/对比度”命令、“曲线”命令、“自然饱和度”命令、“色彩平衡”命令、“自动调色”命令、“照片滤镜”命令、“色阶”命令、“色相/饱和度”命令。

素材位置：素材\第2章\风景照片素材\

效果位置：效果\第2章\风景照片\

图2-35 风景照片前后的对比效果

设计素养

调整图像色彩的思路一般为：①将图像的色彩还原到正常状态；②分析图像需要调整的地方，例如，昏暗的图像需要调整亮度、同一组图像需要统一色调；③突出主体的色彩，适当减弱主体外周边物品的颜色，削弱其存在感。

具体操作步骤如下。

STEP 01 打开“风景1.jpg”素材，按【Ctrl+J】组合键复制图层，然后隐藏“背景”图层，此时可发现该张风景照片过暗，因此需要先调节亮度再进行调色。选择【图像】/【调整】/【亮度/对比度】命令，打开“亮度/对比度”对话框，设置亮度为“40”、对比度为“9”，单击确定按钮，调整照片亮度后的效果如图2-36所示。

视频教学：处理风景照片

STEP 02 此时，照片亮度仍有不足。选择【图像】/【调整】/【曲线】命令，打开“曲线”对话框，将鼠标指针移至曲线上，单击创建调节点，按住鼠标左键不放并往上方拖曳调整该照片的亮度，单击确定按钮，如图2-37所示。

图2-36 调整亮度后的效果

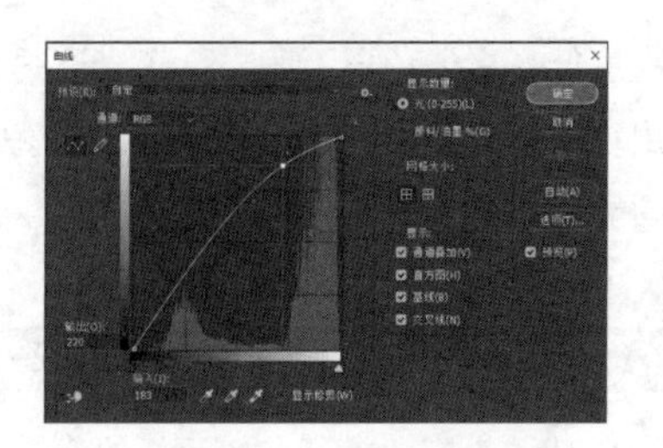

图2-37 调整亮度

STEP 03 选择【图像】/【调整】/【自然饱和度】命令，打开“自然饱和度”对话框，设置自然饱和度为“+9”、饱和度为“+12”，单击确定按钮，调整照片色彩后的效果如图2-38所示。

STEP 04 选择【图像】/【调整】/【色彩平衡】命令，打开“色彩平衡”对话框，设置青色色阶为“-19”、洋红色阶为“-20”、黄色色阶为“+5”，单击确定按钮，为照片统一色调。按【Ctrl+S】组合键保存文件，效果如图2-39所示。

图2-38 调整照片色彩

图2-39 调整照片色调

STEP 05 打开“风景2.jpg”素材，可发现该风景照片光影效果很好，但还需要与第一张照片素材统一色调。复制并隐藏“背景”图层，选择【图像】/【自动色调】命令后，Photoshop会自动进行调色，前后的对比效果如图2-40所示。

STEP 06 选择【图像】/【调整】/【照片滤镜】命令，打开“照片滤镜”对话框，单击选中“颜色”单选按钮，单击右侧色块，打开“拾色器”对话框，设置颜色为“#5384bb”，单击确定按钮，设置密度为“56”，单击确定按钮，效果如图2-41所示。按【Ctrl+S】组合键保存文件。

图2-40 使用“自动色调”命令前后的对比效果

图2-41 使用“照片滤镜”命令后的效果

STEP 07 打开“风景3.jpg”素材，可发现该张风景照片整体偏暗且色彩饱和度不足。复制并隐藏“背景”图层，选择【图像】/【调整】/【色阶】命令，打开“色阶”对话框，设置色阶为“0、1.00、198”，单击确定按钮，调整色阶后的效果如图2-42所示。

STEP 08 选择【图像】/【调整】/【色相/饱和度】命令，打开“色相/饱和度”对话框，设置饱和度为“+8”、明度为“+3”，单击确定按钮，调整饱和度和明度后的效果如图2-43所示。按【Ctrl+S】组合键保存文件。

图2-42　调整色阶后的效果

图2-43　调整饱和度和明度后的效果

2.3.2 调整图像明暗、色彩与色调

调整图像明暗、色彩与色调可采用调整图像亮度、对比度、颜色等方式，从而改变图像显示效果。采用这些方式不但能够得到出色的图像效果，使图像显示效果更加美观，还能根据需要替换图像中的色彩。

1．调整图像明暗

Photoshop中内置了多种调整图像明暗的命令，可对图像明暗进行调整。

- “色阶”命令：用于调整图像的高光、中间调和暗部，校正色彩范围和色彩平衡。选择【图像】/【调整】/【色阶】命令，打开“色阶”对话框，其中的“输入色阶”栏是调整图像色彩的重要部分，如图2-44所示。左侧黑色滑块为“调整阴影输入色阶”，又称黑场，用于调整图像的暗部；中间灰色滑块为“调整中间调输入色阶”，又称灰场，用于调整图像的中间色调；右侧白色滑块为“调整高光输入色阶”，又称白场，用于调整图像的亮部。这3项都可以通过拖曳滑块或者在下方数值栏中输入数值来调整图像明暗，单击确定按钮即可产生相应效果。

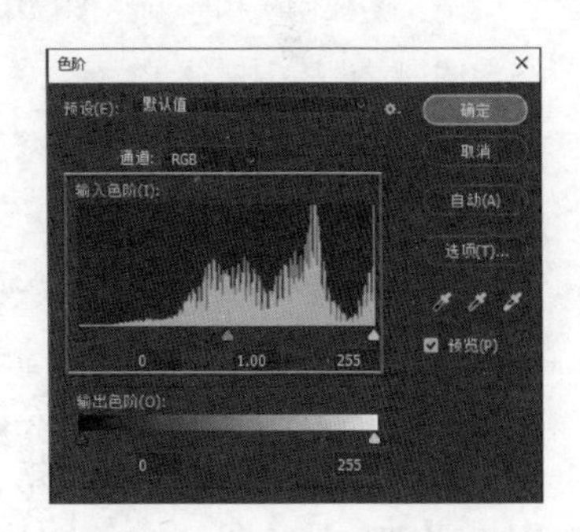

图2-44　“色阶”对话框

- “亮度/对比度”命令：用于调整图像的亮度和对比度。选择【图像】/【调整】/【亮度/对比度】命令，打开“亮度/对比度”对话框，可设置亮度与对比度的参数，单击确定按钮即可产生相应效果。
- “曲线”命令：用于调整图像的亮度、对比度和校正偏色。选择【图像】/【调整】/【曲线】命令，打开“曲线”对话框，保持通道模式为RGB的默认状态，将鼠标指针移动至曲线上，单击可创建或删除一个调节点；按住鼠标左键不放并往上方拖曳可调整图像的亮度；按住鼠标左键不放并往下方拖曳可调整图像的对比度。设置完后，单击确定按钮即可产生相应效果。
- “曝光度”命令：用于处理曝光不足的图像。选择【图像】/【调整】/【曝光度】命令，打开“曝光度”对话框，设置预设、曝光度、位移和灰度系数校正等参数，单击确定按钮即可产生相应效果。
- “阴影/高光”命令：用于修正图像中过亮或者过暗的部分。选择【图像】/【调整】/【阴影/高光】命令，打开“阴影/高光”对话框，设置阴影与高光的参数，单击确定按钮即可产生相应效果。

2. 调整图像色彩

调整图像色彩是对图像颜色的鲜艳程度进行调整，也可以替换图像颜色，实现不一样的图像效果。

- “自动颜色”命令：用于校正图像中的偏色，是新手调色的常用方式。选择【图像】/【自动颜色】命令后，Photoshop 将自动调整图像色彩。
- “去色”命令：用于去除图像中的黑色、灰色和白色以外的颜色。选择【图像】/【调整】/【去色】命令后，Photoshop 可自动将图像调整为黑白色。
- “自动饱和度”命令：用于增加图像色彩的饱和度，使图像色彩更加鲜艳，也可以防止色彩过于饱和出现溢色现象，适用于人像图像的调色。选择【图像】/【调整】/【自然饱和度】命令，设置自然饱和度和饱和度的参数，单击确定按钮即可产生相应效果。
- “替换颜色”命令：用于改变图像中选定区域内的色相、饱和度和明暗度，从而达到调整图像色彩的目的。选择【图像】/【调整】/【替换颜色】命令，打开“替换颜色”对话框，此时鼠标指针变为吸管形状，在图像中单击吸取想要调整的颜色，再设置容差、色相、饱和度和明暗度的相关参数，单击确定按钮即可产生相应效果。

3. 调整图像色调

调整图像色调用于调整图像中过于突出的某个颜色或用于调整图像整体色彩，为图像统一色调，使图像的视觉观感更加舒适。

- “自动色调”命令：用于统一调整图像色调。选择【图像】/【自动色调】命令后，Photoshop 将自动调整图像色调。
- “照片滤镜”命令：用于将图像显示为冷色调、暖色调或其他色调效果。选择【图像】/【调整】/【照片滤镜】命令，打开“照片滤镜”对话框，调整滤镜类型、颜色、强度等相关参数后，单击确定按钮即可产生相应效果。
- “色相/饱和度”命令：用于调整图像的色相、饱和度和亮度，使图像色调统一。选择【图像】/【调整】/【色相/饱和度】命令，打开“色相/饱和度”对话框，调整相关参数，单击确定按钮即可产生相应效果。
- “黑白”命令：用于将彩色图像转换为黑白图像，并调整图像中所有颜色的色调深浅程度。选择【图像】/【调整】/【黑白】命令，打开“黑白”对话框，设置相关参数，当参数的数值较高时，对应的颜色将变亮；当参数的数值较低时，对应的颜色将变暗。调整相关参数后，单击确定按钮即可产生相应效果。
- “色彩平衡”命令：用于调整图像中的整体颜色分布，校正图像中的偏色现象，添加其他颜色或者添加突兀颜色的补色，使颜色分布更加平衡，色调更加协调。选择【图像】/【调整】/【色彩平衡】命令，打开“色彩平衡”对话框，如图 2-45 所示。“色彩平衡”栏用于减少或增加与青色、洋红、黄色对应的颜色，拖曳滑块或者输入数值皆可进行调整；“色调平衡”栏用于选择需要着重进行调整的色彩范围，其中的“阴影”单选按钮、“中间调”单选按钮、“高光”单选按钮用于调整相应色调的像素，“保持明度”复选框用于保持在调整图像色彩平衡时保持原图像颜色的整体明度。调整相关参数后，单击确定按钮即可产生相应效果。

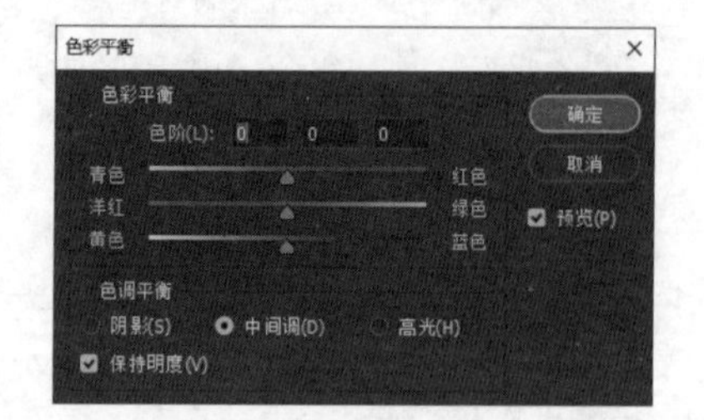

图 2-45 “色彩平衡”对话框

2.3.3 课堂案例——修复人像照片

案例说明：某摄影师挑选了一张人像照片准备用于某账号头像，但照片上存在一些瑕疵。为了提高照片的美观度，现需要修复人像照片，去除这些瑕疵，修复前后的对比效果如图2-46所示。

知识要点：污点修复画笔工具、仿制图章工具、修复画笔工具、修补工具、加深工具、海绵工具。

素材位置：素材\第2章\人像照片素材\

效果位置：效果\第2章\人像照片.psd

具体操作步骤如下。

效果预览

图2-46　修复前后的对比效果

STEP 01 打开“人像.jpg”素材，按【Ctrl+J】组合键复制图层，然后隐藏“背景”图层。

STEP 02 此时可发现人物脸部有大的斑点。选择“污点修复画笔工具”，在工具属性栏中设置画笔的大小为“7”，将鼠标指针移至人物脸上的斑点处，单击抹除斑点。

视频教学：修复人像照片

STEP 03 由于有一些斑点靠近发丝，为了避免破坏发丝，这里选择“仿制图章工具”，在工具属性栏中设置画笔的大小为“7”，将鼠标指针移至靠近发丝的斑点周围，按住【Alt】键不放，单击进行取样，再松开【Alt】键，将鼠标指针移至斑点处进行涂抹，如图2-47所示。

STEP 04 人物脸部的斑点已被修复完毕，但仍有部分皮肤不太平滑。此时可以选择“修复画笔工具”，在工具属性栏中设置画笔的大小为“4”，按住【Alt】键不放，将鼠标指针移至靠近耳部的皮肤较平滑处，单击进行取样，再松开【Alt】键，将鼠标指针移至皮肤斑驳处进行涂抹；将鼠标指针移至眼睛下方高光处，按住【Alt】键不放，单击进行取样，再松开【Alt】键，将鼠标指针移至鼻子处进行涂抹，效果如图2-48所示。

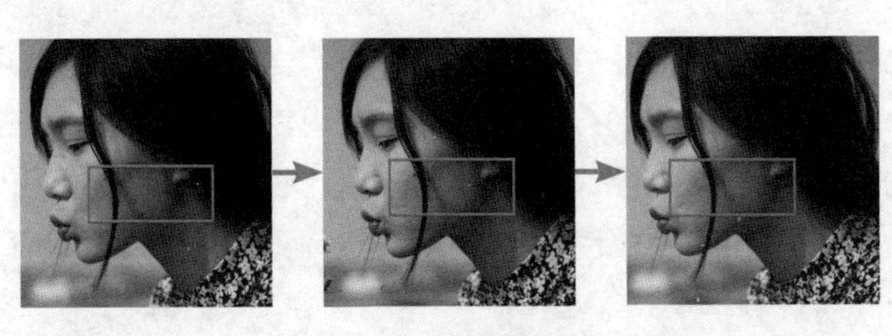

图2-47　修复脸部斑点

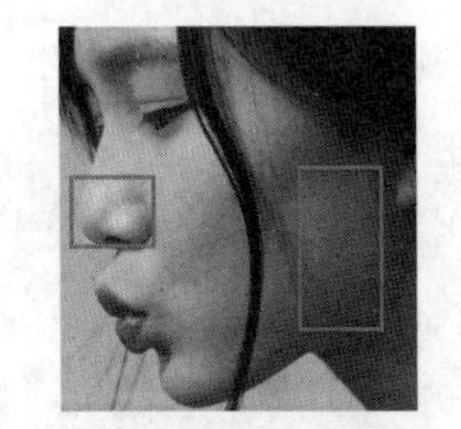

图2-48　修复脸部皮肤

STEP 05 照片右上角有不少凌乱发丝，影响了画面美观。选择“修补工具”，在工具属性栏的“修补”下拉列表中选择“内容识别”选项，将鼠标指针移至发丝凌乱处，围绕凌乱发丝绘制一个选区，按住鼠标左键不放，往上方拖曳鼠标指针，Photoshop自动修复选区范围内的图像。重复绘制选区和拖曳选区的操作，效果如图2-49所示。

STEP 06 此时，发丝与周围环境交界处痕迹比较明显，再选择“仿制图章工具”，在工具属性栏中设置画笔的大小为“17”，将鼠标指针移至发丝与环境周围，按住【Alt】键不放，单击进行取样，再松开【Alt】键，将鼠标指针移至发丝与环境交界处进行涂抹。

STEP 07 选择“加深工具”，在工具属性栏中设置画笔的大小为“25”，在交界处进行涂抹，降低交界处的生硬感，效果如图2-50所示。

STEP 08 选择“海绵工具”，在工具属性栏的“模式”下拉列表中选择“加色”选项，设置画笔的大小为“30”，将鼠标指针移至栏杆上方的花盆处，单击并拖曳鼠标左键进行涂抹，效果如图2-51所示。按【Ctrl+S】组合键保存文件。

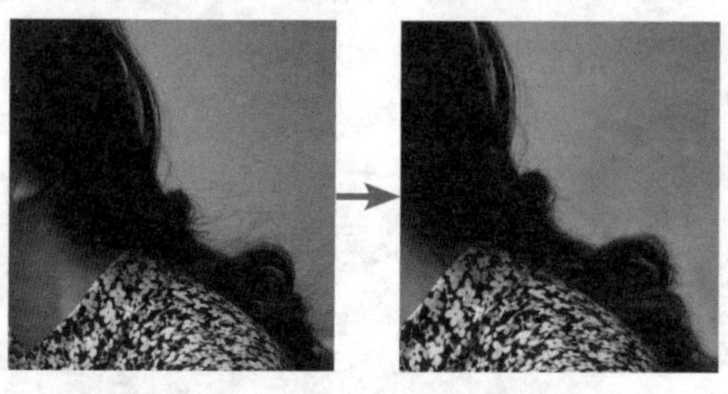

图2-49 修复凌乱发丝

图2-50 修饰痕迹

图2-51 涂抹花盆处

2.3.4 修复图像

修复图像是采用遮挡与修饰等手段去除图像中的瑕疵部分，再运用工具修饰上一步操作的痕迹，从而提升图像整体效果。

1. 修复图像

在Photoshop中主要采用以下工具来修复图像瑕疵或进行人像的美化处理。

- 污点修复画笔工具：用于快速修复图像中存在的瑕疵、体积较小的杂物和污垢等。与修复画笔工具的区别在于，污点修复画笔工具不需要设置取样点。选择“污点修复画笔工具”，在图像中需要修复的区域内，按住鼠标左键拖曳或者单击，皆可进行修复。
- 修复画笔工具：用于去除图像中的污点和划痕，主要使用图像中的像素作为样本进行绘制。选择“修复画笔工具”，在图像中需要修复的区域周围按住【Alt】键不放，吸取图像周围信息，再将鼠标指针移至需要修复的地方进行涂抹，便可修复图像。
- 修补工具：用于修复体积稍大的瑕疵，主要利用样本或者图案遮盖住图像需要修补的地方。选择“修补工具”，为图像中的瑕疵绘制选区，然后将选区内的瑕疵拖曳到需要修补的地方，即可进行修复。
- 内容感知移动工具：智能填充选区以修复图像的一种方式。选择“内容感知移动工具”，在图像中需要修复的范围内创建选区，按住鼠标左键不放拖曳选区，即可智能填充修复图像。
- 红眼工具：用于快速去掉图像中人物眼睛由于闪光灯引发的反光斑点。选择“红眼工具”，在图像中出现红眼的区域内单击，可快速去除红眼效果。
- 仿制图章工具：主要用于将图像编辑区内的部分图像复制到同一图像中，也可以用于将一个图层上的部分图像绘制到另一个图层上，类似于“修复画笔工具”。选择“仿制图章工具”，在图像中需要修复的区域周围按住【Alt】键不放，单击吸取图像周围信息，再将鼠标指针移至需要的地方进行涂抹，便可复制或修复图像。
- 图案图章工具：用于将Photoshop自带的图案或自定义的图案填充到图像中，类似于“画笔工具”。选择“图案图章工具”，在工具属性栏中选择需要的图案，再将鼠标指针移至需要修复的地方进行涂抹，便可填充图像。

2. 修饰痕迹

修复图像瑕疵后，可采用能修复痕迹的修饰工具再次处理，这样不仅可以消除痕迹，还可以处理图像背景与主体对象的对比效果，使主体对象更突出。

- 模糊工具：用于降低图像中相邻像素间的对比度，使图像产生模糊效果。选择“模糊工具”，将鼠标指针移至需要模糊的地方，单击并拖曳鼠标，便可沿着拖曳方向模糊图像。
- 锐化工具：用于提高图像中相邻像素间的对比度，增强图像的细节显示效果，使图像模糊处变得清晰，与模糊工具的使用效果相反。选择“锐化工具”，将鼠标指针移至需要增强细节的地方，单击并拖曳鼠标，便可沿着拖曳方向增强图像细节。
- 涂抹工具：用于模拟使用手指在未干的画布上进行涂抹的效果，常用于修饰毛料制品。选择“涂抹工具”，将鼠标指针移至需要涂抹的区域，单击并拖曳鼠标，便可沿着拖曳方向扩张单击时鼠标指针所在位置的颜色。
- 减淡工具：用于提高涂抹区域的亮度。选择“减淡工具”，将鼠标指针移至需要修饰的区域，单击并拖曳鼠标进行涂抹，便可沿着拖曳方向减淡图像，提高图像亮度。使用减淡工具前后的对比效果如图 2-52 所示。
- 加深工具：用于降低涂抹区域的亮度，与减淡工具的使用效果相反。选择“加深工具”，将鼠标指针移至需要修饰的区域，单击并拖曳鼠标进行涂抹，便可沿着拖曳方向加深图像，降低图像亮度。使用加深工具前后的对比效果如图 2-53 所示。

图2-52　使用减淡工具前后的对比效果

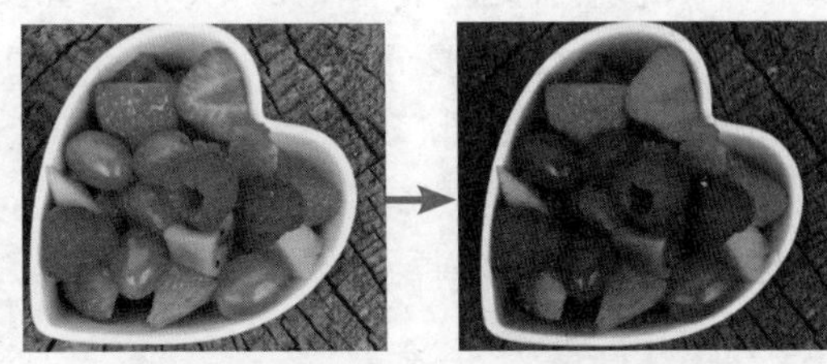

图2-53　使用加深工具前后的对比效果

- 海绵工具：用于提高或降低图像的饱和度。选择“海绵工具”，在工具属性栏中选择需要的模式，再将鼠标指针移至需要修饰的地方进行涂抹，便可快速提高或降低图像的饱和度。

技能提升

图2-54所示为两张色彩和色调都不太美观的图像（素材位置：素材\第2章\调整图像\），请分析这两张图像的主要问题，思考优化的方式，并进行图像调色实践。

效果预览

图2-54　素材图像

2.4 合成图像

用户可以在Photoshop中将原本独立、零散的元素合成在一起，发挥无与伦比的想象力，制作出精彩绝伦的设计作品，这就是合成图像的魅力所在。合成图像离不开“图层”面板，首先在“图层”面板中设置图层样式和不透明度，添加文字图层用来展示信息，然后根据需要为图层创建蒙版，最后应用滤镜特效修饰图层上的图像，为图像合成效果增添风采。

2.4.1 课堂案例——制作“夏至”节气推文封面次图

案例说明：某公众号运营人员写了关于“夏至”节气的推文，以便让更多人了解“夏至”节气的知识，从而传播传统文化。为了提高推文的点击率，现需要制作推文封面次图，要求尺寸为600像素×600像素，结合节气相关的素材，突出“夏至”主题，参考效果如图2-55所示。

图2-55 参考效果

知识要点：复制图层、移动图层、“描边”图层样式、“投影”图层样式。

素材位置：素材\第2章\“夏至”节气推文封面次图\

效果位置：效果\第2章\“夏至”节气推文封面次图.psd

效果预览

> **设计素养**
>
> 公众号推文使用的图像主要分为三类：第一类是推文封面首图，是用户第一眼便可看到的图片，具有吸引用户视线和明确主题的作用；第二类是推文封面次图，与首图不同的是，它的尺寸是正方形的，且面积很小，主要用于吸引用户阅读副图文；第三类则是推文内配图，包含与文章相关的图片、二维码和横版海报等。在设计公众号相关图像时，要根据图像的使用功能，制作出符合其功能尺寸的平面设计作品。

具体操作步骤如下。

STEP 01 新建宽度为“600像素”、高度为“600像素”、分辨率为“300像素/英寸”、颜色模式为“RGB颜色”、名称为“‘夏至’节气推文封面次图”的图像文件。

STEP 02 置入“‘夏至’背景.psd”图像，调整素材的大小和位置，使其填充整个背景。

视频教学：制作“夏至”节气推文封面次图

STEP 03 打开“‘夏至’元素.psd”素材，按住【Ctrl】键不放并选择“荷花1”和“荷花2”图层，再按住鼠标左键不放，将两个图层拖曳到“‘夏至’节气推文封面次图.pds”文件的标题栏范围内，此时这两个图层被复制到目标文件中，然后将这两个图层移至“‘夏至’背景”图层上方，适当调整“荷花1”“荷花2”的大小和位置，效果如图2-56所示。

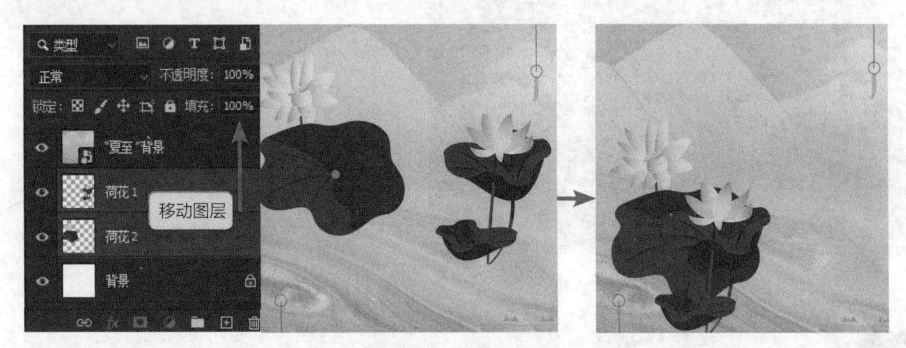

图2-56　移动图层并调整素材大小和位置

STEP 04 切换回“‘夏至’元素.psd”素材，将剩余的素材都拖曳到目标文件中，移动剩余素材的图层至两个荷花图层的上方。选择“鸟”图层，按【Ctrl+J】组合键复制图层，得到“鸟 拷贝”图层，选择该图层并按【Ctrl+T】组合键，再单击鼠标右键，在弹出的快捷菜单中选择“水平翻转”命令，通过移动鼠标指针将其移动到合适位置。

STEP 05 在“图层”面板中选择“文字”图层组，将图层组内的全部图像向右侧移动。展开“文字”图层组，选择“夏至”图层，单击“图层”面板下方的“添加图层样式”按钮，打开“图层样式”下拉列表，在其中选择“描边”选项，打开“图层样式”对话框，设置参数如图2-57所示，单击按钮。

STEP 06 此时，画面整体立体感较弱。选择“荷花2”图层，单击“图层”面板下方的“添加图层样式”按钮，打开“图层样式”下拉列表，在其中选择“投影”选项，打开“图层样式”对话框，设置参数如图2-58所示，单击按钮。再选择“荷花1”图层，用同样的方法和参数添加投影。

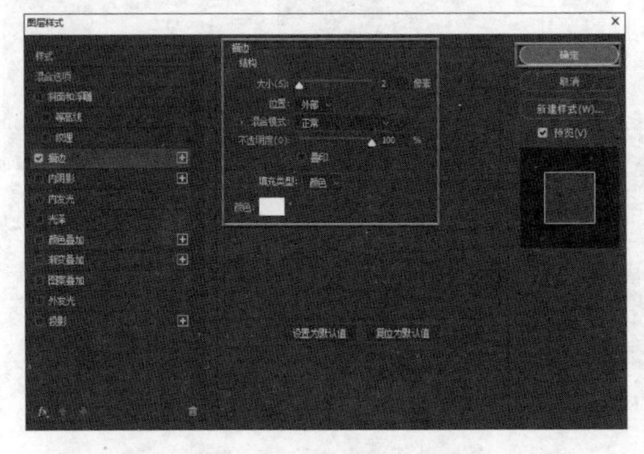

图2-57　设置“描边”参数

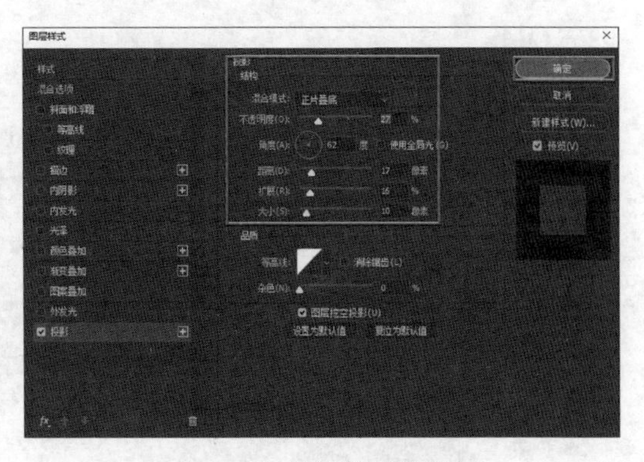

图2-58　设置“投影”参数

STEP 07 选择“椭圆工具”，设置描边颜色为“#1e6628”，按住【Shift】键不放，绘制一个“427像素×427像素”的圆，并将该图层移至“荷花2”图层的下方。选择该图层，单击“图层”面板下方的“添加图层样式”按钮，打开“图层样式”下拉列表，在其中选择“投影”选项，打开“图层样式”对话框，修改“投影”选项右侧的不透明度、角度分别为“9%”“161°”，单击按钮，如图2-59所示。按【Ctrl+S】组合键保存文件，最终效果如图2-60所示。

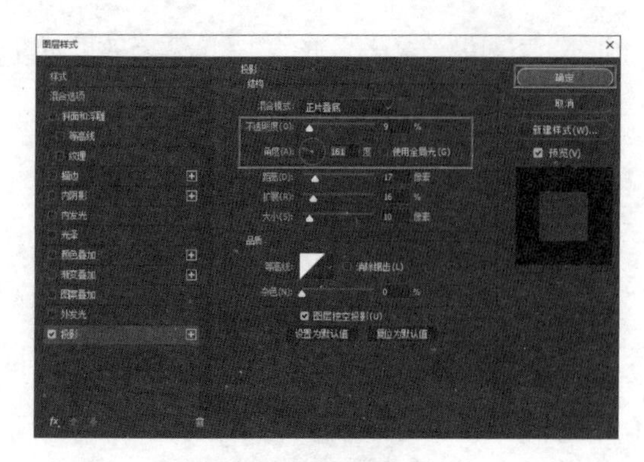

图2-59 修改“投影”参数

图2-60 最终效果

2.4.2 设置图层样式与不透明度

运用图层样式与不透明度可以对位于图层上的图像进行调整，两者各司其职，为图像的显示效果增色。

1. 图层样式

在Photoshop中，运用图层样式可以为除“背景”图层以外的图层上的图像添加立体投影、质感和光影效果。选择图层后，在“图层”面板下方单击“添加图层样式”按钮fx，或者选择【图层】/【图层样式】命令，可打开“图层样式”下拉列表，在其中选择所需要的选项，打开相应的对话框，设置参数，即可为本图层添加效果，如图2-61所示。

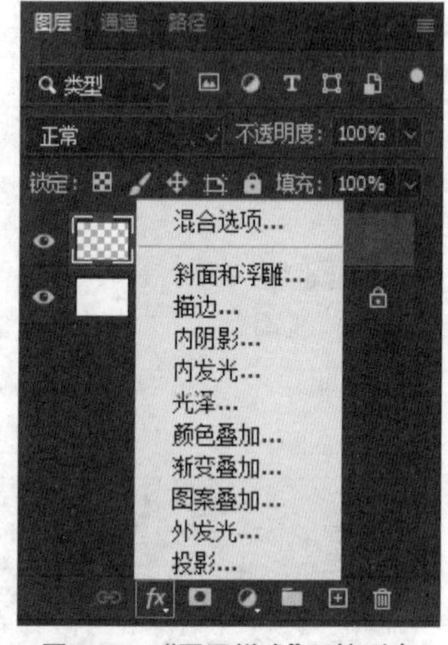

图2-61 “图层样式”下拉列表

- 混合选项：用于控制图层与下方图层像素的混合方式。
- 斜面和浮雕：用于为图像添加高光和阴影效果。
- 描边：用于使用颜色、渐变或图案对图像边缘进行描边。
- 内阴影：用于为图像边缘内侧添加阴影效果。
- 内发光：用于沿着图像边缘内侧添加发光效果。
- 光泽：用于为图像添加光滑而有内部阴影的效果。
- 颜色叠加：用于为图像叠加自定颜色。
- 渐变叠加：用于将图像中单一的颜色调整为渐变色，使图像的颜色变得丰富多彩。
- 图案叠加：用于为图像添加指定的图案。
- 外发光：用于沿着图像边缘外侧添加发光效果，与“内发光”样式相反。
- 投影：用于为图像添加投影效果。

2. 不透明度

不透明度可用于控制位于当前图层上的图像的显示程度，也可以用于决定位于下层图层上的图像的显示程度。每个图层的不透明度都可以单独进行设置，当设置不透明度为1%时，图像看起来几乎透明；而当设置不透明度为100%时，图像则完全显示为自身颜色。

设置图层不透明度的方法：在“图层”面板中选择图层，然后在右上方的“不透明度”数值框中输入数值即可。

资源链接

图层的混合模式是指将上方图层与下方图层的像素加以混合，从而得到一种新的显示效果。Photoshop 中提供了 27 种混合模式，所能得到的效果多种多样。设置所选图层混合模式的方法：在“图层”面板中选择图层，单击正常右侧的下拉按钮，在打开的下拉列表中选择所需要的图层混合模式选项。图层混合模式中主要选项作用的详解可扫描右侧的二维码进行了解。

扫码看详情

2.4.3 课堂案例——制作美食优惠券

案例说明：某美食店准备推出一期优惠活动，现需要制作尺寸为20cm×8cm的优惠券以吸引更多新客户来店品尝美食。优惠券应结合活动内容，搭配精美的美食图片，突出活动的关键信息，参考效果如图2-62所示。

效果预览

知识要点：创建文字、创建图层组、创建图层蒙版、创建剪贴蒙版。

素材位置：素材\第2章\美食优惠券\

效果位置：效果\第2章\美食优惠券.psd

图2-62 参考效果

设计素养

优惠券是用于刺激消费者进行消费的一种常见物品，最初是夹在报刊、杂志中随着购买刊物而附送，后来逐渐发展为雇人分送或搁置在商店中让人索取形式。在设计时要注意确定优惠券的通用信息字段与关键信息字段，其中关键信息字段中的金额、门槛限制、有效期等使用规则，一定要清楚明白地展示出来以便用户理解。

具体操作步骤如下。

STEP 01 新建宽度为“20厘米”、高度为“8厘米”、分辨率为“300像素/英寸”、颜色模式为“RGB颜色”、名称为“美食优惠券”的图像文件，置入“背景.psd”素材。

STEP 02 打开“元素.psd”素材，将“底托”图层上的图像拖曳到“美食优惠券.psd”文件中，调整图像的大小和位置，效果如图2-63所示。

视频教学：
制作美食优惠券

STEP 03 置入“照片.jpg”素材，此时“照片”图层位于“底托”图层上方。选择“照片”图层，单击鼠标右键，在弹出的快捷菜单中选择【创建剪贴蒙版】命令，将“照片”图层创建为“底托”图层的剪贴蒙版。将鼠标指针移至“照片”素材图像上，适当调整“照片”素材的大小和位置，效果如图2-64所示。

STEP 04 此时发现图像顶部不太美观，选择“照片”图层，单击“图层”面板下方的“添加图层蒙版”按钮创建蒙版。设置前景色为“#000000”，选择“画笔工具”，在工具属性栏中设置画笔大小为“59”、画笔类型为“柔边圆”，将鼠标指针移至图像顶部进行涂抹，如图2-65所示。

图2-63 调整图像的大小与位置

图2-64 创建剪贴蒙版

图2-65 创建图层蒙版并涂抹图像

STEP 05 切换到“元素.psd”文件中，将“服务”图层、“美食蛋糕”图层和“Logo”图层上的图像拖曳到“美食优惠券.psd”文件中，调整这些图像的大小和位置，如图2-66所示。打开“优惠信息.txt”文件后，选择“直排文字工具”，在工具属性栏中设置字体为“方正兰亭圆_GBK”、字体大小为“6点”、颜色为“#ffffff”，将鼠标指针移至“服务”图像下方，单击定位文字插入点，输入“优惠信息.txt”素材中的文字。

STEP 06 选择“横排文字工具”，在工具属性栏中保持字体和颜色不变，设置字体大小为“17点”，将鼠标指针移至“Logo”图像下方，单击定位文字插入点，输入“¥代金券”文字。然后在工具属性栏中设置字体大小为“75点”，在“¥代金券”文字下方单击，定位文字插入点，输入“50”文字。在工具属性栏中设置字体大小为“8点”、颜色为“#000000”，在“50”文字信息旁输入“元”文字。

STEP 07 选择“椭圆工具”，设置填充颜色为“#ffffff”，按住【Shift】键不放，绘制一个尺寸为“55像素×55像素”的圆，将“椭圆1”图层移至“元”图层下方。

STEP 08 选择“横排文字工具”，在工具属性栏中设置字体大小为“6点”，将鼠标指针移至“50”图层的图像下方，单击定位文字插入点，输入“优惠信息.txt”素材中的其余文字，优惠券正面完成效果如图2-67所示。

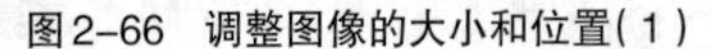
图2-66 调整图像的大小和位置(1)

图2-67 正面完成效果

STEP 09 由于优惠券需要制作正反两面，为方便制作背面效果可先整理图层，单击“图层”面板下方的“创建新组”按钮，创建一个“组 1”图层组，按住【Shift】键不放并选择“电话”图层和“底托”图层，两图层间的所有图层将被自动选择，按住鼠标左键将其拖曳至“组 1”图层组中，如图2-68所示。单击图层组前的按钮，该图层组内的图层将不会显示。

STEP 10 切换到“元素.psd”文件中，将“使用规则”图层和“Logo”图层上的图像拖曳到“美食优惠券.psd”文件中，调整图像的大小和位置，如图2-69所示。

STEP 11 选择“直排文字工具”，在工具属性栏中继续保持字体和颜色不变，修改字体大小为“7点”，将鼠标指针移至“使用规则”图像右方，按住鼠标左键不放并拖曳鼠标，创建段落文字定界框，在定界框内输入“1.凭此券……本店所有。”文字。再选择“直排文字工具”，在工具属性栏中设置字体大小为“65点”，将鼠标指针移至图像右侧，单击后输入“副券”文字，优惠券反面完成效果如图2-70所示。

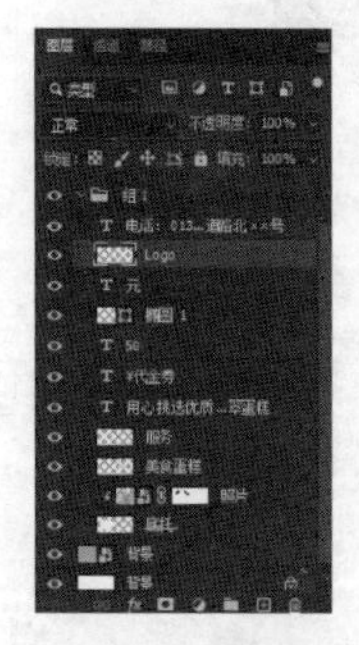

图2-68　整理图层

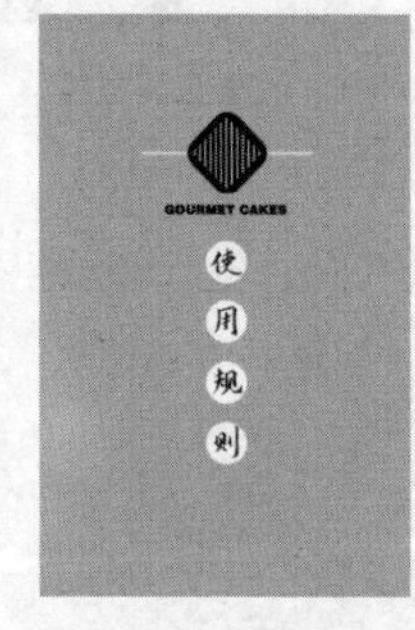

图2-69　调整图像的大小和位置(2)

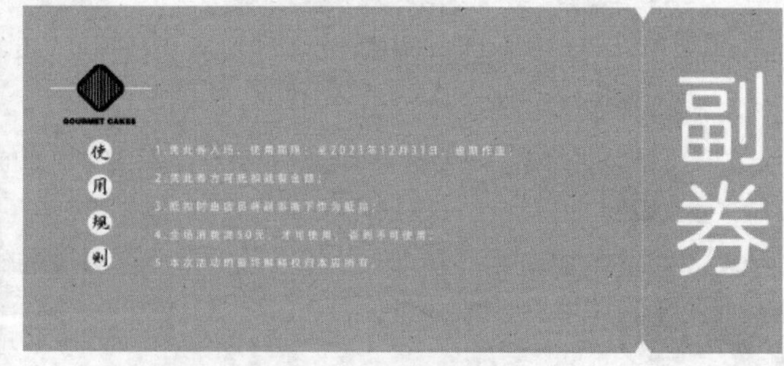

图2-70　反面完成效果

STEP 12 使用与步骤09相同的方法，整理制作反面优惠券设计时所运用到的图层，并将图层放置在“组 2”图层组内，按【Ctrl+S】组合键保存文件。

2.4.4 添加文字

添加文字可以对图像内容进行说明，帮助受众更好地理解图像所传达的信息。同时，对文字进行设计，还可以起到美化图像、强化主题的作用。

1. 创建文字

文字可分为点文字和段落文字两种类型。在Photoshop中，选择文字工具组内的工具后，在图像编辑区单击并输入文字即可创建文字，此时“图层”面板上也会出现相应的文字图层。如果有艺术字设计的需要，此时也可以创建文字蒙版或文字路径，对文字样式进行设计。

- 创建点文字：用于输入少量的文本。创建点文字的方法：选择“横排文字工具”或“直排文字工具”，在工具属性栏中设置文字的属性，再将鼠标指针移至需要输入文字的图像上，单击定位文字插入点，然后输入文字即可。
- 创建段落文字：用于输入大段的文字。创建段落文字的方法：选择“横排文字工具”或“直排文字工具”，在工具属性栏中设置文字的属性，再将鼠标指针移至需要输入文字的图像上，按住鼠标左键不放并拖曳鼠标，创建段落文字定界框，在定界框内输入文字即可。
- 创建蒙版文字：用于创建以选区形式存在的文字，如图 2-71 所示。创建蒙版文字的方法：选择“直排文字蒙版工具”或“横排文字蒙版工具”，将鼠标指针移至需要输入文字的图像上，单击定位文字插入点，然后输入文字，在工具属性栏中单击按钮。
- 创建路径文字：用于根据路径的形状创建文字，如图 2-72 所示。创建路径文字的方法：先创建路径，再使用文字工具组内的工具在路径上输入文字。编辑路径文字时可以通过编辑文字中的锚点改变文字样式，使文字的显示效果更为丰富。

图2-71 创建蒙版文字

图2-72 创建路径文字

2. 变形文字

变形文字是将输入的文字样式加以调整，在丰富图像画面的同时，也可增加图像的趣味性。选择文字工具组内的工具后，在工具属性栏中单击“创建文字变形”按钮，打开“文字变形”对话框，在“样式”下拉列表中选择所需选项，设置相关参数，单击确定按钮。

2.4.5 创建蒙版

在制作平面设计作品时，常常会运用蒙版合成图像。Photoshop中常用的蒙版是图层蒙版和剪贴蒙版，这两种蒙版类型都可以在“图层”面板中创建。

1. 创建图层蒙版

图层蒙版是指遮盖在图层上的一层灰度遮罩。通过为图层添加蒙版，可以控制图像在图层中的显示区域，如图2-73所示。

创建图层蒙版的方法：在“图层”面板中选中所要创建蒙版的图层，单击面板下方的“添加图层蒙版”按钮，即可为该图层创建图层蒙版，然后将前景色设置为“#000000”，使用“画笔工具”或“渐变工具”在想要遮盖的部分进行涂抹，图像将不显示涂抹部分的内容；若将前景色设置为“#ffffff”，使用工具进行涂抹时，图像将重新显示已被遮盖的部分。

2. 创建剪贴蒙版

剪贴蒙版是通过使用下方图层的形状来限制上方图层的显示状态，并且可以通过一个图层控制多个图层的可见内容，如图2-74所示。

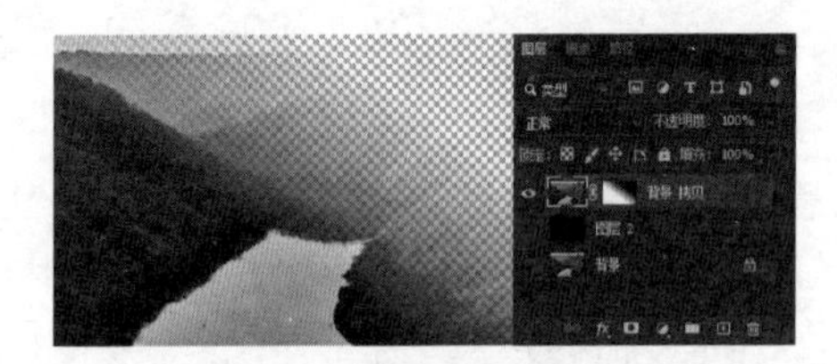

图2-73 创建图层蒙版

图2-74 创建剪贴蒙版

创建剪贴蒙版的方法：在“图层”面板中将所要创建剪贴蒙版的图层拖曳到用于限制形状的图层上方，再单击鼠标右键，在弹出的快捷菜单中选择“创建剪贴蒙版”命令或按【Alt+Ctrl+G】组合键，即可为该图层与下方图层创建剪贴蒙版。

2.4.6 课堂案例——制作水彩装饰画

案例说明：某旅游博主准备把自己旅行中实拍的图像制作成一幅水彩装饰画，用于装饰房间。要求装饰画尺寸为1800像素×1200像素，制成后的装饰画参考效果如图2-75所示。

知识要点："特殊模糊"滤镜、"干画笔"滤镜、"喷溅"滤镜；"查找边缘"滤镜。

素材位置：素材\第2章\水彩装饰画\

效果位置：效果\第2章\水彩装饰画\

效果预览

图2-75 参考效果

设计素养

装饰画是一种可以把装饰功能与美学欣赏汇集在一起的装饰物。设计装饰画时并不强调真实的光影效果，而是注重图像的表现形式和色彩的显示效果，装饰画的图像多采用夸张、变形的透视手法。

具体操作步骤如下。

视频教学：制作水彩装饰画

STEP 01 新建宽度为"1800像素"、高度为"1200像素"、分辨率为"300像素/英寸"、颜色模式为"RGB颜色"、名称为"水彩装饰画"的文件。置入"照片.jpg"素材，选择"照片"图层，单击鼠标右键，在弹出的快捷菜单中选择【栅格化图层】命令。

STEP 02 选择【滤镜】/【滤镜库】命令，打开"滤镜库"对话框，在滤镜栏中单击"艺术效果"前的▶按钮，展开滤镜栏内所包含的滤镜选项，选择"干画笔"滤镜，设置画笔大小为"6"、画笔细节为"10"、纹理为"1"，单击 确定 按钮，如图2-76所示。

STEP 03 选择【滤镜】/【模糊】/【特殊模糊】命令，打开"特殊模糊"对话框，设置半径和阈值分别为"4.0、25.0"，在"品质"下拉列表中选择"高"选项，在"模式"下拉列表中选择"正常"选项，单击 确定 按钮，效果如图2-77所示。

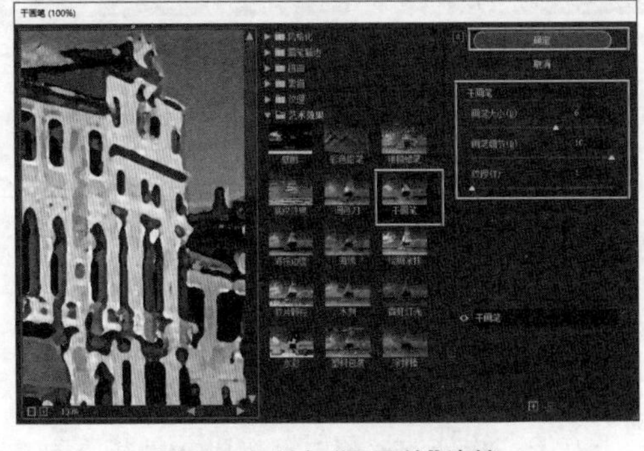
图2-76 添加"干画笔"滤镜

图2-77 添加"特殊模糊"滤镜后的效果

STEP 04 选择【滤镜】/【滤镜库】命令，打开"滤镜库"对话框，在滤镜栏中单击"画笔描边"前的▶按钮，展开滤镜栏内所包含的滤镜选项，选择"喷溅"滤镜，设置喷色半径为"4"、平滑度为"6"，单击 确定 按钮，如图2-78所示。

STEP 05 选择“照片”图层，按【Ctrl+J】组合键复制该图层，再选择复制的图层，然后选择【滤镜】/【风格化】/【查找边缘】命令，此时图像效果如图2-79所示。将鼠标指针移至“图层”面板上方，设置该图层的混合模式为“正片叠底”、不透明度为“40%”，在该图层上单击鼠标右键，在弹出的快捷菜单中选择【向下合并】命令，如图2-80所示。

图2-78 添加“喷溅”滤镜

图2-79 添加“查找边缘”滤镜后的效果

STEP 06 选择【滤镜】/【滤镜库】命令，打开“滤镜库”对话框，在滤镜栏中单击“艺术效果”前的▶按钮，展开滤镜栏内所包含的滤镜选项，选择“干画笔”滤镜，设置画笔大小为“6”、画笔细节为“10”、纹理为“1”，单击 确定 按钮，如图2-81所示。

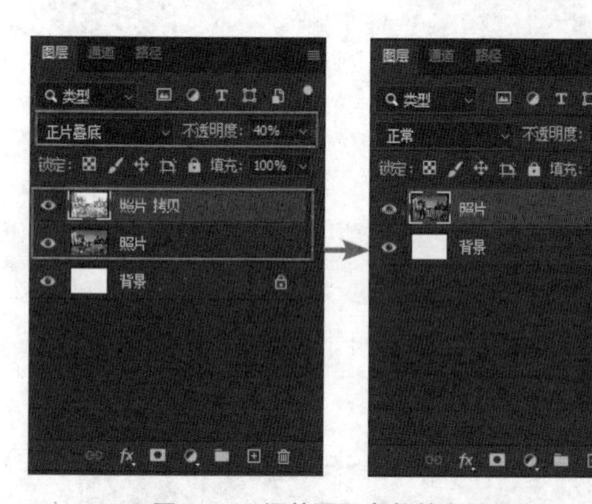

图2-80 调整图层参数并合并图层

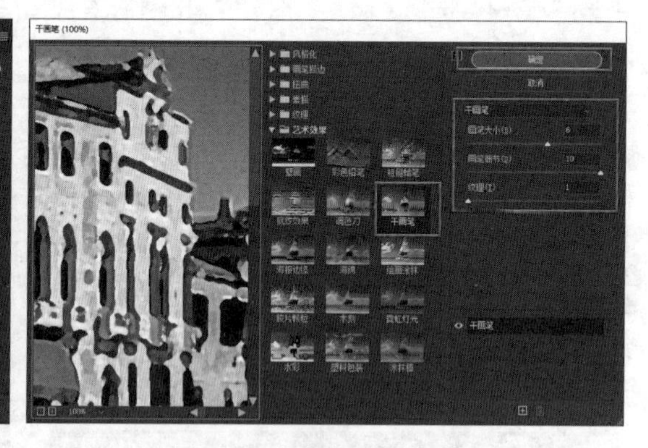

图2-81 添加“干画笔”滤镜

提示

合并图层可以有效减小文件，同时便于管理，其快捷键为【Ctrl + E】组合键。

STEP 07 置入“水彩纸.jpg”素材，调整其大小和位置。选择“水彩纸”图层，单击鼠标右键，在弹出的快捷菜单中选择【栅格化图层】命令，然后将“水彩纸”图层移至“照片”图层下方。

STEP 08 选择“照片”图层，单击“图层”面板下方的“添加图层蒙版”按钮创建蒙版。将“前景色”设置为黑色，选择“画笔工具”，在工具属性栏中设置画笔大小为“354”、画笔类型为“柔边圆”、不透明度为“60%”，将鼠标指针移至图像四周进行涂抹。选择【图像】/【自动色调】命令，校正图像颜色，完成本例的制作。

STEP 09 将处理后的水彩画复制到“装饰画样机.psd”素材中，调整其大小和位置，以便查看展示效果，最后按【Ctrl+S】组合键保存文件，完成前后的对比效果如图2-82所示。

图2-82　完成前后的对比效果

2.4.7 应用滤镜特效

滤镜是Photoshop中使用较为频繁的功能之一，可以用于制作光影、扭曲和油画等艺术性较强的专业图像效果。在Photoshop中，既可以通过滤镜库为图像添加多个不同的或相同的滤镜以获得叠加效果，也可以通过风格化滤镜组和模糊滤镜组为图像添加单一的滤镜效果。

1. 滤镜库

在“图层”面板中选择需要添加滤镜效果的图层，再选择【滤镜】/【滤镜库】命令，打开“滤镜库”对话框，如图2-83所示。在滤镜栏内单击▶按钮，可展开不同类别下具体的滤镜名称及效果展示图。单击所需滤镜展示图，在右侧设置相关参数，最后单击确定按钮，便可为该图层添加滤镜效果。

图2-83　“滤镜库”对话框

在“滤镜库”对话框中还可以通过新建多个效果图层、调整效果图层的顺序、隐藏或者删除效果图层等操作，使图像获得更多、更丰富的显示效果。

- **新建多个效果图层**：单击效果图层区下方的⊞按钮，将添加一个新的效果图层，并且新图层所运用的滤镜类别及其参数，都与已运用的滤镜效果一致。将鼠标指针移至滤镜栏内选择所要添加的滤镜上，单击后该图层的名称将自动变为所选中滤镜的名称，参数栏内的参数也将发生相应改变。
- **调整效果图层的顺序**：按住鼠标左键不放，上下拖曳效果图层，便可进行调整。
- **隐藏或删除效果图层**：单击选择图层前方的👁按钮可隐藏效果图层；单击效果图层区下方的🗑按钮可删除效果图层。

2. 风格化滤镜组

风格化滤镜组用于对图像上的像素进行位移、拼贴和反色等操作。选择【滤镜】/【风格化】命令，其子菜单中包含“查找边缘”“等高线”“风”“浮雕效果”“扩散”“拼贴”“曝光过度”“凸出”8种滤镜命令，其中的“浮雕效果”可以将图像中较亮的颜色分离出来，再降低其周围颜色的饱和度，从而生成浮雕效果，它是常用的滤镜之一。

3. 模糊滤镜组

模糊滤镜组用于削弱图像中像素的对比度，使相邻的像素过渡平滑，从而产生边缘柔和、模糊的效果。选择【滤镜】/【模糊】命令，其子菜单中包含14种滤镜命令，其中的“动感模糊”可以对图像上某一方向的像素进行线性位移而产生运动模糊的效果，它是制作具有动感效果作品时常用的滤镜之一；“高斯模糊”可以选择性模糊图像的某一区域而产生强烈的模糊效果，它是模糊图像时的常用滤镜之一。

技能提升

图2-84所示为将3张图像素材合成后的创意图像（素材位置：素材\第2章\创意图像\），结合本节内容分析该图像采取了哪些方法进行图像合成，并动手尝试合成图像。

效果预览

图2-84 图像合成前后的对比效果

2.5 课堂实训

2.5.1 制作茶文化宣传册封面

1. 实训背景

茶文化是我国的传统文化之一。“青衫绿茶”是一家以销售茶产品、宣传茶文化为主的企业，该企业现在需要制作茶文化宣传册封面，用于推广茶叶产品，吸引客户与企业开展合作。茶文化宣传册封面要求以“茶文化”为主题，尺寸大小为“210mm×140mm”，需要展现出中国传统文化之一——茶文化的魅力。

2. 实训思路

（1）风格定位。茶文化宣传册封面可以借助中国传统的水墨画风格，展示茶文化悠久的历史，这与水墨风的企业Logo的搭配也比较融洽。背景颜色可选择传统纸色，搭配具有传统特色的图纹，使画面整体效果与中国传统文化相贴合，如图2-85所示。

（2）主体选择。制作宣传册的目的是推广茶叶产品和宣传茶文化，因此宣传册封面设计主体可选择茶具和茶叶的图像，体现茶叶的优秀品质，给客户营造出身临其境的品茶氛围，使客户从心理上认同该企业的产品，从而明确宣传册的使用价值，如图2-86所示。

（3）画面构思。封面影响着客户对茶文化宣传册的第一印象，因此整体画面要简洁大方，可以采用图文穿插构图，文字只需要寥寥数字，但要选择观感雅致的字体。在实际操作中，可考虑运用蒙版融合图像，添加图层样式和形状工具装饰文字。

本实训的参考效果如图2-87所示。

图2-85　风格定位

图2-86　主体选择

图2-87　参考效果

效果预览

素材位置：素材\第2章\茶文化宣传册封面\

效果位置：效果\第2章\茶文化宣传册封面.psd

视频教学：制作茶文化宣传册封面

3. 步骤提示

STEP 01 新建尺寸为“210毫米×140毫米”、分辨率为“300像素/英寸”、名称为“茶文化宣传册封面”的文件。置入“底色.jpg”和“暗纹.jpg”素材，将“暗纹.jpg”图层移至“底色”图层上方，为该图层创建图层蒙版，将前景色设置为“#000000”，使用“画笔工具”涂抹交界处，然后将图层的不透明度设置为“5%”。

STEP 02 置入“底托.png”和“照片.jpg”素材，调整素材的大小和位置，将“照片.jpg”图层移至“底托.png”图层上方，选择该图层，单击鼠标右键，在弹出的快捷菜单中选择【创建剪贴蒙版】命令，然后调整该图像的大小和位置。

STEP 03 置入“Logo.png”素材，将Logo图像移至画册左上方并调整大小。

STEP 04 选择“横排文字工具”，设置文字的字体、大小和颜色。将鼠标指针移动到“Logo.png”素材下方，单击后输入“茶文化宣传册”文字，然后为文字添加“投影”效果。置入“颜色.jpg”素材，调整素材的角度和大小，将“颜色.jpg”图层移至“文字”图层上方，为该图层创建剪贴蒙版。

STEP 05 使用“矩形工具”在文字下方绘制填充颜色为“#000000”的矩形，最后保存文件。

2.5.2 制作比萨商品主图

1. 实训背景

某食品网店需要制作比萨商品主图，用于展示比萨商品，提高点击率和交易额。现需要先调整商品图像，然后修补图像中的瑕疵并模糊主体以外的区域，从而突出商品主体，最后配合文字和装饰元素，使整体视觉效果变得美观。

2. 实训思路

（1）调整商品图像。首先需要处理商品图像的瑕疵部分，为了保留桌面纹理可以使用“仿制图章工具”进行修复，需要模糊的地方可以使用“钢笔工具”绘制选区，在选区内使用“高斯模糊”滤镜削弱其存在感，最后使用“自然饱和度”和“色相/饱和度”命令为图像调整色彩和色调，如图2-88所示。

（2）添加商品主图。分析已有的商品主图背景图素材，如图2-89所示。在这里可考虑利用“创建剪贴蒙版”命令，将调整好的商品图像放置在素材空白区域进行展示。

效果预览

（3）添加信息和装饰商品主图。先使用“文字工具”分别在商品主图的顶部和底部添加商品信息，再为文字添加“阴影”图层样式效果，最后使用“椭圆工具”在文字下方绘制形状，起到提示信息的作用。

本实训的参考效果如图2-90所示。

图2-88　调整商品图像

图2-89　商品主图背景图素材

图2-90　参考效果

素材位置： 素材\第2章\比萨商品主图\

效果位置： 效果\第2章\比萨商品主图.psd

3. 步骤提示

视频教学：制作比萨商品主图

STEP 01 打开“美食.jpg”素材，复制并隐藏“背景”图层。选择“仿制图章工具”，按住【Alt】键不放，吸取空白桌子处的像素信息，涂抹果核所在区域。再复制一层图像，使用“钢笔工具”为图像上半部分创建选区，然后通过【滤镜】/【模糊】/【高斯模糊】命令模糊该选区内容。再为该图层创建图层蒙版，涂抹图像上半部分边缘处，让图像与下方图层的图像融合得更自然。

STEP 02 选择“图层1”图层，然后选择【图像】/【调整】/【自然饱和度】命令，降低自然饱和度参数。选择【图像】/【调整】/【色相/饱和度】命令，调整图像颜色。

STEP 03 新建尺寸为“800像素×800像素”、分辨率为“72像素/英寸”、名称为“披萨商品主图”的文件。置入“商品主图背景.psd”和“背景层.png”素材，并将“背景层.png”素材的图层置于“商品主图背景.psd”图层上方，再将已调整完毕的“美食.jpg”素材置入该文件中，将“美食”图层置于“图层”面板最上方，接着为“美食”图层和“背景层”图层创建剪贴蒙版。

STEP 04 选择“文字工具”，输入“商品信息.txt”素材中的文字，然后单击“添加图层样式”按钮，打开“图层样式”下拉列表，在其中单击“投影”选项，然后设置参数，为文字统一添加投影。

STEP 05 选择“椭圆工具”，在“活动价：”图层下方绘制一个尺寸为“94像素×26像素”的椭圆，并为其添加“描边”和“投影”图层样式，最后保存文件。

2.6 课后练习

练习1　制作电商促销 Banner

某美妆品牌想要开展促销活动，现需要制作包含促销信息的Banner展示在网店中。为了让客户了解促销信息和主打商品“化妆刷”，这里需要在设计中突出这些信息。制作时，可结合选区工具、蒙版工具、矩形工具、图层样式和剪贴蒙版等工具或命令，参考效果如图2-91所示。

素材位置：素材\第2章\电商促销\

效果位置：效果\第2章\电商促销Banner.psd

图2-91　参考效果

练习2　制作中国电影发展史海报

某影视剧博主制作了一则关于中国电影发展史的视频，为了提高视频点击率，决定制作一张黑白默片时代风格的电影海报以发布在各平台账号上进行宣传。制作时，可以使用选区工具、形状工具组，配合滤镜、创建剪贴蒙版和图层混合模式等命令或功能，参考效果如图2-92所示。

素材位置：素材\第2章\中国电影发展史海报\

效果位置：效果\第2章\中国电影发展史海报.psd

图2-92　参考效果

第3章 使用Animate制作动画

互联网的发展为数字媒体图像的显示赋予了多种形式，动画就是其中之一。Animate是一款专业的动画制作软件。通过Animate可以制作逐帧动画、补间动画、引导层动画、遮罩动画和交互动画等，为原本静止的图像效果增添动感，使数字媒体的作品内容和展现效果更加丰富多彩，从而推动数字媒体朝动态化、互动化等方向发展。

学习目标

◎ 掌握制作逐帧动画和补间动画的方法

◎ 掌握制作引导层动画和遮罩动画的方法

◎ 掌握制作交互动画的方法

素养目标

◎ 培养对动画的制作兴趣

◎ 培养良好的动画制作习惯和动画创意思维

案例展示

招聘海报动画

篮球比赛宣传动画

模拟菜单交互动画

3.1 动画与Animate基础

使用Animate制作动画前，我们可以先了解动画的相关知识，掌握Animate的基本操作方法，为后面制作动画打下基础。

3.1.1 动画的原理与帧的含义

动画可以理解为运用绘画的手法，使原本不具有生命的图像如同获得生命一样富有动感，是一种创造生命运动的艺术。动画的原理是基于人眼的视觉暂留特点，即人眼在看到图像后，在1/24秒内脑海中不会消失此图像的画面。利用这一特点，动画通过连续播放每帧上静止的画面，给人带来流畅、连续变化的视觉感受，让人产生一种静止画面在不断运动的动态幻觉。

在Animate中，构成一系列静止画面中的单张画面就是帧。每秒显示画面的帧数就叫帧率，帧率太小会给人一种卡顿的感觉，一般可将帧率设置为24～25帧/秒。

3.1.2 认识 Animate 的操作界面

Animate是Adobe公司推出的一款集动画创作、游戏设计和广告设计于一体的创作软件，它包含简单、直观而又功能强大的设计工具和命令，为专业设计人员和业余爱好者制作动画提供了便利。下面以Animate 2022版本为例进行介绍。

启动Animate后，创建或打开一个动画文件便可进入操作界面，单击操作界面右上角的“工作区”按钮▣，在弹出的菜单中选择“基本功能”选项，便可将操作界面设置成方便使用的模式，如图3-1所示。Animate的操作界面主要由菜单栏、标题栏、工具箱、场景和舞台、“时间轴”面板、“属性”面板和浮动面板组成。

图3-1　Animate操作界面

1. 菜单栏

菜单栏中包括“文件”“编辑”“视图”“插入”“修改”“文本”“命令”“控制”“调试”“窗口”“帮助”11个菜单项。每个菜单项包括多个命令，当命令右侧有›符号时表示该命令包含子菜单，选择有›符号的命令时可以展开子菜单。

- “文件”菜单：用于新建、打开、保存、发布和导出动画，以及导入外部的音频、图像、动画文件等素材。
- “编辑”菜单：用于选择、复制、粘贴位于舞台上的对象或时间轴上的帧，以及自定义面板和设置参数等。
- “视图”菜单：用于设置当前动画文件的场景和舞台环境，选择显示标尺、网格和辅助线等。
- “插入”菜单：用于创建图层、元件、动画，以及插入帧。
- “修改”菜单：用于修改动画中的对象。
- “文本”菜单：用于修改文字的大小、样式、对齐方式，以及调整字母间的间距。
- “命令”菜单：用于保存、查找和运行命令。
- “控制”菜单：用于测试播放动画。
- “调试”菜单：用于调试动画。
- “窗口”菜单：用于控制各面板的显示状态，以及设置面板的布局。
- “帮助”菜单：用于提供 Animate 在线帮助信息，包括教程和 ActionScript 帮助。

2. 标题栏

标题栏用于显示当前动画文件的名称和格式。用户将鼠标指针移至该区域时，则会显示详细的存储位置。

3. 工具箱

工具箱包含了制作动画的常用工具，如图3-2所示，右下角有◢符号的工具表示该工具处于工具组内。将鼠标指针移至具有◢符号的工具上，单击鼠标右键可展开工具组，显示工具组内的其他工具。除此之外。Animate提供了根据个人需求添加、删除、重新排列工具的功能，具体操作方法：单击工具箱上的“编辑工具箱”按钮…，打开工具选项面板，如图3-3所示，在工具箱中选择需要移出的工具，按住鼠标左键不放，将其拖曳到工具选项面板中，使用相同的方法也可将工具选项面板中的工具拖曳到工具箱中。

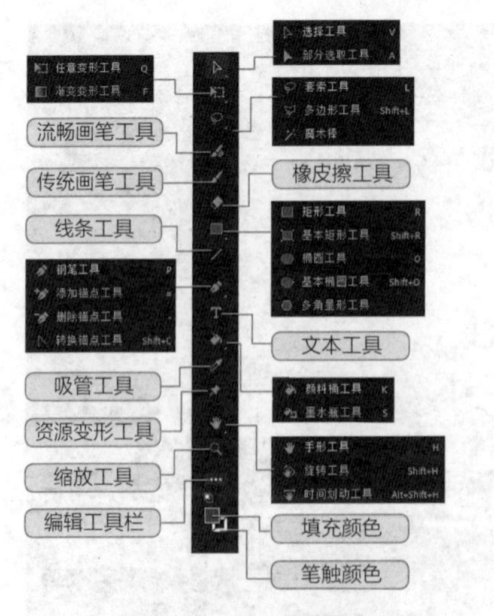

图3-2 Animate工具箱

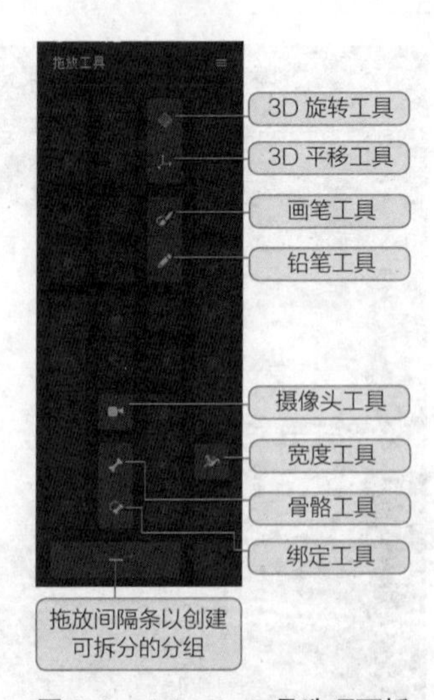

图3-3 Animate工具选项面板

资源链接

工具箱中的每种工具都有自己独特的用处，例如，选择工具组中的“选择工具”可用于选择对象和编辑对象；“部分选取工具”可用于编辑形状路径。有关工具箱中全部工具的具体用途，读者可扫描右侧的二维码，查看详细内容。

扫码看详情

4. 场景和舞台

在Animate中，所有动画的制作和编辑都必须在场景内进行。Animate中的场景类似于Photoshop中的图像编辑区，不同的是，在Animate中，一个动画文件可以包含多个场景，选择【插入】/【场景】命令，即可创建新场景。图3-4所示为同一个文件包含两个场景的效果展示图。场景的中间矩形区域也就是常说的舞台，一个场景只有一个舞台，舞台四周为工作区，用户只有将图像放置在舞台上，图像所包含内容最终才能在动画中显示出来。

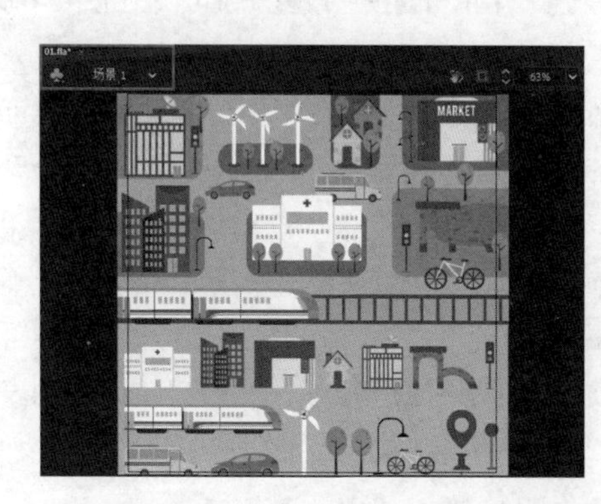

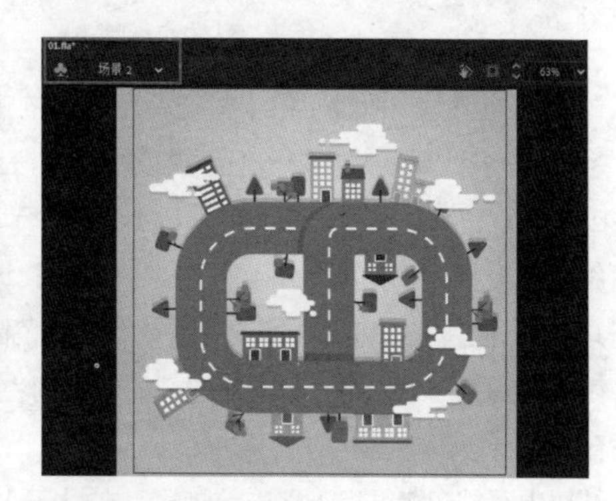

图3-4　同一个文件包含两个场景的效果展示图

5.“时间轴”面板

“时间轴”面板用于创建动画和控制动画的播放进程。根据使用功能，“时间轴”面板可分为左侧的“图层控制区”和右侧的“时间线控制区”，如图3-5所示。

图3-5　“时间轴”面板

（1）图层控制区

制作动画的主要操作都是在图层上进行的，而图层控制区用于控制和管理动画中的图层。

- “仅查看现用图层”按钮：用于仅查看舞台上显示图像所在的图层。
- “添加摄像头”按钮：用于创建摄像机图层。
- “显示父级视图”按钮：用于显示父子层次结构级。
- “单击以调用图层深度面板”按钮：用于打开“图层深度”面板。
- “新建图层”按钮：用于创建图层。

- “新建文件夹”按钮：用于创建图层组。
- “删除图层”按钮：用于删除图层。
- “突出显示图层”按钮：用于突出图层的显示效果，方便定位图层。
- “将所有图层显示为轮廓”按钮：用于将图像以轮廓线的形式显示。
- “显示或隐藏所有图层”按钮：用于显示或隐藏图层上帧的图像画面。
- “锁定或解除锁定所有图层”按钮：用于锁定或解锁图层，锁定图层后可以防止图层上的内容被破坏，也减少选错图层进行操作的可能性。

（2）时间线控制区

时间线控制区主要用于选择和播放位于时间轴的帧上的图像画面，以及快速创建和编辑帧。

- 帧率：用于显示当前动画的帧率。
- 当前帧：用于显示当前画面所在帧的位置。
- 关键帧控制组：按住按钮不放或在该按钮上单击鼠标右键，在打开的快捷菜单中可选择快速插入“关键帧”“空白关键帧”“帧”“自动关键帧”；单击按钮或按钮可快速定位当前帧的上一帧或下一帧所在的位置。
- “绘图纸外观”按钮：用于将选择范围内的帧上的图像同时显示在舞台上。单击按钮可启用或禁用绘图纸外观；按住按钮不放或在该按钮上单击鼠标右键，在打开的快捷菜单中可查看并选择相应选项。
- “编辑多个帧”按钮：用于同时查看或编辑选定范围内多个帧所含的内容。按住按钮不放，在打开的下拉列表中可选择所要查看或编辑的范围类型。
- “生成补间组”按钮：用于对选择的帧范围生成补间。按住按钮不放，在打开的下拉列表中可选择生成补间类型的命令。
- “帧居中”按钮：用于将当前帧显示在时间轴的中间位置。
- “循环”按钮：用于将选定范围内的帧上的图像循环播放。
- 播放控制组：用于在时间轴内定位上一帧或下一帧的位置，以及播放动画。
- 帧视图缩放：用于缩放时间轴上帧与帧的显示比例。
- 播放头：用于精确选择帧的所在位置。

6.“属性”面板

“属性”面板用于显示和设置各种绘制图像、工具或帧的参数。当选择单个对象时，“属性”面板可以显示对应的信息和属性；当选定两个或两个以上不同类型的对象时，“属性”面板会显示选定对象的组合。

7. 浮动面板

在“窗口”菜单中选择相应命令后，将会打开对应的面板，这些面板即为浮动面板，如“库”面板、“对齐”面板和“变形”面板等。

3.1.3 Animate 的基本操作

Animate的基本操作主要包括新建、打开、保存和关闭动画文件，导入文件，测试、输出和发布动画文件，以及自定义工作区布局。

1. 新建、打开、保存和关闭动画文件

在使用Animate制作动画前，我们需要先在其中新建动画文件才能进行后续的操作并且在制作过程中还要随时保存动画文件，以防止因为操作失误或计算机系统卡顿等意外而损坏原文件。

- 新建动画文件：启动 Animate 后，进入“空白”界面，在界面左侧单击新建按钮，或者在 Animate 操作界面中选择【文件】/【新建】命令，打开“新建文档”对话框，在对话框右侧的“详细信息”栏里设置尺寸、帧率和平台类型，单击创建按钮，即可新建文件。
- 打开动画文件：启动 Animate 后，进入“空白”界面，在界面左侧单击打开按钮，或者在 Animate 操作界面中选择【文件】/【打开】命令，打开“打开”对话框，选择动画文件后，单击打开(O)按钮，即可打开该文件。
- 保存动画文件：在操作界面中，选择【文件】/【保存】命令，打开“另存为”对话框，设置存储位置和名称后，单击保存(S)按钮或按【Ctrl + S】组合键，可存储动画文件。

> **提示**
>
> 当对新建的动画文件进行第一次保存时，或者想保留源文件时，我们可以选择【文件】/【另存为】命令，打开“另存为”对话框，选定保存位置，单击保存(S)按钮或按【Ctrl + Shift + S】组合键，以实现另外保存动画文件。

- 关闭动画文件：存储动画文件后，选择【文件】/【关闭】命令或按【Ctrl + W】组合键，即可关闭动画文件。

2. 导入文件

在制作动画时常需要导入外部素材文件。在Animate中可以导入各种文件格式的矢量图、位图、音频和视频文件，根据文件导入后的位置和文件导入方式的不同，一般可分为以下3种情况。

- 导入到舞台：选择【文件】/【导入】/【导入到舞台】命令，打开“导入”对话框，选择素材文件，单击打开(O)按钮，可将素材导入到舞台，如图 3-6 所示。

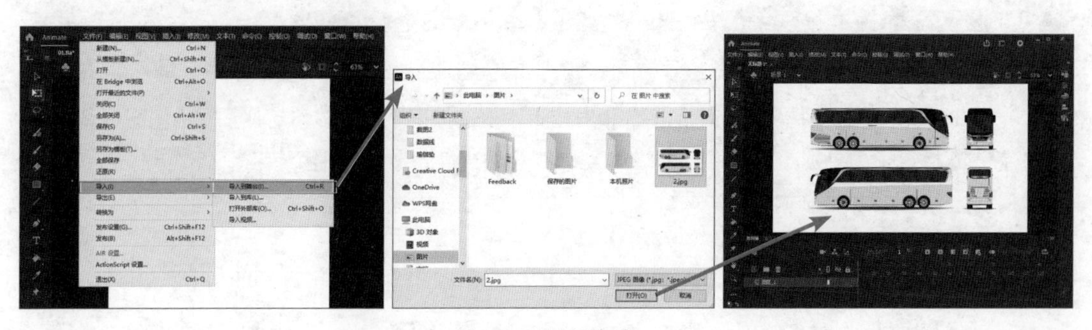

图3-6 导入到舞台

- 导入到库：选择【文件】/【导入】/【导入到库】命令，打开“导入”对话框，选择素材文件，单击打开(O)按钮，可将素材导入到“库”面板中。
- 外部粘贴导入：可将在 Animate 打开的其他动画文件内的图像粘贴在目标动画文件中，其操作：先在 Animate 中打开其他动画文件，然后按【Ctrl + C】组合键复制图像，再切回到目标文件中，按【Ctrl + V】组合键，将复制的图像粘贴在目标动画文件中。

疑难解答

为什么将矢量图和位图导入舞台或“库”面板，产生的效果不一致?

将位图导入舞台时，舞台上会显示该位图，同时位图被保存在“库”面板中。将位图导入“库”面板时，舞台上不显示该位图，只有将该位图拖曳到舞台上时才能在舞台上显示。

将矢量图导入舞台时，舞台上会显示该矢量图，但矢量图不会被保存在“库”面板中。将矢量图导入“库”面板时，舞台上也不显示该矢量图，只有将该矢量图拖曳到舞台上时才能在舞台上显示。

3. 测试、输出和发布动画文件

制作动画过程中，需要经常测试动画效果是否符合预期，以便更好地优化动画效果，直到满意为止。动画制作完成后也需要将动画文件进行输出和发布，便于在各平台上传播和观看。

- 测试动画文件：选择【控制】/【测试】命令或按【Ctrl + Enter】组合键，进入影片测试窗口。
- 导出动画文件：选择【文件】/【导出】命令，进入子菜单，选择所要输出的文件格式命令后，单击保存(S)按钮，即可导出对应格式的动画文件。
- 发布动画文件：选择【文件】/【发布】命令，即可在该动画文件所在的文件夹内生成同名的SWF和HTML文件。如果需要调整发布文件的格式或发布位置等参数，此时可选择【文件】/【发布设置】命令，打开“发布设置”对话框，设置相应参数，单击确定按钮后，再单击发布(P)按钮，即可发布动画文件。

4. 自定义工作区布局

Animate操作界面中各版块的布局可自由设置。具体方法：选择并按住面板进行拖曳，可将面板置于Animate操作界面中任意位置；若需要恢复为默认布局，此时可单击操作界面右上角的“工作区”按钮，在打开的“新建工作区”对话框中单击当前所选布局选项后的按钮，在打开的提示对话框中单击是按钮。

技能提升

图3-7所示为在保持所有帧上的图像相对位置不变的情况下，整体移动位置的示例图（素材位置：素材\第3章\火焰\），请根据本节所学知识尝试进行此操作，巩固练习。

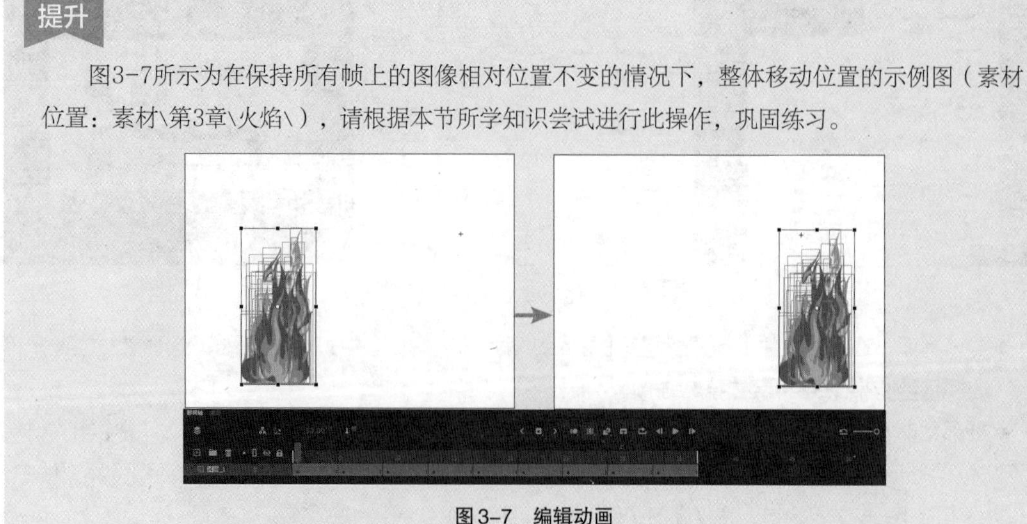

图3-7 编辑动画

制作逐帧动画与补间动画

Animate提供了多种常见的动画类型，其中逐帧动画和补间动画是较为基础的动画。逐帧动画可连续播放每个帧上的图像，适合制作人员制作流畅度较高的动画；补间动画可通过在两个关键帧之间创建补间动画，使帧与帧之间的动画效果更加丰富，增加动画的吸引力。

3.2.1 课堂案例——制作动态标志

案例说明：某网页设计师在制作网站页面时需要添加公司标志，为了提高网页的设计感，决定使用Animate制作动态标志。要求尺寸为“800像素×600像素”，为突出标志内容可考虑绘制图案进行装饰。参考效果如图3-8所示。

图3-8　参考效果

知识要点：“导入到舞台”命令、删除帧、“转换为元件”命令、新建图层、翻转帧、椭圆工具、编辑多个帧。

素材位置：素材\第3章\动态标志\

效果位置：效果\第3章\动态标志.fla

> **设计素养**
>
> 动态标志是近几年较流行的一种标志展示方式，主要运用在各种电子媒介中，本质是为静态标志添加适当的动态变化，以呈现出动态播放的形式。它是标志与动画的组合。在制作时要注意动态标志中动态变化的要素不要过多，要以突出标志内容为重心。

具体操作步骤如下。

STEP 01 启动Animate，单击页面左侧的 新建 按钮，打开“新建文档”对话框，在对话框右侧“详细信息”栏里设置宽为“800像素”、高为“600像素”、帧率为“24.00fps”、平台类型为“ActionScript 3.0”，单击 创建 按钮创建动画文件。

STEP 02 选择【窗口】/【属性】命令，打开“属性”面板，单击“文档”选项卡，然后单击舞台右侧的色块，在打开的列表中设置颜色为“#000000”，此时，舞台颜色被改为黑色。

视频教学：
制作动态标志

STEP 03 选择【文件】/【导入】/【导入到舞台】命令，打开“导入”对话框，选择“闪圈.gif”素材，单击打开(O)按钮，素材被导入到舞台，如图3-9所示，并且在时间线控制区将自动创建一系列关键帧。

STEP 04 由于该动画只需要32帧，将鼠标指针移至时间线控制区的第33帧上，单击选择该帧，再按住【Shift】键不放，将鼠标指针移至第171帧处，单击选择第171帧，此时，第33～171帧被全部选中，松开【Shift】键，单击鼠标右键，在弹出的快捷菜单中选择【删除帧】命令，删除第33～171帧。

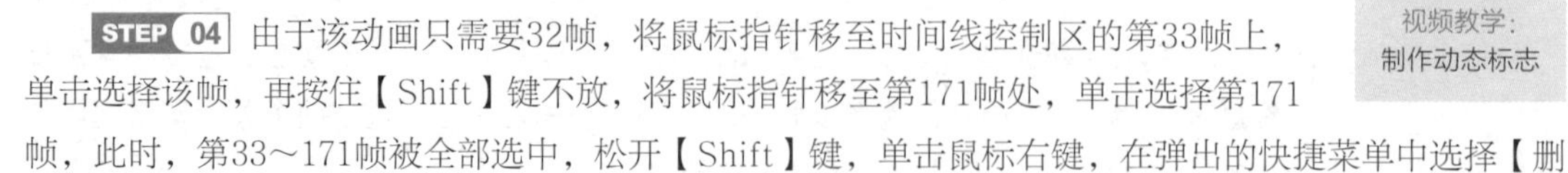

STEP 05 为方便后续操作，在这里可将鼠标指针移至图层控制区中的“图层_1”图层上，单击该图层上显示的按钮锁定图层，然后单击“新建图层”按钮新建“图层_2”图层。

STEP 06 在工具箱中选择“椭圆工具”，打开“属性”面板，设置填充为“无”、笔触为“#00CCCC”、笔触大小为“8”，在“样式”下拉列表中选择“锯齿线”选项，选择“图层_2”图层的第1帧，按住【Shift】键不放，绘制一个尺寸为“461像素×461像素”的圆，效果如图3-10所示。

图3-9 导入到舞台

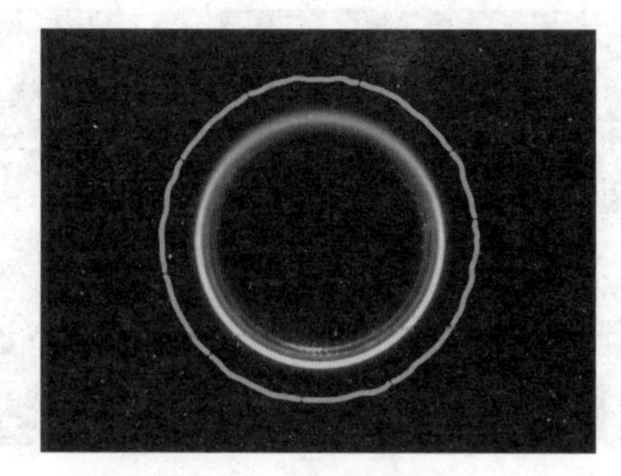

图3-10 绘制圆

STEP 07 将鼠标指针移至圆图像上，单击鼠标右键，在弹出的快捷菜单中选择【转换为元件】命令，打开“转换为元件”对话框，设置名称为“圆装饰”，在“类型”下拉列表中选择“影片剪辑”选项，单击确定按钮。

STEP 08 打开“属性”面板后，单击“对象”选项卡，在“滤镜”栏中单击“添加滤镜”按钮，在打开的下拉列表中选择“渐变发光”选项，在打开的列表里设置参数，如图3-11所示。其中渐变颜色为“#FFFFFF～#000099”，设置完后，调整元件的位置。效果如图3-12所示。

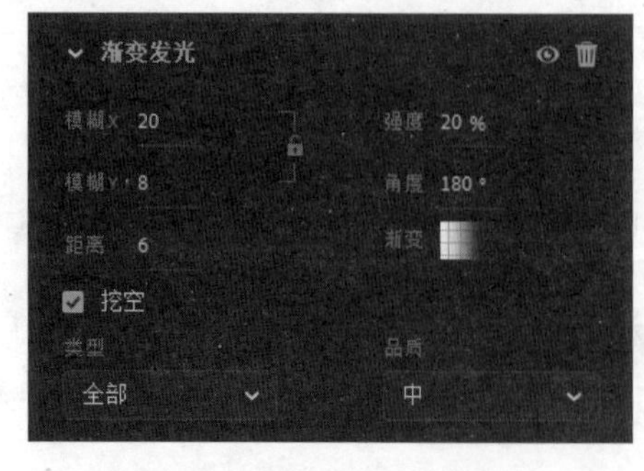

图3-11 “渐变发光”滤镜参数

图3-12 效果展示

STEP 09 新建“图层_3”图层，选择【文件】/【导入】/【导入到舞台】命令，打开“导入”对话框，选择“1.png”素材，单击打开(O)按钮，打开提示对话框，单击是按钮，所有编号素材都会被导入到舞台，且在时间线控制区按照编号顺序创建一系列关键帧。

STEP 10 单击“编辑多个帧”按钮，在帧上方出现调整框，按住鼠标左键不放并拖曳调整框两侧，使调整框与帧对齐，然后在舞台上按住鼠标左键拖曳，框选所有的素材，此时“图层_3”图层上的帧被全部选中。选择“任意变形工具”，按住【Shift】键不放，在舞台上拖曳素材边界框，将素材调整到合适大小，然后将鼠标指针移至素材上，拖曳调整素材位置，如图3-13所示，再单击“编辑多个帧”按钮取消调整。

STEP 11 按住【Shift】键不放，选择第1帧和第16帧后，单击鼠标右键，在弹出的快捷菜单中选择【复制帧】命令，再将鼠标指针移至第17帧处，单击鼠标右键，在弹出的快捷菜单中选择【粘贴帧】命令，此时帧会超过32帧；删除多余的帧后，再按住【Shift】键不放，选择第17～32帧，单击鼠标右键，在弹出的快捷菜单中选择【翻转帧】命令，将被选中的帧顺序进行颠倒，如图3-14所示。

图3-13　调整所有编号素材的位置和大小

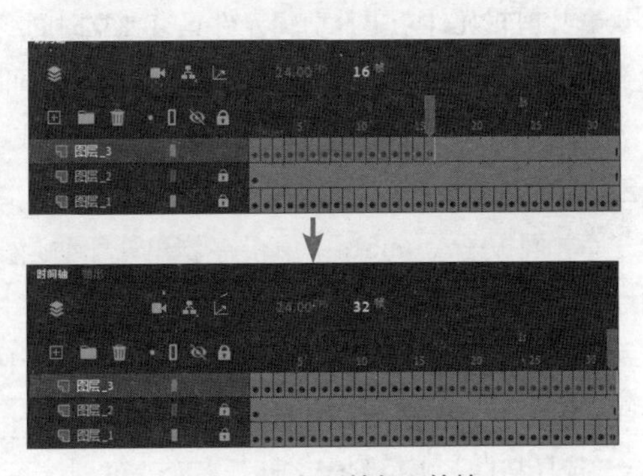

图3-14　复制帧与翻转帧

STEP 12 按【Ctrl+Enter】组合键，查看整个动态标志效果，查看时发现第16帧与第17帧重复，删除第17帧。按【Ctrl+S】组合键保存文件，并将文件命名为“动态标志.fla”，最终效果如图3-15所示。

图3-15　最终效果展示

3.2.2 元件与“库”面板

在Animate中制作动画时，通常离不开元件和“库”面板，因此需要熟悉元件与“库”面板的相关知识，掌握其相关用法。

1. 元件

元件是Animate动画中重要的组成部分，每个元件都有独立的时间轴和舞台。在动画制作过程中，我们可将一些需要重复使用的元素转换为元件，然后通过编辑元件可以调整动画效果，对单个元件进行拼装，构成完整的动画文件。元件根据功能的不同，可以分成图形元件、按钮元件和影片剪辑元件3种。

- 图形元件：图形元件是构成动画的基本元素之一，用于创建静态图像或者是重复利用的、与主场景的时间线控制区有关联的动态图像。由于图形元件内的时间轴与主场景的时间线控制区同步，因此不能随意改变图形元件的任意参数。
- 按钮元件：按钮元件是能激发交互行为的按钮，用于响应鼠标单击、滑过和其他动作的交互式按钮。按钮元件包含弹起、指针经过、按下、点击 4 种状态，在这 4 种状态下创建的关键帧都可以添加影片剪辑元件来创建变化的动态按钮，还可以给按钮元件添加脚本程序，使按钮具有交互功能。
- 影片剪辑元件：影片剪辑元件具有独立时间线控制区，不受主场景的时间线控制区影响，可用于创建交互组件、图形、声音或其他影片剪辑。同时，影片剪辑元件也不会随着主场景的时间线控制区的内容播放其所包含的内容，而随着测试动画或导出动画内容播放其所包含的内容。

2.“库”面板

“库”面板是Animate中用于存放和管理动画文件中的素材和元件的地方。在动画制作过程中，用户可直接在“库”面板中调用需要的素材。选择【窗口】/【库】命令，或者按【Ctrl+L】组合键，可打开或关闭“库”面板，如图3-16所示。

图3-16 “库”面板

- “选择文件”下拉列表：打开多个文件时，可通过“选择文件”下拉列表调用其他文件的“库”面板中所存放的元件和素材。
- “固定当前库”按钮：用于固定当前文件的库。切换到其他文件时，可将已固定库中的元件和素材引用到其他文件库中。单击“固定当前库”按钮后，按钮将变为形状。
- 新建库面板：用于新建一个“库”面板，并且新建的“库”面板中将包含原“库”面板中的元件和素材。
- 预览框：用于预览在“库”面板中选择的元件或素材的显示效果。如果所选元件为已制作动画效果的影片剪辑元件、图形元件或素材为音频素材，则该预览窗口的右上角会出现“播放”按钮▶和“停止”按钮■。单击“播放”按钮▶，可开始播放声音或播放预览动画效果；单击“停止”按钮■，可停止播放声音或停止预览动画效果。
- 搜索框：用于输入名称后，搜索符合名称的元件或素材的所在位置。
- “名称”栏：用于展示“库”面板中包含的元件或素材。
- “新建元件”按钮：用于新建元件。
- “新建文件夹”按钮：用于新建文件夹，将互相关联的元件和素材放置在同一文件中，以便管理。
- “属性”按钮：用于在“库”面板中选择某一元件后，调整其名称或参数。
- “删除”按钮：用于“库”面板中删除元件或素材，被删除的元件或素材将在舞台上和“时间轴”面板中同步消失。

3.2.3 创建与编辑元件

在Animate中创建元件时，虽然元件的类型不同，但是创建的方法基本相同，而编辑元件则需要进入元件编辑窗口进行编辑。

1. 创建元件

在Animate中，想要为舞台上的内容添加动态效果，此时需要将其转换为元件；或者先创建元件，将元件拖曳到舞台上，再添加动态效果。

（1）在“库”面板中创建元件

将鼠标指针移至“库”面板中“名称”栏的空白区域，单击鼠标右键，在弹出的快捷菜单中选择【新建元件】命令，打开“创建新元件”对话框，在该对话框中设置元件的名称后，在“类型”下拉列表中选择“图形”“按钮”“影片剪辑”选项，单击确定按钮，即可创建相应类型的元件，并且自动进入新创建的元件编辑窗口，再选择【文件】/【导入】/【导入到舞台】命令，选择素材后，单击打开(O)按钮，可将该素材放置在元件中，如图3-17所示。

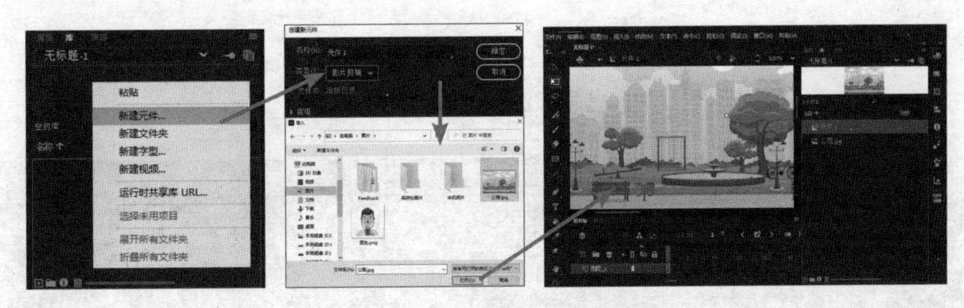

图3-17　在“库”面板中创建元件

（2）使用命令创建元件

选择【插入】/【新建元件】命令，打开“创建新元件”对话框，然后在“库”面板中进行创建元件相关操作，从而创建元件。

（3）将舞台中已存在的图像转换为元件

根据舞台上的实时情况，还可将舞台上已存在的图像转换为元件，方便制作动画。这也是较为常用的一种创建元件的方式。

在舞台上选择素材后，单击鼠标右键，在弹出的快捷菜单中选择【转换为元件】命令，打开“转换为元件”对话框，在该对话框中设置元件名称后，在“类型”下拉列表中选择“图形”“按钮”“影片剪辑”选项，单击确定按钮，即可将图像转换为相应类型的元件，如图3-18所示。

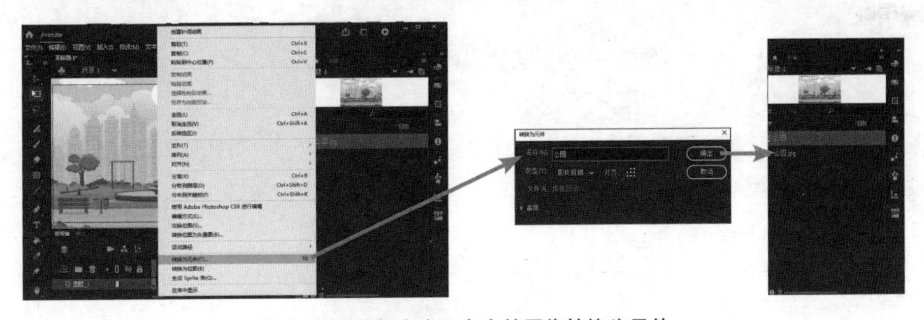

图3-18　将舞台中已存在的图像转换为元件

2. 编辑元件

编辑元件时可以采用工具箱中的各种工具和菜单栏上的各种命令来进行。无论是哪种方式，都需要先进入该元件的元件编辑窗口，再对其进行编辑。元件编辑窗口主要用于调整元件的参数和画面。进入元件编辑窗口的方法有很多，我们了解并掌握一些常用的方法即可。

- 使用命令：单击需要编辑的元件，再选择【编辑】/【编辑元件】命令即可。
- 选择舞台上的元件：将鼠标指针移至舞台上所要编辑的元件上，单击鼠标右键，在弹出的快捷菜单中选择【编辑元件】命令，或者双击所要编辑的元件。
- 使用"库"面板：将鼠标指针移至"库"面板中所要编辑的元件名称上，单击鼠标右键，在弹出的快捷菜单中选择【编辑】命令，或者双击所要编辑的元件名称前的符号。

3.2.4 创建与编辑帧

在Animate中制作动画是依靠连续更改帧上的内容，然后通过连续播放帧上的内容，实现图像的动态化，因此帧是动画制作的关键。

1. 认识帧

时间线控制区上的一个个方框代表了帧，将播放头拖曳到帧的位置上，舞台上将显示该帧的内容。帧根据功能不同可分为关键帧、空白关键帧和过渡帧，如图3-19所示。

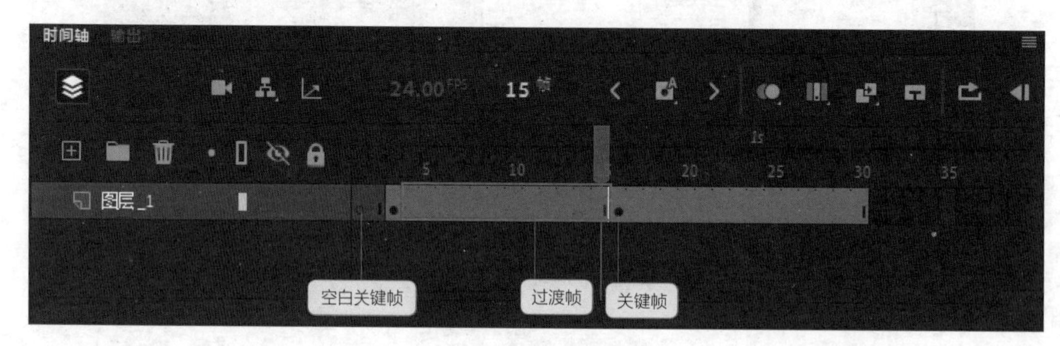

图3-19 帧的不同类型

- 关键帧：关键帧决定了动画内容，它是可以在舞台上直接编辑的帧，也是最常用的帧，在时间轴上以灰色背景带黑色实心圆的样式表示。
- 空白关键帧：空白关键帧是未添加内容的关键帧，但可以包含单独的动态脚本，在时间轴上以深灰色背景带黑色空心圆的样式表示。
- 过渡帧：过渡帧是用于添加两个关键帧动画效果的帧，也是制作动态效果的关键。

2. 编辑帧

在"时间轴"面板上可以对帧进行一系列的编辑操作。

（1）创建与插入帧

将鼠标指针移至"时间轴"面板的时间线控制区，在方框上单击鼠标右键，在弹出的快捷菜单中选择【插入关键帧】或【插入空白关键帧】命令，即可创建关键帧或空白关键帧。

（2）选择帧

根据选择帧的数量和位置，在时间线控制区中选择帧时有不同的方式。

提示

时间线控制区尚未创建帧时，在方框上单击鼠标右键，在弹出的快捷菜单中选择【插入帧】命令，可创建空白关键帧；时间线控制区已创建帧时，选择【插入帧】命令所创建帧的内容是对上一帧内容的延续，常用于延长关键帧的播放时长。

- **选择单帧**：将鼠标指针移至所要选择的帧位置上，单击即可选中。
- **选择多个不连续的帧**：选择多个不连续的帧时，只需要在选中一个帧后，按住【Shift】键不放，选中下一个选择的帧，则被选中的两个帧之间的所有帧也将被选中。
- **选择多个连续帧**：按住【Ctrl】键不放，将鼠标指针移至所要选择的帧上，并单击，直到选完所有要选择的帧后松开【Ctrl】键。

（3）复制与粘贴帧

复制与粘贴帧，根据实际需要也可分为两种方式。

- **使用【Alt】键**：将鼠标指针移至所要复制的帧位置上，按住【Alt】键不放，用鼠标拖曳该帧到需要粘贴的位置，即可将该帧粘贴到该位置。
- **使用命令**：将鼠标指针移至所要选择的帧位置上，单击鼠标右键，在弹出的快捷菜单中选择【复制帧】命令或按【Ctrl + C】组合键，然后将鼠标指针移至需要粘贴的位置，单击鼠标右键，在弹出的快捷菜单中选择【粘贴帧】命令或按【Ctrl + V】组合键。

（4）移动与删除帧

用鼠标左键选中帧后，按住鼠标左键不放拖曳该帧还可移动帧的位置。

删除帧只需要在时间线控制区上选择要删除的帧，单击鼠标右键，在弹出的快捷菜单中选择【删除帧】或者按【Shift + F5】组合键。

（5）转换帧

帧的类型和元件类型一样都可以互相转换，在没有插入关键帧时若改变帧的内容，可将该帧转换为关键帧；而不需要该关键帧时，可以使其转换为普通帧，以减少动画文件大小。

- **将帧转换为关键帧或空白关键帧**：单击选中需要转换的帧后，单击鼠标右键，在弹出的快捷菜单中选择【转换为关键帧】或【转换为空白关键帧】命令。
- **将关键帧或空白关键帧转换为帧**：单击选中需要转换的帧后，单击鼠标右键，在弹出的快捷菜单中选择【清除关键帧】命令。

（6）翻转帧

翻转帧是指将帧的顺序颠倒，从而使开头的帧移至结尾，结尾的帧移至开头，达到一种倒放帧上内容的效果。操作方法：选择所要翻转的多个帧，单击鼠标右键，在弹出的快捷菜单中选择【翻转帧】命令。

3. 创建逐帧动画

逐帧动画是由多个连续帧组成，并且通过改变每帧的内容所形成的一种动画类型，如图3-20所示。动态表情、GIF图大多数属于逐帧动画。根据创建方式的不同，创建逐帧动画的方法可分为以下4种，用户可以根据实际情况选择合适的方法进行创建。

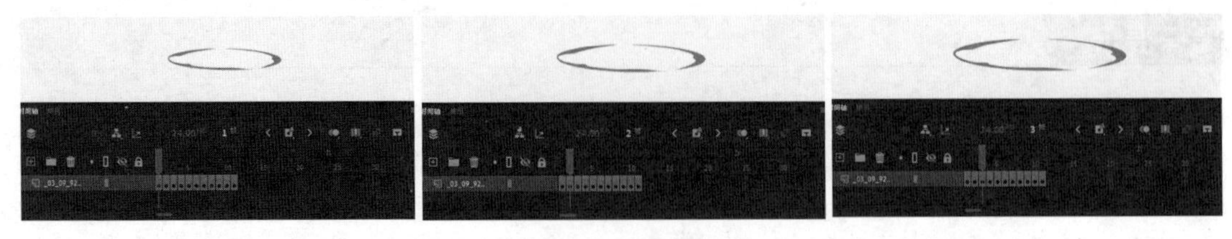

图 3-20 逐帧动画

- 逐帧制作：在时间线控制区插入多个关键帧，然后在每个关键帧上添加有区别的图像。
- 导入 GIF 动画文件：导入 GIF 动画文件后，Animate 会自动将 GIF 动画文件中的每张静态图像转换为时间线控制区中的关键帧，从而形成逐帧动画。
- 导入图片序列：导入具有连续编号的图像素材后，Animate 会自动按照添加图像素材的顺序，依次将图像素材转换为时间线控制区中的关键帧上，从而形成逐帧动画。
- 转换为逐帧动画：在时间线控制区中选择要转换为逐帧动画的帧，然后单击鼠标右键，在弹出的快捷菜单中选择【转换为逐帧动画】命令，在弹出的子菜单中选择【每帧设为关键帧】、【每隔一帧设为关键帧】等命令，可将选择的帧按照所选择的命令转换为逐帧动画。

3.2.5 课堂案例——制作旅行视频片头动画

案例说明：某旅游博主制作了一期关于乘坐高铁旅行的Vlog视频，为了提升观众对视频的第一印象，决定为该视频添加片头动画，要求动画效果流畅自然，并添加文字明确视频主题，参考效果如图3-21所示。

效果预览

知识要点：修改图层名称、补间动画、传统补间、补间形状、文本工具。

素材位置：素材\第3章\旅行片头动画\

效果位置：效果\第3章\旅行片头动画.fla

图 3-21 参考效果

设计素养

片头动画是借助动画制作技术展示动画内容的一种新型方式，常用于引导观众集中精神，聚焦整个动画内容。制作片头动画时注意动画内容要与动画主题息息相关、时长一般控制在 10 秒以内、片头动画风格也要与整个动画的风格匹配。

具体操作步骤如下。

STEP 01 启动Animate，单击页面左侧的“打开”按钮，打开“打开”对话框，选择“背景.fla”文件，单击【打开(O)】按钮。新建图层，然后将该图层名称修改为“高铁”，单击该图层第1帧后，将“卡通高铁.png”素材导入到舞台上，调整素材位置如图3-22所示，并将该素材转换为“图形元件”。

视频教学：
制作旅行视频片头动画

STEP 02 将鼠标指针移至时间线控制区的第240帧，按住鼠标左键不放，拖曳鼠标框选所有图层的第240帧，单击鼠标右键，在弹出的快捷菜单中选择【插入帧】命令，此时动画时长被延长至240帧。

STEP 03 将鼠标指针移至“高铁”图层的第240帧，单击鼠标右键，在弹出的快捷菜单中选择【插入关键帧】命令，在第240帧处添加关键帧。然后将鼠标指针移至第240帧前的过渡帧范围内，单击鼠标右键，在弹出的快捷菜单中选择【创建传统补间】命令，再选中第240帧，此时舞台上的图像被选中，调整高铁图像位置如图3-23所示。

图3-22　调整素材位置

图3-23　调整高铁图像位置

疑难解答

为什么有时候在两个关键帧之间创建传统补间会弹出提示对话框，提示要先将选中的内容转换为元件才可以进行补间？

这是因为创建补间动画的两个关键帧必须由元件组成，若先将关键帧上的内容转换为元件，则不会弹出提示对话框。若在弹出提示对话框后，单击【确定】按钮，Animate将自动把两个关键帧上的内容转换为“图形”元件。

STEP 04 将鼠标指针移至“云”图层的第1帧，单击鼠标右键，在弹出的快捷菜单中选择【创建补间动画】命令，该图层被创建补间动画，再将鼠标指针移至第240帧，单击鼠标右键，在弹出的快捷菜单中选择【插入关键帧】/【位置】命令，调整图像位置如图3-24所示，此时舞台上显示沿着云移动轨迹所创建的路径。

STEP 05 新建图层并将图层重命名为“文字”，定位在该图层的第70帧，选择“多角星形工具”，在“属性”面板中设置填充为“#EFB449”、笔触为“#EE875A”，在“样式”下拉列表中选择“星形”选项，绘制一个尺寸为“160像素×160像素”的星形，然后将星形图像转换为影片剪辑元件。

STEP 06 双击“星形”影片剪辑元件，进入元件编辑区，复制图层并调整图像位置，再将动画时长延长至240帧，在“图层_1”图层的第50帧插入关键帧，在第124帧插入空白关键帧，接着选择“文本工具”，在“属性”面板中设置字体为“方正风雅宋简体”、字体大小为“200pt”、填充为“#1E9692”，将鼠标指针移至在舞台上，按住鼠标左键拖曳文本框，输入“旅”文字。

STEP 07 按照与步骤06相同的方式，在“图层_2”图层的第50帧插入关键帧，在第124帧插入空白关键帧并输入“行”文字。使用“选择工具”选中“旅”“行”文字，按【Ctrl+B】组合键将两个文字打散为形状，选择“旅”形状的右侧，将填充改为“#FF9900”，重复操作，调整两个文字形状的部分颜色，如图3-25所示。

STEP 08 选择“图层_1”图层的第124帧，打开“属性”面板，单击“帧”选项卡，在“滤镜”栏中单击“添加滤镜”按钮，在弹出的快捷菜单中选择【投影】命令，设置参数如图3-26所示。此时，第124帧的显示效果将由黑色实心圆变为白色实心圆，重复操作调整“图层_2”图层的第124帧显示效果。再将鼠标移至时间线控制区，按住鼠标左键拖曳选择第50～240帧的过渡帧区域，单击鼠标右键，在弹出的快捷菜单中选择【创建补间形状】命令，单击标题栏下方的按钮，返回场景1。

图3-24　调整图像位置

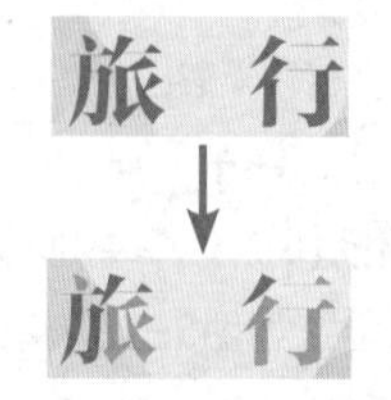

图3-25　调整文字颜色

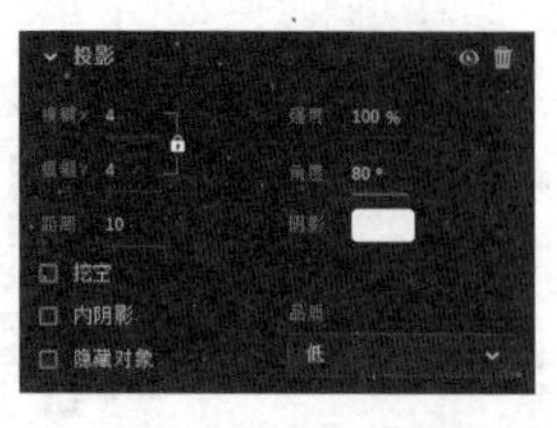

图3-26　“投影”滤镜参数

STEP 09 在“文字”图层的第95帧插入关键帧，再将第70帧的图像移至舞台上方的外部区域，单击两帧之间的过渡帧，然后创建传统补间动画。按【Ctrl+S】组合键保存文件，并将文件命名为“旅行片头动画.fla”，完成效果如图3-27所示。

图3-27　完成效果图展示

3.2.6 认识和创建补间动画

补间动画是使用元件构成的动画，可以对元件进行位移、缩放、旋转、透明度变化和颜色变化等动画设置，如图3-28所示。

图3-28　补间动画

1. 认识补间动画

补间动画（广义）根据使用效果的不同，可分为以下3种。

- 补间动画：补间动画（狭义）是首先在开始帧放置元件，然后使用“创建补间动画”命令创建补间动画，再多次创建关键帧，并调整关键帧所含图像内容属性的一种动画类型，如图 3-29 所示。补间动画在“时间轴”面板中显示为连续的具有黄色背景的帧范围，第 1 帧中的黑点表示补间范围分配有目标对象，黑色菱形表示最后一帧和任何其他属性的关键帧。

图 3-29　补间动画

- 传统补间动画：传统补间动画是根据同一元件在两个关键帧中的位置、大小、Alpha（透明度）和旋转方向等属性的变化，由 Animate 自动计算生成的一种动画类型。结束帧中的图像与开始帧中的图像密切相关，开始帧、结束帧和这两个关键帧之间的过渡帧会呈现出带有黑色箭头和紫色背景的效果，如图 3-30 所示。

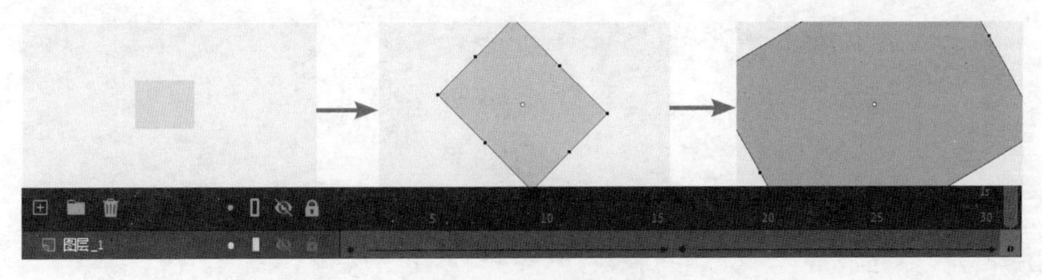

图 3-30　传统补间动画

- 补间形状动画：在两个关键帧中绘制不同的形状，Animate 会自动添加两个关键帧之间的变化过程，此过程即为补间形状动画。开始帧、结束帧和这两个关键帧之间的过渡帧会呈现出带有黑色箭头和橙色背景的效果，如图 3-31 所示。

图 3-31　补间形状动画

2. 创建不同类型的补间动画

创建不同类型补间动画的方法大致相同：补间动画可以在单个关键帧上创建；传统补间动画和补间形状动画都是在两个关键帧之间创建。

- 创建补间动画：创建补间动画是先在开始帧放置元件，然后单击鼠标右键，在弹出的快捷菜单中选择【创建补间动画】命令。创建补间动画后，在动画中插入多个关键帧，再调整关键帧所含图像的位置、大小和旋转方向等属性。
- 创建传统补间动画：当同一元件构成两个关键帧时，将鼠标指针移至两个关键帧之间的过渡帧上，单击鼠标右键，在弹出的快捷菜单中选择【创建传统补间动画】命令，再调整两个关键帧所含图像的位置、大小、Alpha 和旋转方向等属性。
- 创建补间形状动画：在两个关键帧中绘制不同的形状后，将鼠标指针移至两个关键帧之间的过渡帧上，单击鼠标右键，在弹出的快捷菜单中选择【创建补间形状动画】命令。

技能提升

某动画制作者准备制作一个关于环境保护的小动画，其设想的动画效果是天空中的云朵不停地移动，“保护环境”文字会变成树木种植在地面上。请结合本节知识尝试制作（素材位置：素材\第3章\保护环境\），参考效果图3-32所示。

效果预览

图3-32 参考效果

3.3 制作引导层动画与遮罩动画

在Animate中，还有两种利用上方图层对下方图层内容进行引导和遮盖的动画类型：一种是引导层动画；另一种是遮罩动画。这两种动画可以丰富动画效果，为动画作品增光添彩。

3.3.1 课堂案例——制作电商 Banner 动画

案例说明：某专营手提包的网店即将迎来促销活动，准备制作电商Banner用于装饰店铺首页，为了提高Banner的吸引力，决定为其添加动画效果。要求尺寸为1200像素×500像素，动画富有美感，突出店铺特征，参考效果如图3-33所示。

效果预览

知识要点：创建引导层、传统画笔工具、任意变形工具、选择工具。

素材位置：素材\第3章\电商Banner动画\

效果位置：效果\第3章\电商Banner动画.fla

图3-33 参考效果

具体操作步骤如下。

STEP 01 新建尺寸为“1200像素×500像素”、帧率为“24.00fps”、平台类型为“ActionScript 3.0”的动画文件。选择【文件】/【导入】/【导入到舞台】命令，导入“Banner.jpg”素材，将鼠标指针移至“Banner.jpg”素材所在图层的图层控制区，单击按钮锁定，双击“图层_1”名称，将图层名称改为“底图”。

STEP 02 新建图层后，选择【文件】/【导入】/【导入到舞台】命令，导入“01.png”素材，在弹出的提示对话框中单击按钮即可将“01.png”素材~“08.png”素材全部导入到舞台，如图3-34所示。

STEP 03 新建8个图层，将素材按照名称分别移至对应的图层上，如图3-35所示。

STEP 04 将鼠标指针移至“底图”图层第8帧上，单击鼠标右键，在弹出的快捷菜单中选择【插入帧】命令，如图3-36所示。

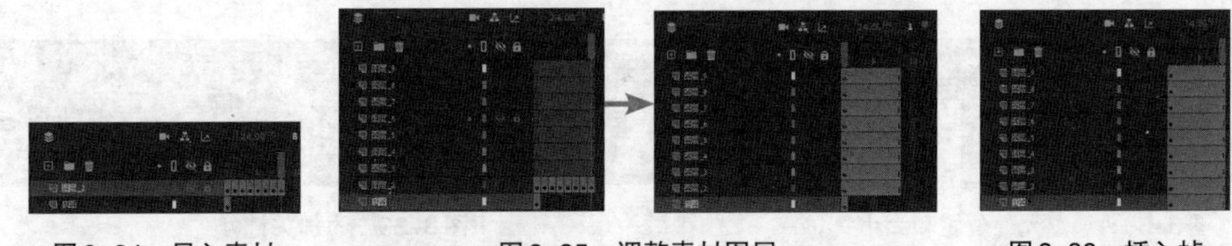

图3-34 导入素材　　图3-35 调整素材图层　　图3-36 插入帧

STEP 05 将播放头移至第1帧位置，使用“选择工具”将舞台上聚集的图像分别移动到合适的位置，方便操作。再使用“选择工具”选择“01.png”素材，单击鼠标右键，在弹出的快捷菜单中选择【转换为元件】命令，打开“转换为元件”对话框，设置名称为“花瓣1”、类型为“图形”，单击按钮。

疑难解答

移动图像时，为什么要先将播放头移至第1帧位置？

这是因为在Animate中如果只想调整图像位置，而不需要创建关键帧时，需要把播放头移至第1帧，再进行操作；若不将插入帧移至第1帧，而是在其他帧进行操作时，移动图像会改变舞台上的图像参数，并且Animate将自动创建关键帧记录这一操作。

STEP 06 选择“花瓣1”图形元件，双击进入元件编辑区，使用“任意变形工具”调整图像大小，再将鼠标指针移至图层控制区的“底图”图层上，单击鼠标右键，在弹出的快捷菜单中选择【添加传统运动引导层】命令。选择“引导层:底图”图层第1帧处，再使用“传统画笔工具”从舞台左上角至右下角绘制一条路径。

STEP 07 使用“选择工具”选中“花瓣1”图形元件，再将其移至路径左上角，此时图像框中间会出现一个空心圆符号，将符号对准路径左上角端点，选中“引导层:底图”图层和“底图”图层，均在第40帧插入帧，并在“底图”的第30帧插入关键帧，将“花瓣1”图形元件移至右下角，将符号对准路径右下角端点，如图3-37所示。

STEP 08 将鼠标指针移至第1帧和第30帧的过渡帧范围内，单击鼠标右键，在弹出的快捷菜单中选择【创建传统补间】命令，弹出“将所选内容转换为元件以进行补间”提示框，单击按钮，创建引导层动画。

图3-37 移动图像位置

STEP 09 使用与步骤5～步骤8相同的方法为剩余花瓣创建引导层动画。将所有花瓣创建引导层动画后，使用“任意变形工具”调整所有花瓣元件的位置和大小，如图3-38所示。

STEP 10 选择【控制】/【测试】命令，测试动画影片后发现，“花瓣5”元件和“花瓣7”元件的移动有些偏移路径，将鼠标指针移至“花瓣5”元件上，双击，进入元件编辑区，在第15帧和第30帧插入关键帧，并调整图像位置与方向，使符号与路径位置重叠，如图3-39所示。

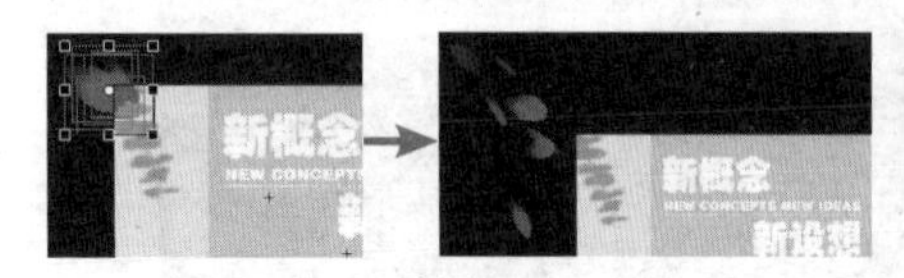

图3-38 调整元件位置和大小

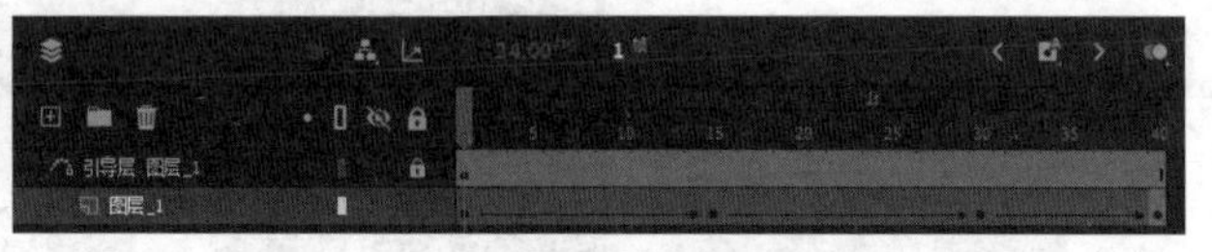

图3-39 添加关键帧

STEP 11 使用与步骤10同样的方式，为“花瓣7”元件在第15帧和第30帧插入关键帧，调整图像的位置与方向。返回场景将所有图层上的帧延长至40帧，保存文件并将文件命名为“电商Banner动画.fla”，完成后的效果如图3-40所示。

图3-40 完成后的效果展示

3.3.2 认识和创建引导层动画

引导层动画由引导层和被引导层组成，引导层中的内容在最终发布时不会被显示，被引导层中的动画类型一般是补间动画。

1. 认识引导层

引导层有两种形态：一种是普通引导层，图层名称前有符号，用于为其他图层提供辅助绘图和绘图定位；另一种是运动引导层，图层名称前有符号，用于设置图像运动路径的导向，使被引导层中的图像沿着路径运动。运动引导层上可创建多个路径，从而引导被引导层中的多个图像沿着不同的路径运动，使图像的运动效果更加自然。

2. 创建引导层动画

创建引导层动画的关键就是创建引导层，创建引导层有以下两种方式。

（1）将当前图层转换成引导层

将鼠标指针移至要转换为引导层的图层上，单击鼠标右键，在弹出的快捷菜单中选择【引导层】命令，可将该图层转换为引导层。此时引导层下方还没有被引导层，图层名称前有符号。若将其他图层拖曳到引导层下方，便可以将其添加为被引导层，此时，引导层的图层名称前的符号将变为，如图3-41所示。

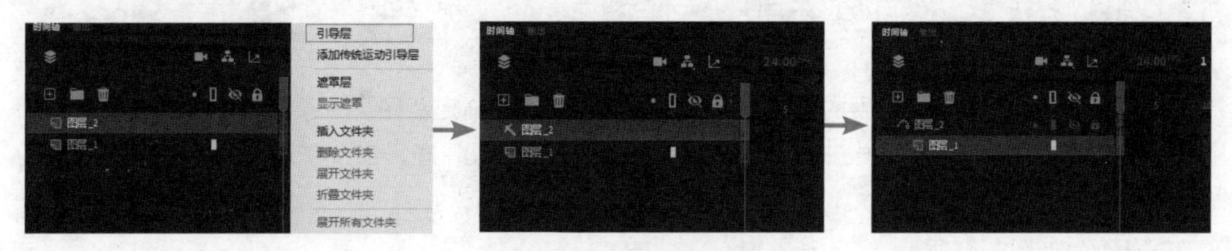

图3-41　将当前图层转换成引导层

（2）为当前图层添加引导层

将鼠标指针移至要添加引导层的图层上，单击鼠标右键，在弹出的快捷菜单中选择【添加传统运动引导层】命令，即可为该图层添加一个引导层，同时该图层转换为被引导层，如图3-42所示。

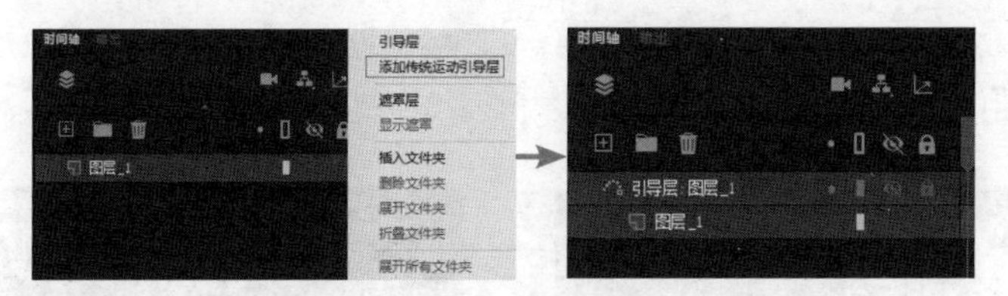

图3-42　为当前图层添加引导层

3.3.3　课堂案例——制作招聘海报动画

案例说明：某设计公司员工制作了一张招聘海报，为了提高招聘海报的吸引力，决定为招聘海报添加动画效果。要求尺寸为2480像素×3307像素，动画形式富有动感，突出招聘主题，参考效果如图3-43所示。

效果预览

图3-43　参考效果

知识要点：遮罩动画、“对齐”面板、矩形工具。

素材位置：素材\第3章\招聘海报\

效果位置：效果\第3章\招聘海报动画.fla

具体操作步骤如下。

视频教学：制作招聘海报动画

STEP 01 新建尺寸为“2480像素×3307像素”、帧率为“24.00fps”、平台类型为“ActionScript 3.0”的动画文件。选择【文件】/【导入】/【导入到舞台】命令，导入“招聘海报.jpg”素材。此时，画面图像尺寸与舞台尺寸不匹配，单击“对齐”按钮，打开“对齐”面板，在“匹配大小”栏中单击“匹配宽和高”按钮，单击选中“与舞台对齐”复选框，调整“招聘海报.jpg”素材的位置。

STEP 02 将“图层_1”上的帧延长至140帧后，单击“创建新图层”按钮创建新图层，将播放头移至“图层_2”第1帧的空白关键帧处，选择“矩形工具”，在“属性”面板中设置填充为“#FF7E7E”、笔触为“无”，再将鼠标指针移至舞台左上角，绘制一个尺寸为“1037像素×839像素”的矩形，如图3-44所示。

STEP 03 选择“图层_2”图层，单击鼠标右键，在弹出的快捷菜单中选择【遮罩层】命令，此时，“图层_2”图层被创建为“图层_1”图层的遮罩层。解锁“图层_2”图层，并将图层上的对象转换为名称为“元件1”、类型为“图形”的元件。

STEP 04 在“图层_2”图层的第15帧处插入关键帧，再将播放头移至第1帧，拖曳鼠标左键将第1帧上的图像移到左侧舞台外，将鼠标指针移至第1～15帧的过渡帧范围内，单击鼠标右键，在弹出的快捷菜单中选择【创建传统补间】命令，此时该图层时间线控制区如图3-45所示。

图3-44 绘制矩形

图3-45 创建传统补间动画

STEP 05 继续在“图层_2”图层的第25帧和第40帧插入关键帧，此时播放头位于第40帧，拖曳鼠标左键将第40帧上的图像移至舞台右上角，并用“任意变形工具”调整矩形的大小，如图3-46所示。将鼠标指针移至第25～40帧的过渡帧范围内，创建传统补间动画。

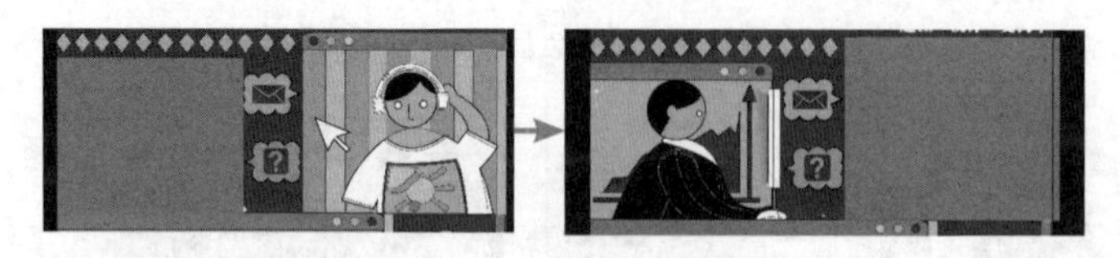

图3-46 调整矩形位置与大小

STEP 06 使用与步骤5相同的方法，在“图层_2”图层的第50帧和第60帧插入关键帧和创建传统补间动画，其中，第50帧上的图像位置及大小与第40帧的相同；第60帧上的图像位置及大小、画面显示效果和时间线控制区如图3-47所示。

图3-47 第60帧上的图像位置及大小、画面效果和时间线控制区

STEP 07 使用与步骤3相同的方法，在该图层的第70帧和第110帧插入关键帧和创建传统补间动画，其中，第70帧上的图像位置及大小与第60帧的相同，第110帧上的图像位置不变，图像大小与整个海报大小一致，第110帧的时间线控制区如图3-48所示，保存文件并将文件命名为“招聘海报动画”，完成后的效果如图3-49所示。

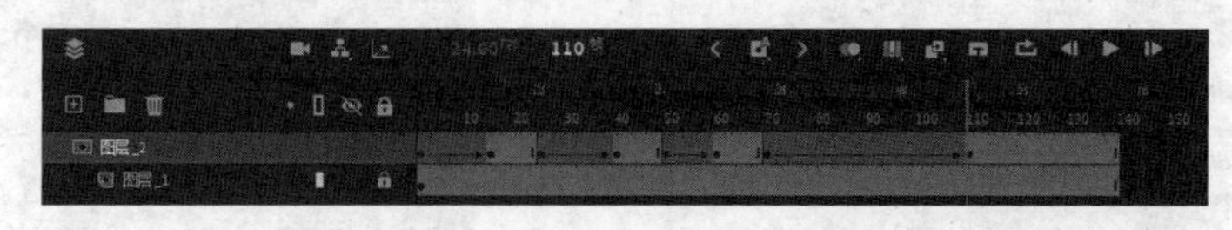

图3-48　第110帧的时间线控制区

图3-49　完成后的显示效果

3.3.4 认识和创建遮罩动画

遮罩动画是由遮罩层和被遮罩层组成的，遮罩层中的内容可以遮盖被遮罩层的内容，并且最终发布时不会显示遮罩层中的内容，并且被遮罩层中的动画类型可以多种多样。

1. 认识遮罩

在Animate中为了得到特殊效果，我们可以在遮罩层上创建任意形状的“视窗”（即为遮罩），被遮罩层上的内容可以透过“视窗”显示出来，而没被“视窗”遮盖的地方则不会显示。简单来说，遮罩层就像一块不透明的板子，在板子上挖去任意形状的洞口，板子下方的被遮罩层内容就会透过洞口显示出来。

2. 创建遮罩动画

在创建遮罩层动画时，首先要创建遮罩层。一个遮罩层可以作为多个图层的遮罩层，也可以转换为普通图层进行使用。

（1）创建遮罩层

将鼠标指针移至要转换为遮罩层的图层上，单击鼠标右键，在弹出的快捷菜单中选择【遮罩层】命令，即可将该图层转换为遮罩层，下方的图层自动被转换为被遮罩层，并且两个图层都被锁定。此时若想将其他普通图层转换为该遮罩层的被遮罩层，用户只需要将该图层拖曳到遮罩层下方，如图3-50所示。

图3-50　创建遮罩层

（2）将遮罩层转换为普通图层

将鼠标指针移至要转换的遮罩层上，单击鼠标右键，在弹出的快捷菜单中选择【遮罩层】命令，即可将该遮罩图转换为普通图层，如图3-51所示。此方法也可用于解除遮罩。

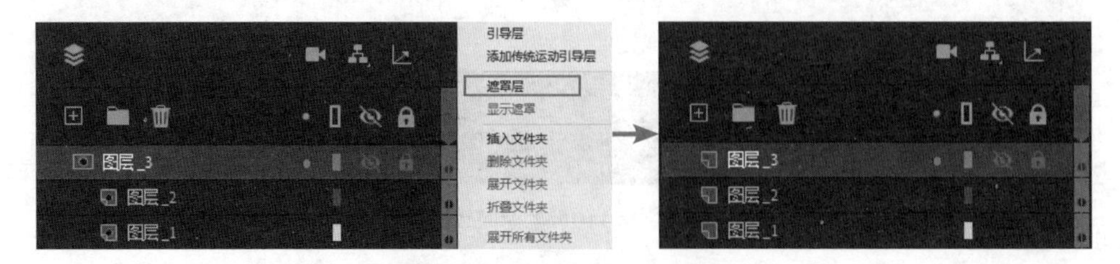

图3-51　将遮罩层转换为普通图层

运用本节所学知识，制作纸飞机由舞台右侧飞行到舞台左侧的动态效果（素材位置：素材\第3章\纸飞机动画\），参考效果如图3-52所示。

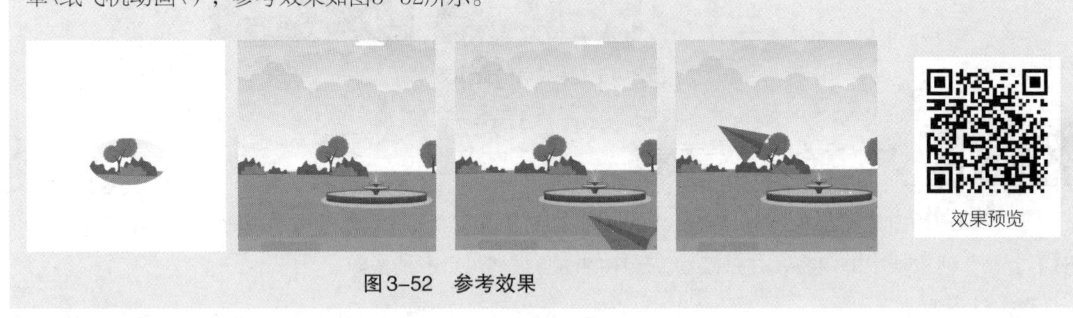

图3-52　参考效果

制作交互动画

交互动画是一种播放动画时可以使用按钮元件控制动画效果，实现交互功能的动画类型。在交互动画中可以使用脚本、动作或组件等实现与观众的互动，观众由被动接受变为主动选择动画呈现效果，因此交互动画具有互动性、娱乐性的特点。

3.4.1 课堂案例——制作动态风景相册 H5 动画

案例说明：某旅行社为了宣传不同季节的旅行推荐线路，决定将线路上的美景照片制作成动态风景相册H5动画，然后在社交媒体中传播，扩大宣传范围，也方便给潜在客户展示线路内容，以供客户选择。要求尺寸为1280像素×720像素，可通过交互动作控制播放内容，参考效果如图3-53所示。

效果预览

知识要点：按钮元件、“动作”面板、“代码片断”面板、脚本语言。

素材位置：素材\第3章\动态风景相册\

效果位置：效果\第3章\动态风景相册H5动画.fla

图3-53　参考效果

具体操作步骤如下。

视频教学：制作动态风景相册H5动画

STEP 01 新建尺寸为“1280像素×720像素”、帧率为“24.00fps”、平台类型为“ActionScript 3.0”的动画文件。选择【文件】/【导入】/【导入到库】命令，导入所有的素材到“库”面板。

STEP 02 将“库”面板中的“封面.jpg”素材拖曳到舞台中，使素材与舞台对齐。新建图层，在第2帧插入空白关键帧，并将“照片01.jpg”素材拖曳到舞台中，重复此操作，直到将剩余素材全部创建空白关键帧并拖曳到舞台中，且调整图像的大小和位置。再次新建图层，将“旅行文字.png”拖曳到舞台中，调整大小和位置。此时舞台显示效果和“时间轴”面板如图3-54所示。

STEP 03 选择“图层_3”图层，在第2帧、第4帧、第6帧和第8帧插入空白关键帧，并选择“文本工具”T，在“属性”面板中设置字体为“方正华隶简体”、字体大小为“40pt”、填充颜色为“#FFFFFF”，再将鼠标指针移至舞台左侧输入文字，效果如图3-55所示。接着在第9帧插入帧，使“图层_3”图层的时间线与“图层_1”图层、“图层_2”图层的时间线等长。

图3-54　舞台显示效果和“时间轴”面板

图3-55　第2帧、第4帧、第6帧和第8帧舞台显示效果

STEP 04 新建图层，选择“矩形工具”■，在舞台底部绘制尺寸为“69像素×78像素”、填充为“#104F81”的矩形。然后使用“文本工具”T，设置字体为“方正华隶简体”、字体大小为

“40pt”、填充为“#FFFFFF”，在矩形上方输入“春”文字，选择文字和矩形，将其转换成名称为“春”、类型为“按钮”的元件。

STEP 05 在舞台中双击“春”按钮元件，进入元件编辑区，连续创建3个关键帧，再将“指针经过”“按下”“点击”帧中的矩形填充依次设置为“#FF5A02”“#FF4402”“#FF3300”，完成后的效果如图3-56所示。返回场景，在“属性”面板中设置“春”按钮元件的实例名称为“bt1”。

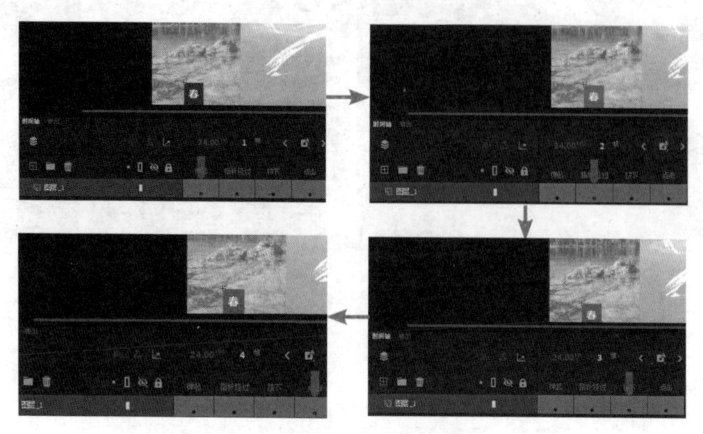

图3-56 修改矩形填充颜色

STEP 06 使用与步骤4和步骤5相同的方法制作“夏”按钮、“秋”按钮、“冬”按钮元件，并设置实例名称分别为“bt2”“bt3”“bt4”，此时舞台上显示效果如图3-57所示。

STEP 07 将播放头移至第2帧，按照与步骤4和步骤5相同的方法，制作一个圆角矩形按钮，输入“下一页”文字。在该按钮的元件编辑区中将“弹起”“指针经过”“按下”“点击”帧中的文字填充依次改为“#FFFFFF”“#999999”“#CCCCCC”“#104F81”，接着将圆角矩形填充依次设置为“#104F81”“#CCCCCC”“#FFFFFF”“#FFFFFF”，然后设置该按钮的实例名称为“bt5”。

STEP 08 按照与步骤7相同的方法，制作“返回”按钮元件，然后将该按钮的实例名称改为“bt6”，最后在“图层_4”图层的第3～9帧都插入关键帧，双数帧保留全部按钮元件；单数帧只留“返回”按钮元件。

STEP 09 选择“图层_1”图层的第1帧，选择【窗口】/【动作】命令，打开“动作”面板，在脚本输入窗口中输入“this.stop(); //暂停播放”代码，如图3-58所示。

图3-57 舞台显示效果

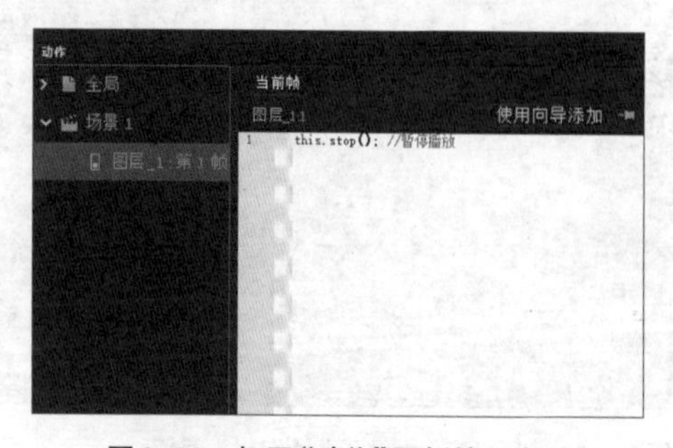

图3-58 打开“动作”面板输入代码

STEP 10 选择“图层_4”图层第1帧上的“春”按钮元件，然后在“动作”面板中，单击“代码片断”按钮，打开“代码片断”面板，选择“ActionScript”选项组，展开“时间轴导航”子选项组，双击“单击以转到帧并停止”选项，此时“动作”面板将自动添加代码，将“gotoAndStop(5)”代码中的“5”改为“2”，效果如图3-59所示。

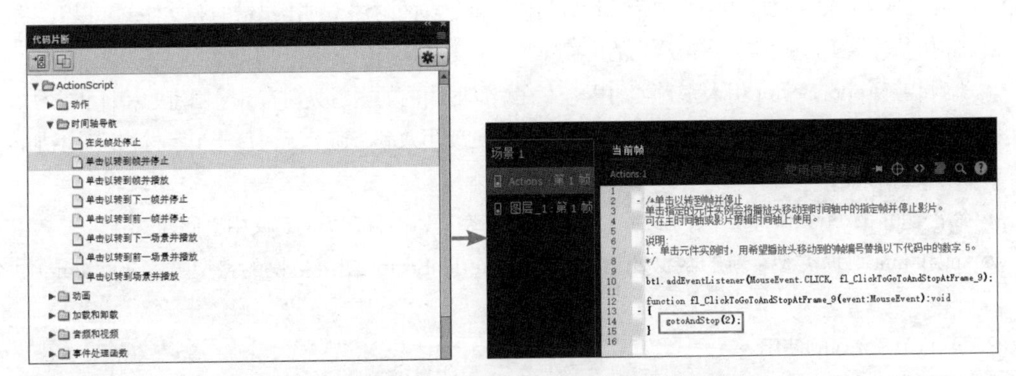

图3-59　为第1帧上“春”按钮元件添加脚本并修改代码

STEP 11 按照与步骤10同样的方法，在第1帧上分别选择剩余3个按钮元件，并为其添加相同代码，分别将“gotoAndStop（5）”代码中的“5”依次修改为“4、6、8”。

STEP 12 选择“图层_4”图层的第2帧，选择“下一页”按钮元件，在“代码片断”面板中，双击“单击以转到下一帧并停止”选项；选择“返回”按钮元件，双击“单击以转到帧并停止”选项，将“gotoAndStop（5）”代码中的“5”修改为“2”，如图3-60所示。选择“图层_4”图层第3帧，选择“返回”按钮元件，双击“单击以转到帧并停止”选项，将“gotoAndStop（5）”代码中的“5”修改为“1”，如图3-61所示。

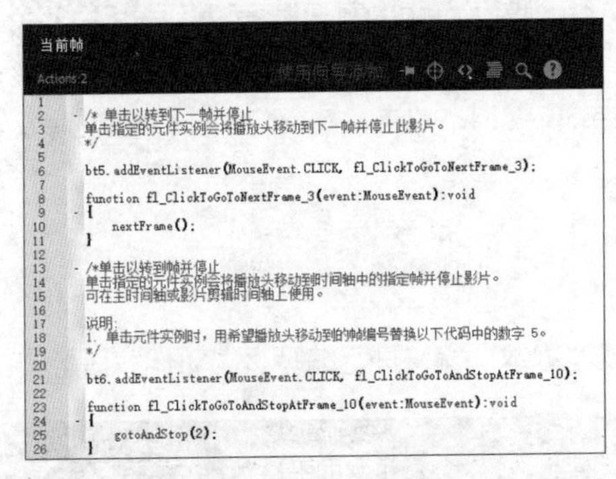

图3-60　为第2帧上的“下一页”按钮元件添加脚本并修改代码

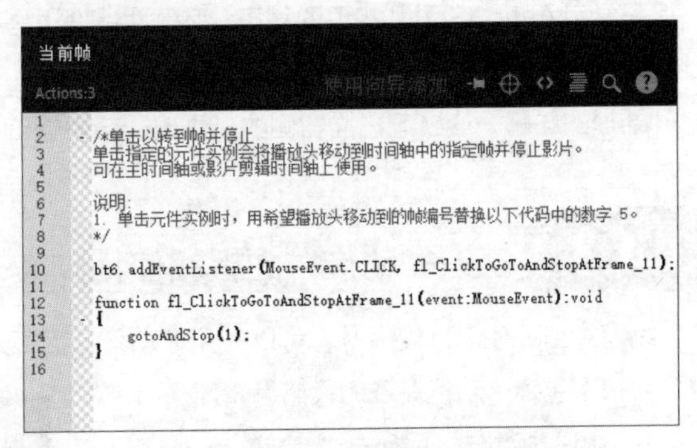

图3-61　为第3帧上的“返回”按钮元件添加脚本并修改代码

STEP 13 使用与步骤12相同的方法，为其他帧上的按钮元件添加脚本。

STEP 14 保存文件并将文件命名为“动态风景相册H5动画”，选择【文件】/【发布设置】命令，打开“发布设置”对话框，在该对话框中单击选中“Flash”复选框和“HTML 包装器”复选框，单击[发布(P)]按钮，然后单击[确定]按钮，保存文件的位置将出现格式为“HTML”和“Flash”的文件。

3.4.2 认识 ActionScript

在Animate中，制作交互动画主要是通过ActionScript来实现的。ActionScript是一种简单的脚本语言，现在已经更新到ActionScript 3.0版本，其功能强大、脚本语言丰富，可以满足动画制作的基本需求。

1. ActionScript的特点

ActionScript是一种基于对象和事件驱动的并具有相对安全性的客户端脚本语言，它具有以下特点。

- 增强处理运行错误的能力：为提示的运行错误提供足够的附注（列出出错的源文件）和以数字提示的时间线，帮助迅速定位错误产生的位置。
- 类封装：ActionScript 引入密封类的概念，在编译时间内的密封类拥有唯一固定的特征和方法，其他的特征和方法都不可能被加入，从而提高内存的使用效率，避免了为每一个素材和元件增加内在的杂乱指令。
- 命名空间：ActionScript 不但在 XML 中支持命名空间，而且在类的定义中也同样支持。
- int 和 uint 数据类型：新的数据变量类型允许 ActionScript 使用更快的整型数据 int 和 uint 进行计算。

2. ActionScript的使用

在Animate中可以通过“动作”面板编写ActionScript代码。“动作”面板提供了功能完备的代码编辑器，它包括代码提示和着色、代码格式设置和语法突出显示等功能。需要注意的是，“动作”面板中编写的ActionScript代码只能放在Animate文件中的脚本中，用户可直接通过向Animate中的素材和元件添加动作的方式创建内部脚本。若有多个Animate文件使用同一个脚本，用户可以使用文本编辑器创建外部ActionScript文件，然后在Animate文件中调用。

资源链接

ActionScript 代码一般由语句、函数和变量组成，掌握这 3 个部分的相关知识是学习 ActionScript 知识的基石。而事件处理也是 ActionScript 中的重要概念，指在某事情上由于某种行为所执行的操作事件。有关常用语句、函数、变量和事件处理的详解，读者可扫描右侧的二维码，查看详细内容。

扫码看详情

3.4.3 认识“动作”面板和使用脚本

编写ActionScript代码时，可以使用“动作”面板或“脚本”窗口进行编写。“动作”面板和“脚本”窗口中包含了功能完备的代码编辑器。

1. 认识“动作”面板

下面以平台类型为“HTML5 Cavars”的文件举例，选择【窗口】/【动作】命令，打开“动作”面板，如图3-62所示。“动作”面板主要分为4个部分，分别为脚本导航器、使用向导添加、工具栏和脚本编辑窗口，功能详解如下。

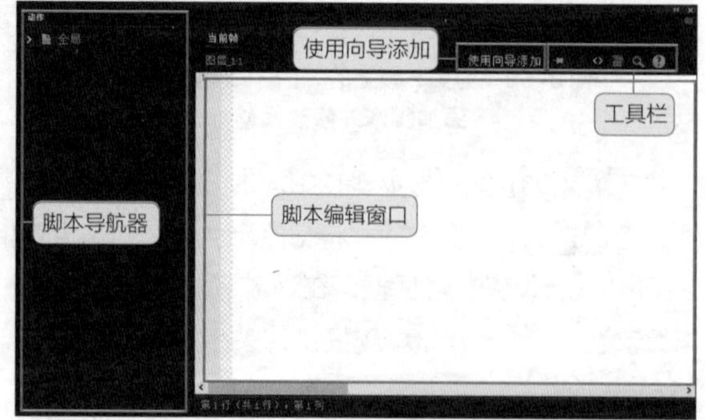

图 3-62 “动作”面板

- 脚本导航器：用于列出 Animate 文件中的脚本，从而实现快速查看文件。
- 使用向导添加 使用向导添加：用于使用一个简单易用的向导添加动作，而不是通过编写代码来操作，仅可用于 HTML5 画布文件类型。

- 工具栏：工具栏中包含了6个功能按钮，其中“固定脚本”按钮用于将脚本编辑窗口中的各个脚本固定为标签，然后相应地移动它们；“插入实例路径和名称”按钮用于插入实例的路径或者实例的名称；“查找”按钮用于查找或替换脚本；“代码片断”按钮用于打开“代码片断”面板，在面板中可以选择常用的动作脚本；“设置代码格式”按钮用于将代码按照一定的格式进行书写；“帮助”按钮用于打开“帮助”面板。
- 脚本编辑窗口：用于编辑ActionScript脚本，也可以用于导入外部应用程序的外部脚本。将鼠标指针移至脚本编辑窗口中，直接输入代码，或者单击“代码片断”按钮，打开“代码片断”面板，在其中选择所需的脚本。

2. 使用脚本

若要在“动作”面板中使用脚本，主要有以下4种方式来实现。

- 添加帧脚本：当需要在某一关键帧上添加脚本时，首先选中该关键帧，然后打开“动作”面板并输入脚本的代码。当动画播放到该帧时，Animate将会运行帧中的脚本。需要注意的是，在为关键帧添加ActionScript代码后，该关键帧图层的上方将会新建一个名为“Actions”的图层，并且“Actions”图层相应帧的上方出现一个“a”符号，如图3-63所示。
- 引入第三方脚本：在“动作”面板中的脚本导航器中选择“全局”选项组下方的“包含”选项，再单击“添加新全局脚本”按钮可以为动画引入第三方的脚本。
- 添加全局脚本：在“动作”面板中的脚本导航器中选择“全局”选项组下方的“脚本”选项，可以添加全局脚本。在播放动画时，会首先运行全局脚本，并且启动其定义的变量和函数。
- 使用向导添加：在“动作”面板中单击使用向导添加按钮，然后按照面板内出现的提示内容进行操作，如图3-64所示，即可添加脚本。

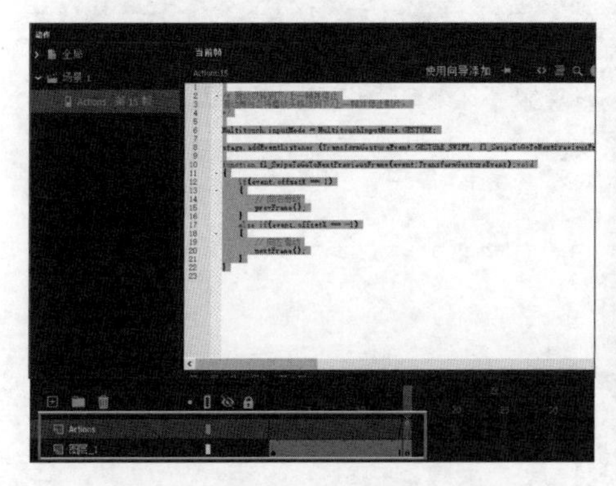

图3-63 显示效果和时间线控制区

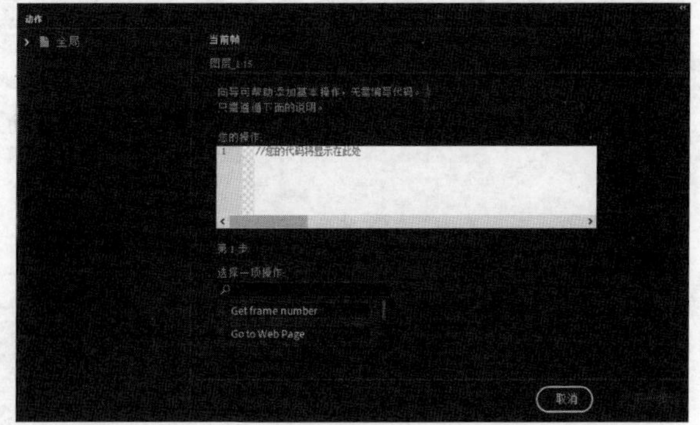

图3-64 使用向导添加脚本的提示内容

3. 使用“代码片断”面板

“代码片断”面板中提供了在Animate中常用的、已经编辑好的动作脚本，用户可以直接使用这些脚本。

在“动作”面板的工具箱中单击“代码片断”按钮，或者选择【窗口】/【代码片断】命令，打开“代码片断”面板，其中有“ActionScript”“HTML5 Canvas”两个选项组，打开对应的选项组，在打开的下拉列表中双击对应的代码选项，可直接将该代码添加到“动作”面板中，如图3-65所示。

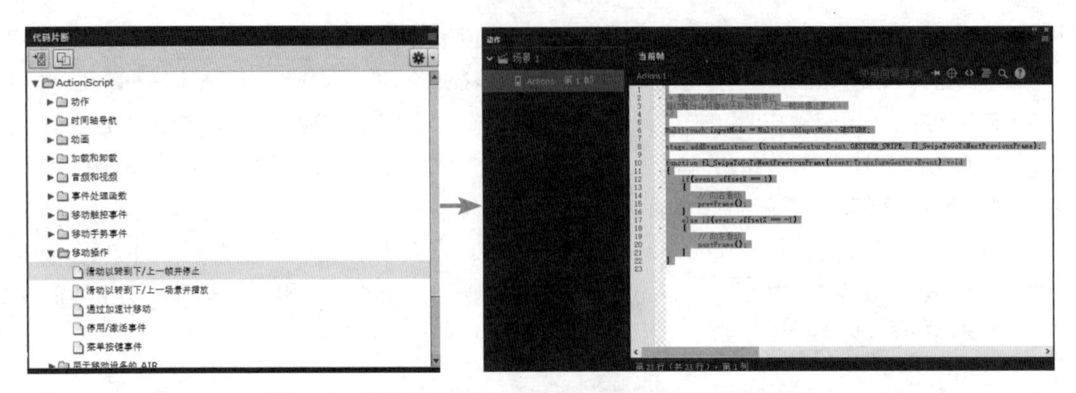

图3-65 将“代码片断”面板中的代码添加到“动作”面板中

技能提升

图3-66所示为风车转动效果图。可以看到当单击“暂停”按钮后，风车将停止转动，而单击“播放”按钮后，风车将继续转动。请分析该动画的原理（素材位置：素材\第3章\风车转动\），并动手制作出该动画。

效果预览

图3-66 风车转动效果图

3.5 课堂实训

3.5.1 制作篮球比赛宣传动画

1. 实训背景

某大学篮球社准备举办一场比赛，用于宣传和吸引新同学参加社团，并且为了提升传播量，决定采用网页投放篮球比赛宣传动画。要求宣传动画以“篮球比赛”为主题，尺寸为640像素×1136像素，平台类型为“ActionScript 3.0”，最后输出为方便网页播放的格式为SWF的动画，重点展现出篮球运动的魅力。

2. 实训思路

（1）确定风格。为提高视觉吸引力，现打算在制作篮球比赛宣传动画时借助漫画风格，使用卡通人物和装饰元素展示篮球运动的动感，背景颜色可选择充满朝气的蓝色，体现大学生的青春活力，如图3-67所示。

（2）选择主体。制作篮球比赛宣传动画的原因是宣传篮球社团，推广篮球运动，因此，在主体上可选择正在投篮的运动员和篮球，营造出身临其境的比赛氛围，也能吸引新同学前来观看比赛，如图3-68所示。

图3-67　确定风格

图3-68　选择主体

效果预览

（3）构思动画。动画的开场可以使用传统补间制作运动员由舞台外入场的动态效果，然后使用引导层制作投篮的动态效果，接着使用遮罩层变化舞台上的图像内容，最后使用补间动画制作标题出现的动画效果，起到强调宣传信息的作用。

本实训的参考效果如图3-69所示。

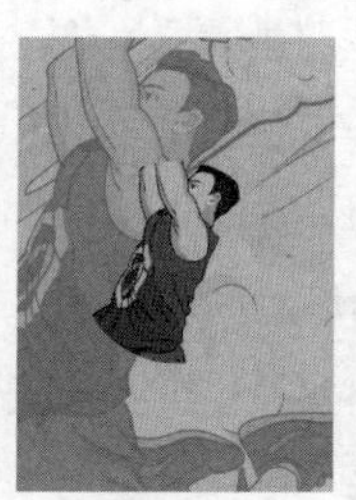
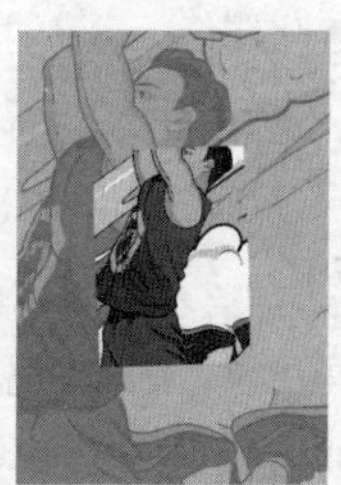

图3-69　参考效果

素材位置：素材\第3章\篮球比赛宣传素材\

效果位置：效果\第3章\篮球比赛宣传动画.fla

3. 步骤提示

视频教学：
制作篮球比赛宣传动画

STEP 01 新建尺寸为“640像素×1136像素”、帧率为“24.00fps”、平台类型为“ActionScript 3.0”的动画文件。导入所有的素材到“库”面板，将“背景图1.jpg”素材移至第1帧，调整图像大小和位置。

STEP 02 在“库”面板中新建“投篮动画”图形元件，在元件编辑区将“投篮.png”素材放置在舞台上，然后新建图层，将“篮球.png”素材拖曳到运动员手中并转换为元件，为该图层添加传统运动引导层，在第21帧绘制篮球运动的路径，将“篮球.png”素材的第21帧和第40帧对准路径首尾端，创建篮球由舞台抛向舞台左侧外的传统补间动画，并在过渡帧间插入关键帧，使篮球的运动轨迹贴合路径。

STEP 03 返回主场景，在第21帧插入关键帧，将第1帧的图像拖曳到舞台右下角，在“属性”面板中的“对象”选项卡下的“色彩效果”下拉列表中选择“Alpha”选项，并将其设置为“0%”，然后创建传统补间动画，制作出运动员由舞台右下角移动到舞台中间的动画效果，接着在第42帧插入空白关键帧。

STEP 04 新建图层，在第41帧创建空白关键帧，并将“投篮.png”素材放置在与“投篮动画”图形元件相同的位置上，大小也与其保持一致，然后在第52帧插入空白关键帧，接着新建图层，将“投篮完成.png”素材放置在舞台上，调整其大小和位置。

STEP 05 新建图层，将该图层转换为遮罩层，并将步骤4的两个图层设置为被遮罩层，在遮罩层第42帧绘制一个遮盖住舞台的圆形；在第52帧插入关键帧，缩小图形；在第63帧绘制一个遮盖舞台的矩形；分别在这3个关键帧的过渡帧间创建形状补间动画。

STEP 06 新建图层，将“口号.png”素材拖曳到舞台上，并转换为元件，然后创建补间动画，插入关键帧，制作元件由场外到场内、由下到上的动画效果。

STEP 07 保存文件，并将文件命名为“篮球比赛宣传动画”，再导出格式为SWF的动画文件。

3.5.2 制作模拟菜单交互动画

1. 实训背景

某面包店准备在店内播放屏幕模拟菜单的交互动画，为了方便用户观看，还需要添加用于控制动画的按钮。要求尺寸为1920像素×1080像素，平台类型为“ActionScript 3.0”。

2. 实训思路

（1）排版并美化图像。画面主题是模拟菜单，因此每帧的画面可按照菜单样式进行排版，采取图文结合的模式将每种产品的图片、名称、价格展示出来，并且制作标签以装饰文字，使文字能够清晰可见。

（2）制作控制按钮。利用按钮元件的工作原理制作出按钮在不同状态下的效果。为了让按钮不影响观看菜单，这里可将按钮元件放置在画面底部。

（3）选择动作代码。制作完按钮后，可为不同功能的按钮元件选择不同的动作代码，例如单击“下一页”按钮能够跳转到下一页；单击“返回首页”按钮能够跳转回首页。

本实训的参考效果如图3-70所示。

效果预览

图3-70 参考效果

素材位置：素材\第3章\模拟菜单素材\

效果位置：效果\第3章\模拟菜单交互动画\

3. 步骤提示

视频教学：制作模拟菜单交互动画

STEP 01 启动Animate，打开“模拟菜单素材.fla”动画文件。在“库”面板中新建影片剪辑元件，进入元件编辑区，输入“价格清单”文字，并绘制一个矩形放置在文字下，返回主场景，新建名为“文字”的图层，将影片剪辑元件拖曳到舞台顶部，并添加“投影”滤镜。

STEP 02 选择“文字”图层的第2帧，输入文字，并转换为图形元件，进入元件编辑区，新建图层，绘制一个标签形状并放置在文字下方，接着绘制两条线条连接标签和对应图像。

STEP 03 新建一个图层，在图像与标签连接处绘制一个圆形，将圆形转换为影片剪辑元件，进入元件编辑区，创建补间动画，最后在第5帧和第10帧插入关键帧，制作成先缩小再复原的动画效果。

STEP 04 返回主场景，重复步骤2的操作，为剩下4帧添加文字和标签装饰。新建名为“按钮”的图层，使用“基本矩形工具”■绘制一个“三圆角一尖角”的矩形，然后将其转换为按钮元件，进入元件编辑区，创建3个关键帧并修改笔触和填充颜色，再新建图层，在图层上输入“下一页”文字，然后插入3个关键帧，修改文字颜色。

STEP 05 使用与步骤4相同的方式创建“返回首页”文字的按钮元件，并将矩形绘制成与步骤4中的按钮元件水平相反的形状，分别将两个按钮元件的实例名称设置为“bt1”和“bt2”。在第2帧和第6帧插入两个关键帧，选中第1帧中的“bt2”按钮元件，在“属性”面板中的“对象”选项卡下的“色彩效果”下拉列表中选择“Alpha”选项，并将其设置为“0%”，重复操作，将第6帧中的“bt1”按钮元件的Alpha设置为“0%”。

STEP 06 选择“背景”图层的第1帧，为其添加“this.stop(); //暂停播放”代码，为“按钮”图层第1帧的“bt1”按钮元件添加“单击以转到帧并停止”代码。

STEP 07 将播放头拖到第2帧，选择“bt2”按钮元件，添加“单击以转到帧并停止”选项，将“gotoAndStop(5)”代码改为“gotoAndStop(1)”，并为第6帧上的“bt2”按钮元件重复此操作。

STEP 08 测试文件无误后，导出格式为SWF的文件，并保存文件，将文件命名为“模拟菜单交互动画”。

3.6 课后练习

练习 1 制作运动鞋 Banner 动画

效果预览

某运动鞋品牌准备推出一款新鞋，需要制作包含商品信息、尺寸为1980像素×900像素的Banner动画展示在网店首页中。为了能够让消费者了解商品信息和新鞋款式，这里可以使用遮罩层、补间动画和逐帧动画等相关知识，制作鞋子由左下角跨越装饰线出现在图像上，鞋子特点文字由右向左飞跃的动画效果，以重点突出商品信息，参考效果如图3-71所示。

素材位置：素材\第3章\运动鞋素材\

效果位置：效果\第3章\运动鞋Banner动画.fla

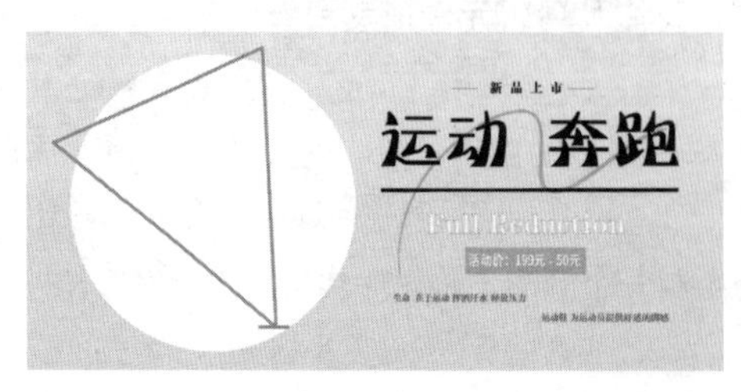

图3-71 参考效果

练习 2 制作吹泡泡交互动画

某游戏开发商准备制作一款互动式小游戏，为了提高画面的美观度，决定将控制互动的按钮制作成隐形按钮添加在画面上，并配合按钮元件、影片剪辑元件和动作代码等相关知识，制作成鼠标指针移至画面上任意位置都会出现泡泡的动画效果，参考效果如图3-72所示。

素材位置：素材\第3章\吹泡泡\

效果位置：效果\第3章\吹泡泡.fla

图3-72 参考效果

第4章 使用Audition制作音频

音频是数字媒体的主要类型之一。无论是优美或气势磅礴的背景音乐还是虫鸣鸟叫或滑稽搞笑的生动音效，抑或是温文尔雅或雄浑激昂的人声解说，都属于音频。有了音频的加持，数字媒体传递的内容和表达的情绪将更容易被用户所接受。因此，读者掌握制作和处理音频的方法与技能可以进一步提升数字媒体的质量。

学习目标

◎ 掌握编辑音频和处理音频效果的操作

◎ 掌握合成音频的操作

素养目标

◎ 具备音频鉴赏的基本素质，能够制作出饱含不同情绪的音频

◎ 在处理音频的过程中能够主动且深入地了解中国的诗词和乐器

案例展示

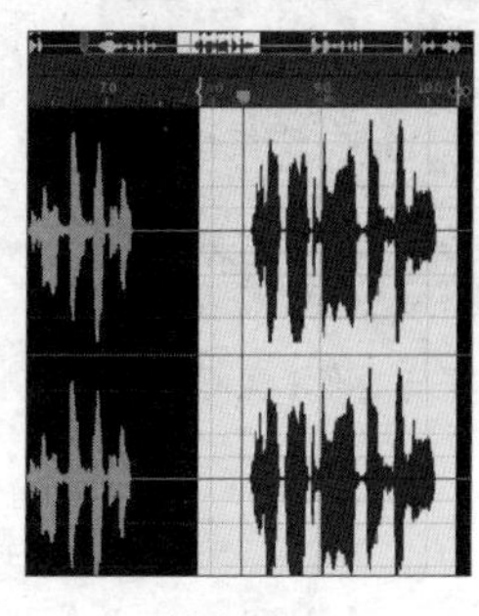

选择波形

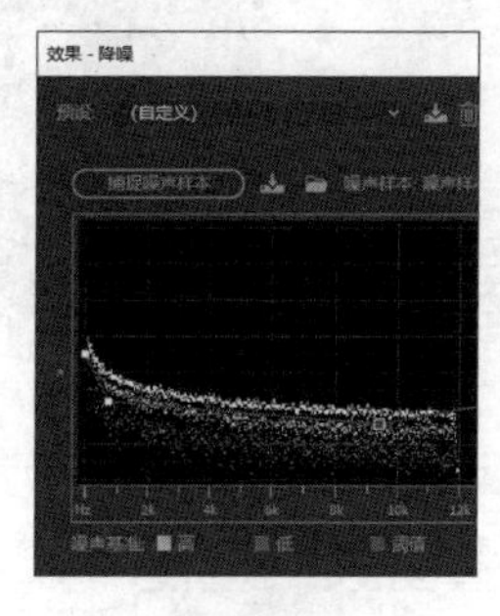

降噪处理

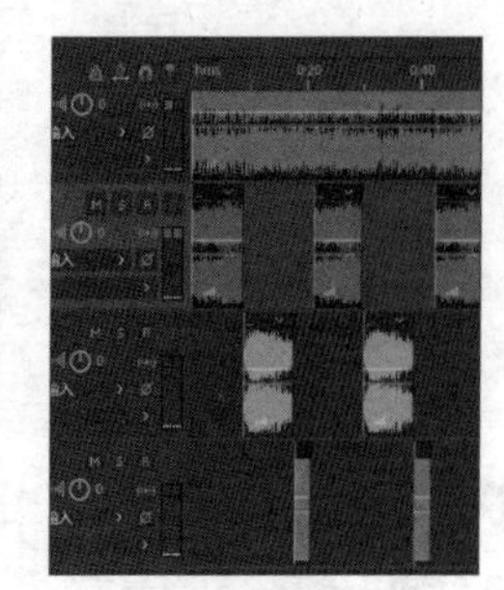

多轨编辑

4.1 音频与Audition基础

音频是携带信息的声音媒体，它与图像、动画、视频等其他数字媒体类型有机结合，共同承载着设计人员所要表达的思想和情感。

4.1.1 音频三要素

从听觉角度来看，音频具有三大要素，即音调、音强、音色。

- 音调：音调与音频的频率有关，频率越高，音调就越高。频率指的是每秒音频信号变化的次数，单位为 Hz（赫兹）。
- 音强：音强又称响度，它与音频的振幅有关，振幅越大，声音就越响亮。振幅指的是经数字化处理后的音频波形能够达到的最大值。
- 音色：音色是由基音和泛音决定的一种声音属性，如钢琴、提琴、笛子等各种乐器发出的声音不同，便是由它们的音色不同所导致的。

疑难解答

声乐领域有哪些专用术语?

基音和泛音是声乐领域的专用术语。我们可以这样来简单理解这两个概念：当发声体由于振动而发出声音时，声音一般可以分解为许多单纯的正弦波，基本上所有的自然声音都由许多频率不同的正弦波所组成，其中频率最低的正弦波为基音（基本频率），而其他频率较高的正弦波则为泛音，如图 4-1 所示。

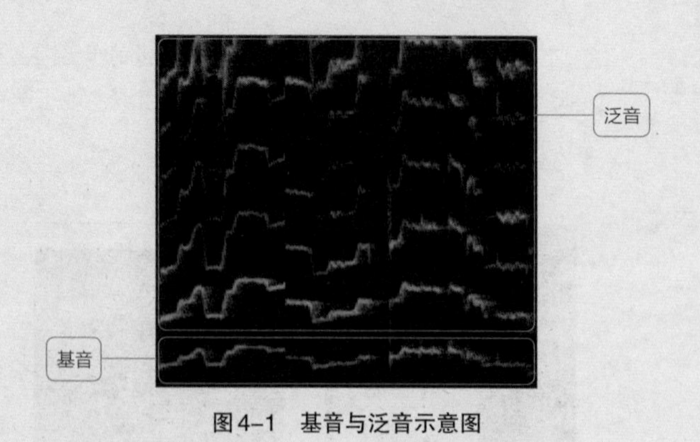

图4-1 基音与泛音示意图

4.1.2 声音转换为音频的过程

从数字媒体技术的角度来看，自然界中的声音属于模拟信号，将模拟信号转换为数字信号，就完成了声音到音频的转换。这个转换过程主要会涉及采样、量化和编码等基本环节，如图4-2所示。

- 采样（第一个环节）：指用每隔一定时间的信号样本值序列来代替原来在时间上连续的信号，也就是在时间上将模拟信号离散化，即在时间轴上对模拟信号进行数字化。

- 量化（第二个环节）：指用有限的幅度值来表示原来连续变化的幅度值，把模拟信号的连续幅度变为有限数量的且有一定间隔的离散值，即在幅度轴上对模拟信号进行数字化。
- 编码（第三个环节）：指按一定的规律把量化后的值用二进制数字表示，即实现用数字来表示声音。

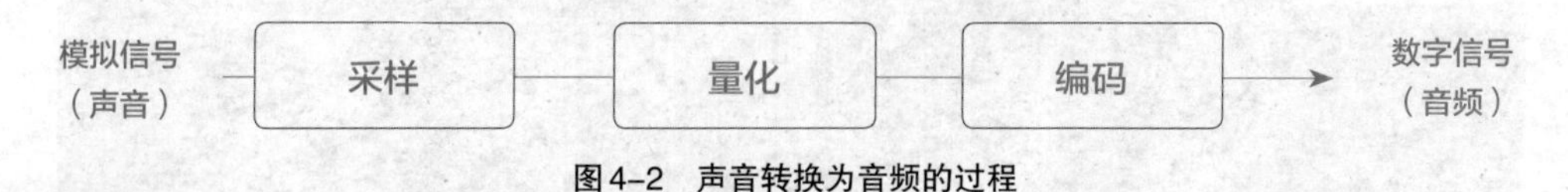

图4-2 声音转换为音频的过程

4.1.3 音频的采样率、位深度和声道

在采集音频素材时，首先考虑的往往是音频的“干净”程度和音量大小。实际上，决定音频质量的关键因素主要是采样率、位深度和声道这3个指标。

1. 采样率

采样率决定音频文件的频率范围。采样率越高，音频就越接近原始模拟波形，音频效果也就越好。其中，44 100Hz的采样率常用于CD播放机，48 000Hz的采样率常用于电视，96 000Hz的采样率常用于电影。

2. 位深度

位深度决定音频文件的振幅范围。进行声音采样时，需要为每个采样指定最接近原始声波振幅的振幅值。更高的位深度会提供更多可能的振幅值，产生更大的动态范围、更低的噪声基准和更高的保真度。当然，位深度越高，音频文件就越大。

3. 声道

声道决定音频的声道数量。音频声道可以是单声道、立体声或 5.1 环绕声，其中立体声也称双声道，其效果要比单声道的效果更丰富。但与单声道相比，立体声需要两倍的存储空间。5.1环绕声包含“5+1”共6个声道，分别是中央声道、前置左声道、前置右声道、后置左环绕声道、后置右环绕声道，以及重低音声道，即所谓的“0.1声道”。5.1环绕声声道产生的文件需要更大的存储空间，也需要特定的播放设备。

4.1.4 认识 Audition 的操作界面

将Audition 2022（以下简称Audition）安装到计算机上，利用桌面快捷启动图标或“开始”菜单可启动该软件，其操作界面如图4-3所示，主要由菜单栏、工具箱和各种功能面板组成。

1. 菜单栏

Audition的菜单栏共包含 9 个菜单项，每个菜单项下又包含了对应的菜单命令，充分利用这些菜单命令就能完成对音频的编辑和处理操作。如“文件”菜单项可以执行新建、打开、关闭、保存、导入和导出音频文件等操作；“编辑”菜单项可以执行复制、粘贴、混合粘贴、插入和标记音频等操作；“多轨”菜单项可以执行添加轨道、删除轨道、混合轨道等操作；“剪辑”菜单项可以执行修剪、拆分、合并剪辑、淡入淡出音频等操作；“效果”菜单项可以添加各种音频效果等。

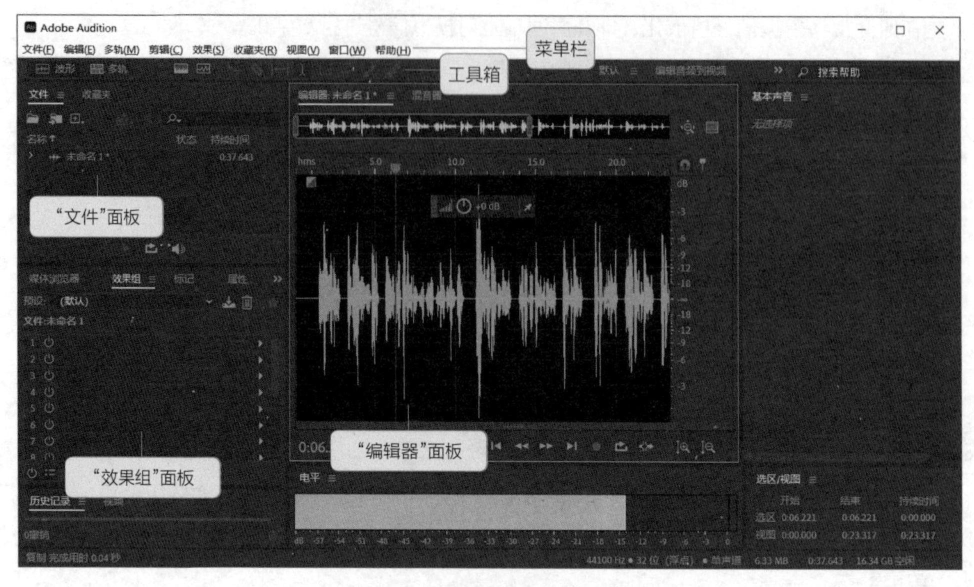

图4–3 Audition的操作界面

2. 工具箱

工具箱中集合了在波形编辑器和多轨编辑器中经常会使用的工具按钮，各按钮的作用分别如下。

- “波形”按钮：可以切换到波形编辑模式。
- “多轨”按钮：可以切换到多轨编辑模式。
- “显示频谱频率显示器”按钮：在波形编辑模式下才能使用，可以显示波形对应的频谱频率。
- “显示频谱音调显示器”按钮：在波形编辑模式下才能使用，可以显示波形对应的频谱音调。
- “移动工具”按钮：在多轨编辑模式下才能使用，可以在不同轨道上移动波形。
- “切断所选剪辑工具”按钮：在多轨编辑模式下才能使用，可以将波形切断为多个部分。
- “滑动工具”按钮：在多轨编辑模式下才能使用。当波形被剪断后，使用该工具可以滑动显示被剪断的其他波形区域。
- “时间选择工具”按钮：在多轨编辑模式下才能使用，可以定位或选择波形区域。
- “框选工具”按钮：在波形编辑的频谱频率显示模式下才能使用，可以框选频谱频率区域。
- “套索选择工具”按钮：在波形编辑的频谱频率显示模式下才能使用，可以自由选择需要的频谱频率区域。
- “画笔选择工具”按钮：在波形编辑的频谱频率显示模式下才能使用，可以通过操作画笔的方式选择频谱频率区域。
- “污点修复画笔工具”按钮：在波形编辑的频谱频率显示模式下才能使用，可以修复处理后的频谱频率区域。

3. 功能面板

除菜单栏和工具箱以外，Audition的操作界面绝大部分都是各种功能面板，如“文件”面板、“编辑器”面板、“效果组”面板等。

- “文件”面板：用于显示和管理打开的音频素材，用户可以通过单击“导入文件”按钮或双击文件列表框的空白区域，打开“导入文件”对话框导入音频文件。

- “编辑器”面板：用于显示和编辑音频。编辑器有两种模式，分别为波形编辑模式和多轨编辑模式。无论哪种模式，音频文件都以波形的形式出现在面板中。图 4-4 所示为多轨编辑模式下的“编辑器”面板，其中蓝色滑块称为播放指示器，用于定位音频位置。

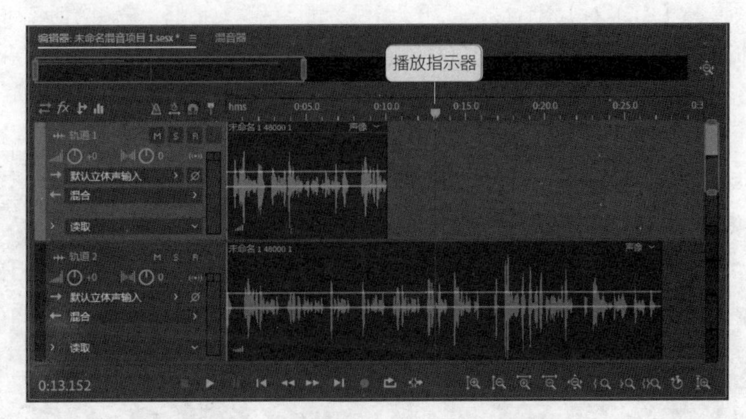

图4–4　多轨编辑模式下的“编辑器”面板

- “效果组”面板：用于为音频文件或轨道添加音频效果器。在“效果组”面板中单击每一行最右边的“展开”按钮，将打开效果器列表，选择效果器对应的选项便可为音频文件添加音频效果器。

4.1.5 Audition 的基本操作

新建、新建多轨会话、打开与导入、保存、关闭、导出和录制音频文件，是使用Audition处理音频文件的基本操作。

1．新建音频文件

新建音频文件适用于录制新的音频或粘贴音频文件，其操作方法：选择【文件】/【新建】/【音频文件】命令或按【Ctrl+Shift+N】组合键，打开“新建音频文件”对话框，在“文件名”文本框中输入音频文件的名称，并根据需要设置采样率、声道和位深度，单击确定按钮便可新建一个空白的音频文件，如图4-5所示。

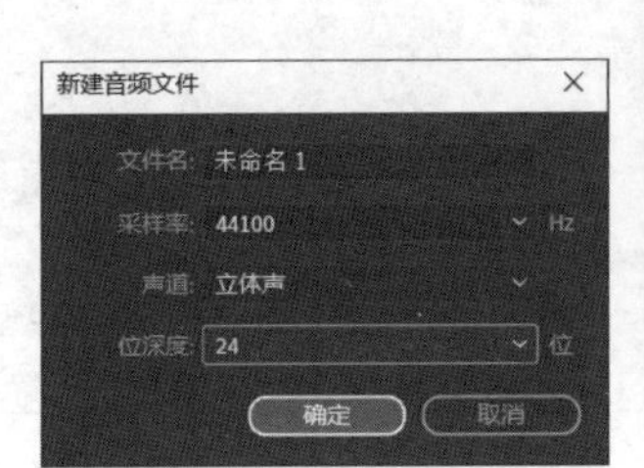

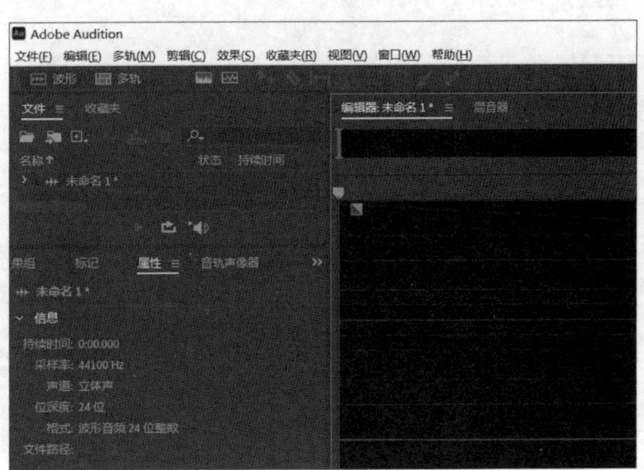

图4–5　新建空白音频文件

2. 新建多轨会话

新建多轨会话可以创建包含多个声道的文件，从而同时处理多个音频文件。但会话本身不包含音频数据，需要后期将音频文件添加到对应的轨道上进行处理。新建多轨会话的方法：选择【文件】/【新建】/【多轨会话】命令或按【Ctrl+N】组合键，打开“新建多轨会话”对话框，输入会话名称，设置文件的保存位置，选择模板，并设置采样率、位深度和混合（声道），单击确定按钮，如图4-6所示。

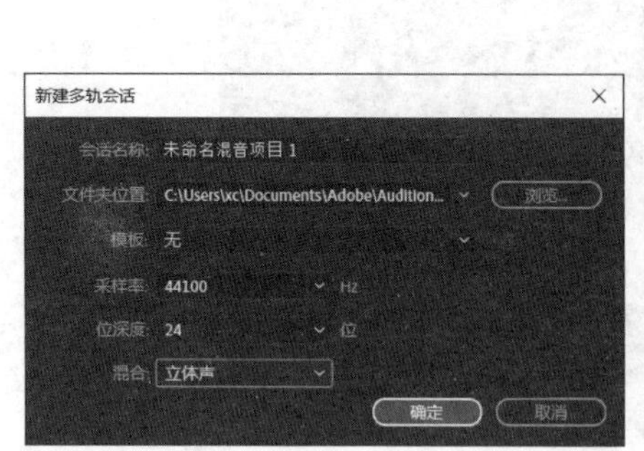

图4-6 新建多轨会话

3. 打开与导入音频文件

在Audition中，打开音频文件的操作会将音频文件添加到“文件”面板中，并在“编辑器”面板中显示该音频文件，而导入音频文件的操作只会将音频文件添加到“文件”面板中。因此，当需要编辑某个音频文件时，可以采用打开操作；当需要添加各种音频文件但暂不操作时，可以采用导入操作。其操作方法分别如下。

- 打开音频文件：通过选择【文件】/【打开】命令、单击“文件”面板中的“打开文件”按钮、在“文件”面板的空白区域单击鼠标右键并在弹出的快捷菜单中选择【打开】命令、双击“文件”面板的空白区域或按【Ctrl+O】组合键，打开“打开文件”对话框，选择需要打开的音频文件，单击打开(O)按钮，如图 4-7 所示。
- 导入音频文件：选择【文件】/【导入】/【文件】命令，单击“文件”面板中的“导入文件”按钮或按【Ctrl+I】组合键，打开“导入文件”对话框，选择一个或多个音频文件，单击打开(O)按钮，如图 4-8 所示。

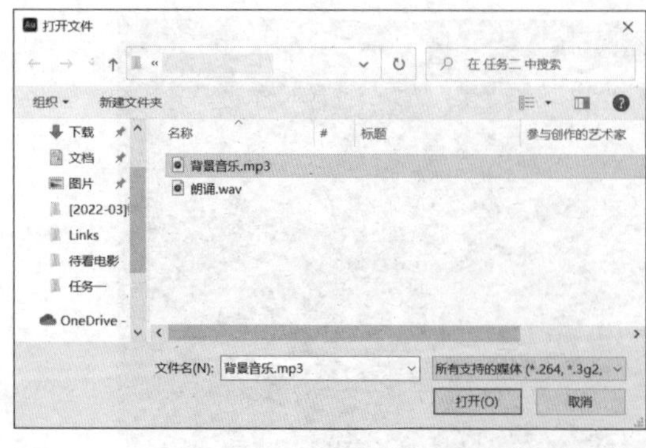

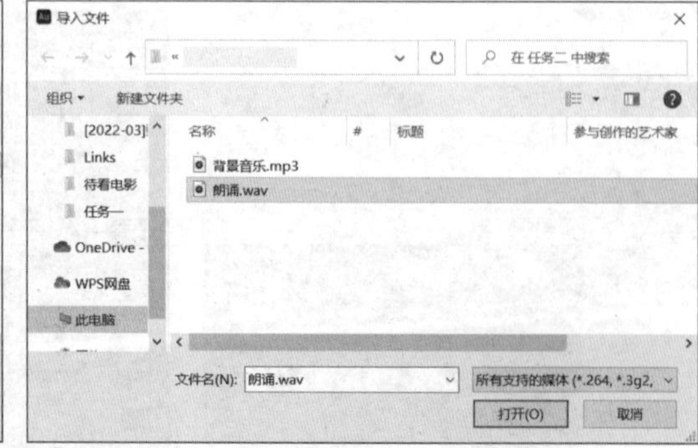

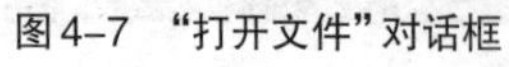
图4-7 “打开文件”对话框

图4-8 “导入文件”对话框

4. 保存音频文件

对于新建的音频文件，我们应该及时保存下来以免数据丢失。其操作方法：选择【文件】/【保存】命令或按【Ctrl+S】组合键，也可选择【文件】/【另保存】命令或按【Ctrl+Shift+S】组合键执行另保存操作，打开“另存为”对话框，单击 浏览... 按钮，可在打开的对话框中设置音频文件的文件名、位置和格式，并可根据需要单击 更改... 按钮修改音频文件的采样类型和格式设置，最后单击 确定 按钮，如图4-9所示。

图4-9　“另存为”对话框

提示

若编辑音频文件时添加了标记或其他元数据对象，则在保存音频文件时可勾选“包含标记和其他元数据”复选框，这样标记和其他元数据也将随音频文件一并保存下来，从而方便以后使用。

5. 关闭音频文件

在“文件”面板中选择需要关闭的音频文件对应的选项，然后执行以下任意一种操作均可关闭所选音频文件。

- 按【Delete】键。
- 选择【文件】/【关闭】命令。
- 按【Ctrl+W】组合键。

6. 导出音频文件

对于波形编辑模式，导出音频文件的效果与保存音频文件的效果类似。其操作方法：选择【文件】/【导出】/【文件】命令，打开“导出文件”对话框，在其中按保存音频文件的方式设置音频文件的文件名、位置、格式、采样类型等参数，完成后单击 确定 按钮，如图4-10所示。

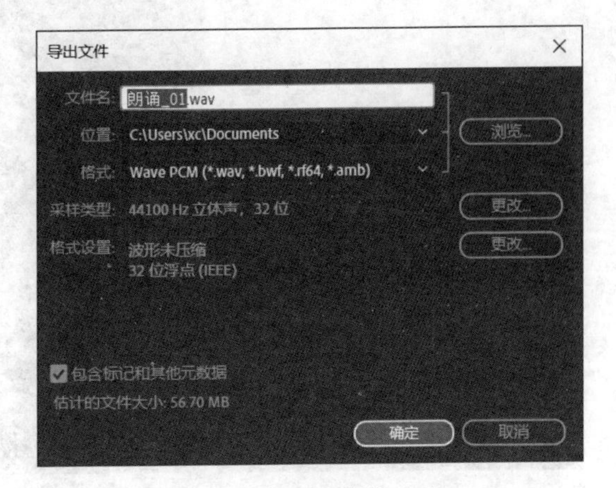

图4-10　“导出文件”对话框

对于多轨编辑模式，导出音频文件的作用更为丰富。例如，需要导出多个轨道重点部分的波形区域，可首先利用“时间选择工具”按钮选择多个轨道上的波形区域，然后选择【文件】/【导出】/【多轨混音】/【时间选区】命令，打开“导出多轨混音”对话框，设置所选区域导出后的文件名、位置、格式、采样类型等参数，完成后单击确定按钮，如图4-11所示。

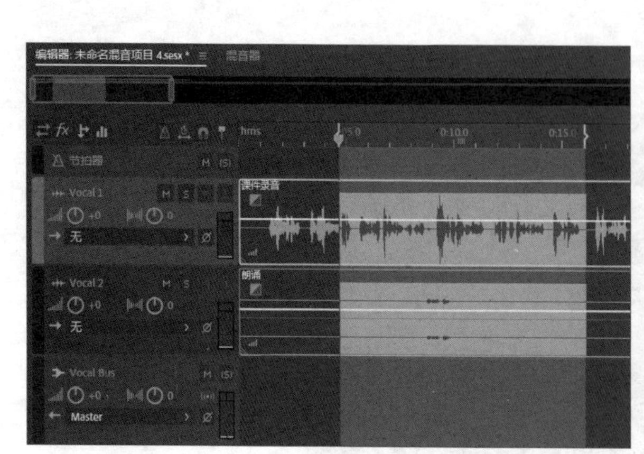

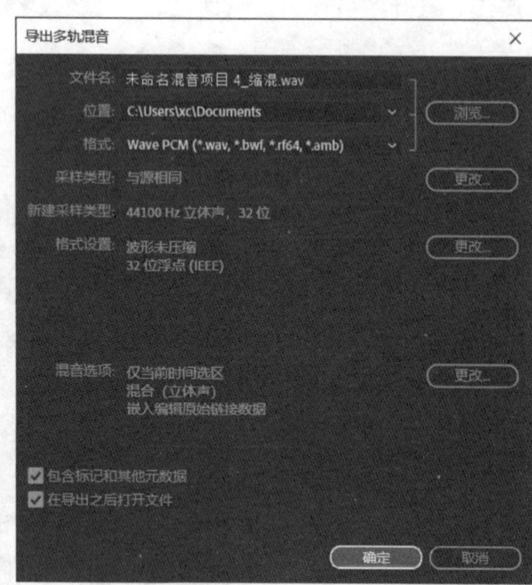

图4-11　导出多个轨道上的波形区域

7. 录制音频文件

除了可以对音频文件进行编辑外，Audition还可以录制并存储各种格式的高质量音频，其操作方法：在计算机上连接麦克风等音频输入设备，启动Audition，单击“编辑器”面板下方的“录制”按钮，打开“新建音频文件”对话框，设置文件名、采样率、声道和位深度，单击确定按钮，如图4-12所示。此时便进入录音状态，麦克风接收到的各种声音将转换为波形显示在“编辑器”面板中，如图4-13所示。在录制过程中单击“暂停”按钮可暂停录制，再次单击该按钮可继续录制。录制完成后单击“录制”按钮停止录制，最后将得到的音频文件保存下来即可。

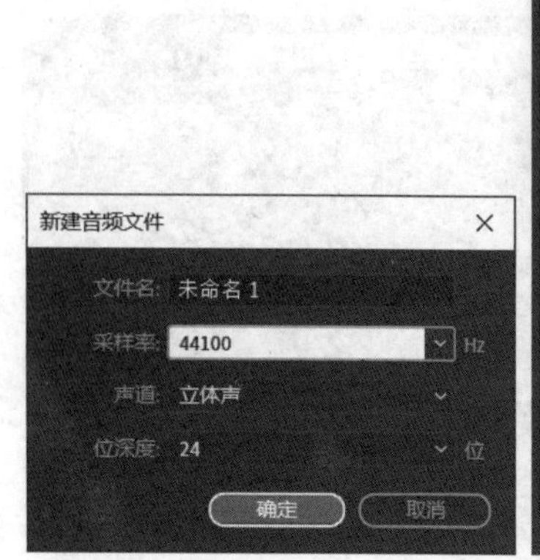

图4-12　“新建音频文件”对话框

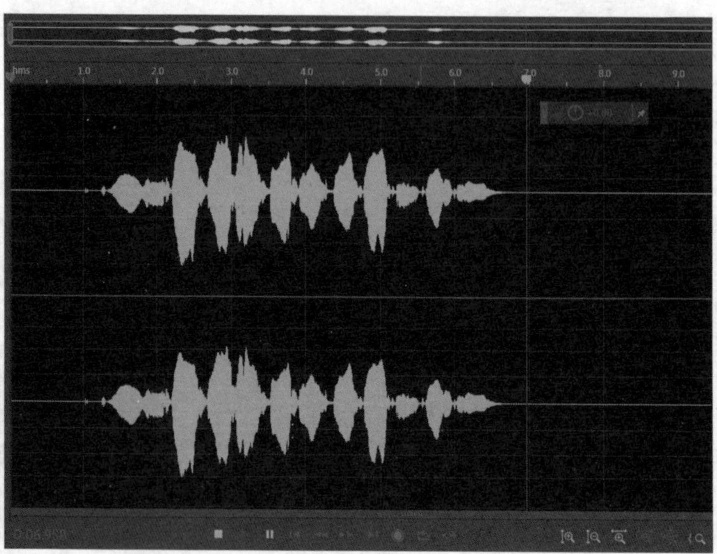

图4-13　录制声音

技能提升

“文件”面板是Audition中管理音频文件的重要功能面板之一，用户合理使用“文件”面板可以有效提高音频处理过程中的操作效率。请在熟悉该面板的各种功能后，尝试完成以下各种操作。

（1）新建音频文件和多轨混音项目。

（2）打开音频文件和导入音频文件。

（3）关闭音频文件和保存音频文件。

4.2 编辑音频

大多数情况下，采集的原始音频素材经过数字化处理后，就可以利用Audition进行编辑处理，使音频的内容符合实际工作的需要。

4.2.1 课堂案例——制作古诗朗诵音频

案例说明：某公众号运营人员最近需要主推位于湖北省武汉市的黄鹤楼名胜古迹。为了更好地体现出宣传片的“气质”和底蕴，现需要为宣传片配上唐代著名诗人崔颢的名作《黄鹤楼》的朗诵音频。由于录制时出现了多余的内容，且录制了两个部分的音频素材，因此现在需要对素材进行处理，以期得到一个完整且高质量的音频文件。

知识要点：选择音频、裁剪音频、复制音频、删除音频。

素材位置：素材\第4章\古诗朗诵素材\

效果位置：效果\第4章\古诗朗诵.mp3

设计素养

为了提升古诗朗诵音频的感染力，首先需要保证整个朗诵内容的流畅性，然后需要调整朗诵的节奏，使其能够体现出中国诗词独有的韵味。

具体操作步骤如下。

视频教学：制作古诗朗诵音频

STEP 01 启动Audition，导入“01.mp3”和“02.mp3”音频素材。在“文件”面板中双击“02.mp3”选项，“编辑器”面板中将显示该音频的波形，按空格键可试听音频。

STEP 02 单击“时间选择工具”按钮，在“编辑器”面板中拖曳鼠标选择需要保留的波形区域，然后选择【编辑】/【裁剪】命令或按【Ctrl+T】组合键，如图4-14所示。

STEP 03 保持波形的选中状态，选择【编辑】/【复制】命令或按【Ctrl+C】组合键将选择的波形区域复制到剪贴板上，如图4-15所示。

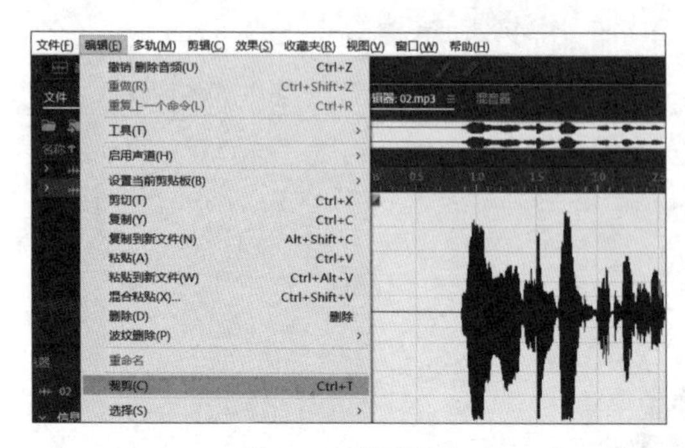

图4-14 选择波形

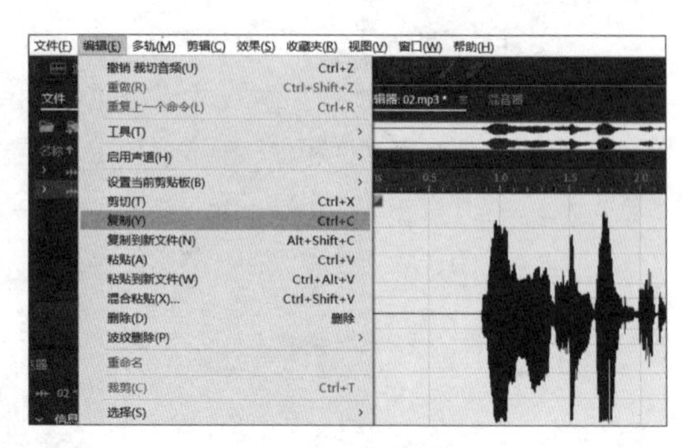

图4-15 复制波形

STEP 04 双击“文件”面板中的“01.mp3”选项，使用“时间选择工具”按钮在波形末尾单击鼠标定位播放指示器，按【Ctrl+V】组合键粘贴波形，如图4-16所示。

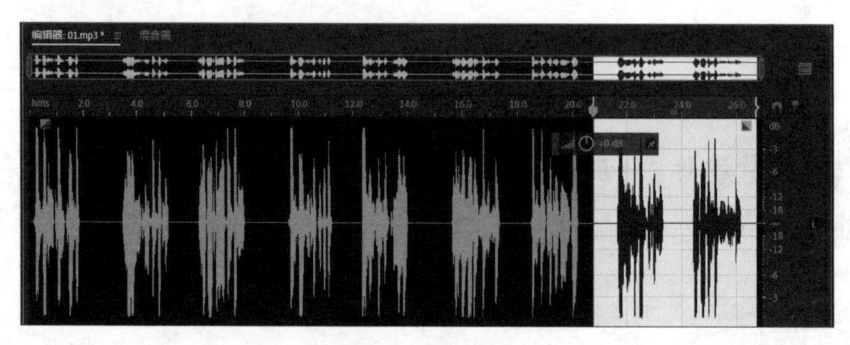

图4-16 粘贴波形

STEP 05 按【Ctrl+Shift+S】组合键打开“另存为”对话框，将音频文件以“古诗朗诵.mp3”为名另存到计算机上，单击确定按钮，如图4-17所示。

STEP 06 在“文件”面板中的“02.mp3”选项上单击鼠标右键，在弹出的快捷菜单中选择【关闭所选文件】命令，在打开的对话框中单击是按钮，关闭现在不需要的文件，如图4-18所示。

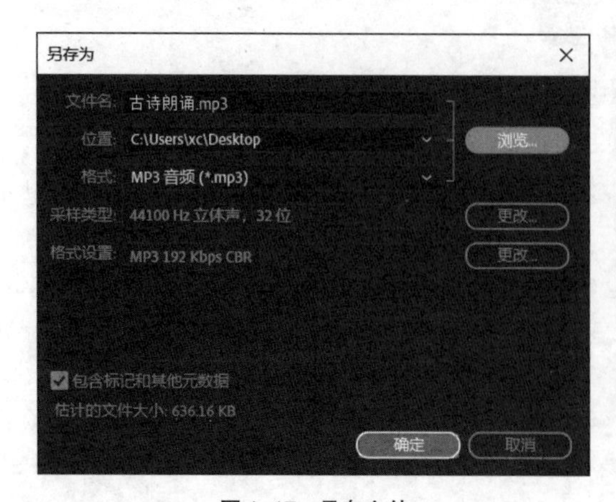

图4-17 另存文件

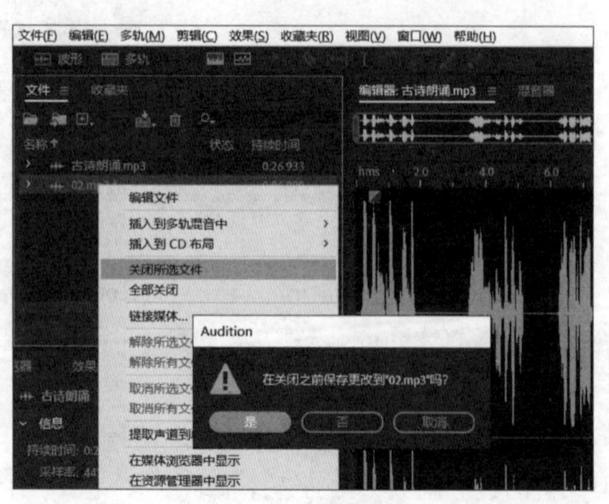

图4-18 关闭文件

STEP 07 按空格键试听音频，一方面可以查看音频内容的完整度，另一方面可以查看音频的朗诵节奏是否需要调整。由于音频内容中古诗标题与年代两段声音之间的间隔过短，因此需要延长停顿时间。这里选择无波形的任意一段空白音频区域，按【Ctrl+C】组合键复制波形，如图4-19所示。

STEP 08 在这两段声音之间单击鼠标定位播放指示器，按【Ctrl+V】组合键粘贴无波形的空白音频区域，如图4-20所示，利用无波形的空白音频区域延长停顿时间。

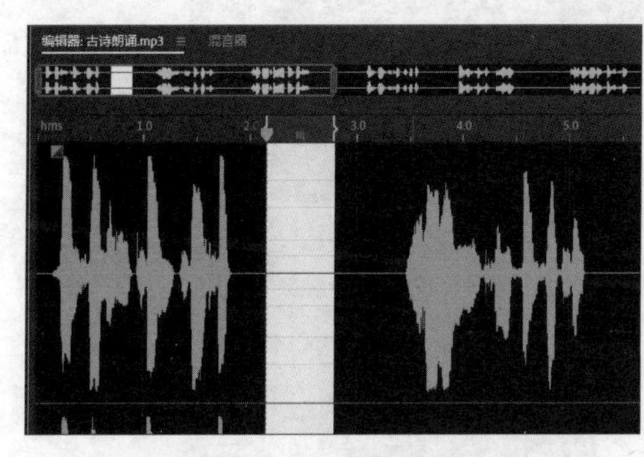

图4-19 选择无波形的空白音频区域

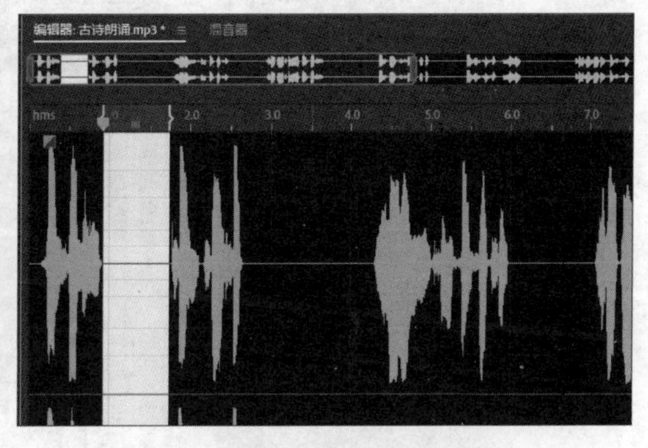

图4-20 粘贴无波形的空白音频区域

STEP 09 重新选择这两段声音对应的波形，按空格键试听音频。如果间隔时间合适，则不必再做调整；如果间隔时间还是过短，则可以按相同方法增加间隔；如果间隔时间过长，则可选择多余的间隔部分，按【Delete】键删除，如图4-21所示。

STEP 10 按相同的思路，利用复制和删除无波形区域调整每段声音的间隔时间，并经过反复试听音频来确定最终的波形效果，如图4-22所示。完成所有处理工作后，按【Ctrl+S】组合键保存音频文件。

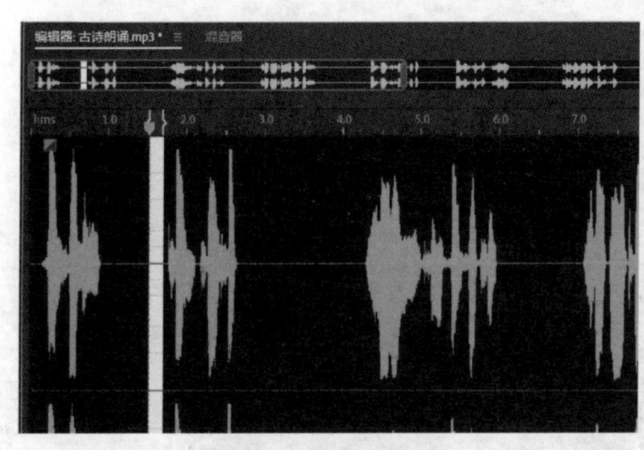

图4-21 删除多余波形

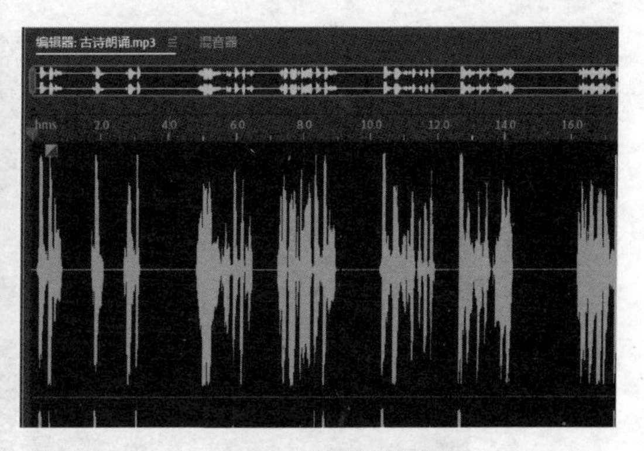

图4-22 最终的波形效果

4.2.2 选择与查看波形

编辑音频实质上就是对波形进行各种处理，因此选择波形与查看波形这些基本的操作在编辑音频的过程中就显得尤为重要。

1. 选择波形

使用“时间选择工具”按钮在“编辑器”面板中拖曳鼠标选择波形区域是选择波形的一种常用操作。除此之外，还有以下两种选择波形的方法可提高编辑音频的效率。

- 精确选择：当需要精确选择音频文件中的某段波形区域时，用户可借助“选区 / 视图”面板中的“选区”栏完成。该栏中包含 3 个参数，分别是“开始”数值框、“结束”数值框和“持续时间”数值框，任意确认两个数值框中的参数就能精确选择波形区域。图 4-23 所示即为确定开始位置为第 8 秒、结束位置为第 11 秒的波形区域。

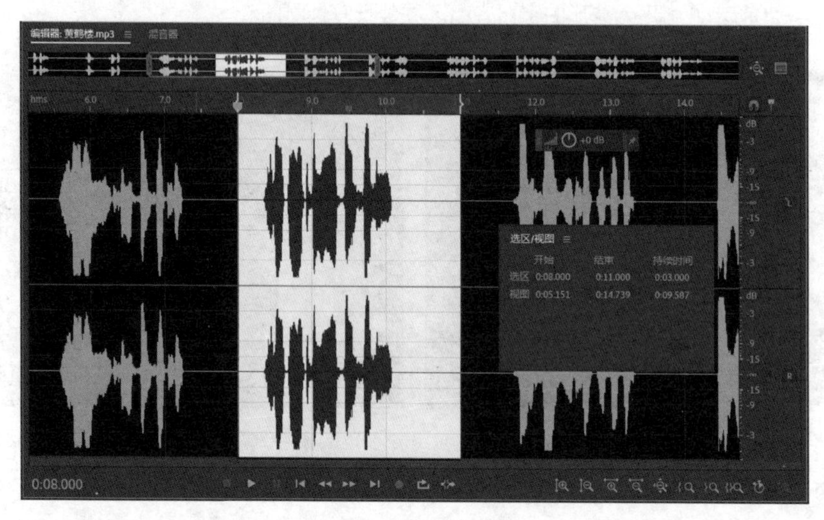

图 4-23　精确选择波形

- 调整选择范围：选择了部分波形区域后，若需要在所选区域上调整选择范围，此时可拖曳所选波形区域的两侧或拖曳播放指示器所在栏中所选区域两侧的标记（“开始”标记和“结束”标记），如图 4-24 所示。

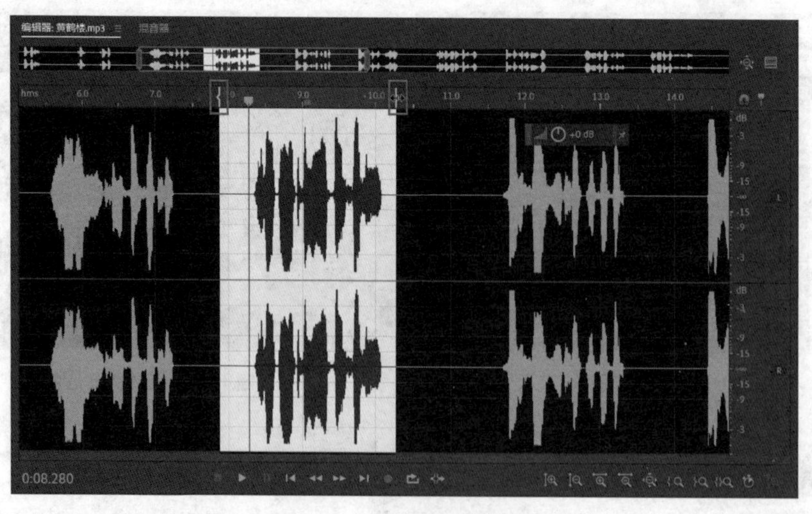

图 4-24　调整波形选择范围

2. 查看波形

查看波形主要是指根据操作需要调整波形的显示比例和显示位置，其操作方法主要有以下两种。

- 滚动鼠标滚轮：将鼠标指针定位到需要放大或缩小显示比例的波形处，向前滚动鼠标滚轮可以放大显示比例；向后滚动鼠标滚轮可以缩小显示比例。

● 使用缩略图：在“编辑器”面板上方有一个缩略图区域，该区域显示了整个音频文件的波形缩略图。默认情况下，该缩略图显示的是完整的波形区域。根据需要，用户可以通过拖曳两侧的控制条控制显示比例的大小，也可以通过拖曳预览条定位需要显示的波形，如图 4-25 所示。

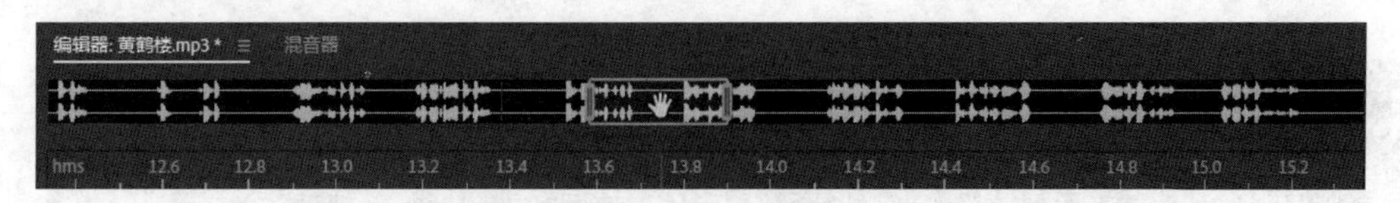

图 4-25 拖曳缩略图区域中的预览条

4.2.3 剪切与复制波形

编辑音频时，为了调整音频的内容，经常会涉及对波形的剪切和复制操作。换句话说，掌握剪切与复制波形的操作，就能随心所欲地改变音频的内容。

1. 剪切波形

剪切波形的操作方法：选择需要剪切的波形区域，然后选择【编辑】/【剪切】命令、在选择的波形区域中单击鼠标右键并在弹出的快捷菜单中选择【剪切】命令或按【Ctrl+X】组合键，将播放指示器定位到目标位置，选择【编辑】/【粘贴】命令或按【Ctrl+V】组合键便可将剪切的波形移动到此处。如果选择【编辑】/【粘贴到新文件】命令或按【Ctrl+Alt+V】组合键，则将自动新建一个音频文件，并将剪切的波形粘贴到新文件中。

2. 复制波形

复制波形的操作方法：选择需要复制的波形区域，然后选择【编辑】/【复制】命令、在选择的波形区域中单击鼠标右键并在弹出的快捷菜单中选择【复制】命令或按【Ctrl+C】组合键，将播放指示器定位到目标位置，选择【编辑】/【粘贴】命令或按【Ctrl+V】组合键便可将复制的波形移动到此处。如果选择【编辑】/【粘贴到新文件】命令或按【Ctrl+Alt+V】组合键，则将自动新建一个音频文件，并将复制的波形粘贴到新文件中。

提示

若想快速将音频文件中的某个波形区域创建到新文件中，且不影响原音频文件的内容，则可以选择该区域对应的波形，然后选择【编辑】/【复制到新文件】命令或按【Shift+Alt+C】组合键。

4.2.4 裁剪音频

裁剪音频是指将音频中多余的内容裁剪掉，保留需要的内容。其操作方法：选择需要保留的波形区域，然后选择【编辑】/【裁剪】命令或按【Ctrl+T】组合键。需要注意的是，此操作裁剪掉的是未选择的波形区域，其与删除操作的原理相反。

4.2.5 删除音频

删除音频也是常用的音频编辑操作之一，其操作方法主要有以下3种。

- 使用按键：选择需要删除的波形区域，按【Delete】键删除。
- 使用菜单命令：选择需要删除的波形区域，然后选择【编辑】/【删除】命令。
- 使用快捷菜单：选择需要删除的波形区域，在其上单击鼠标右键，在弹出的快捷菜单中选择【删除】命令。

4.2.6 课堂案例——制作琵琶演奏音频

案例说明：某琵琶生产与销售企业准备在数字媒体展厅向经销商展示各种琵琶产品。为了让经销商们在参观和欣赏产品的过程中能够获得更好的沉浸式体验，现需要为数字媒体展厅制作一个琵琶演奏的背景音乐。要求该音乐在展厅自动循环播放的过程中，开始和结束部分都能够显得更加平和、自然，避免干扰经销商的试听体验。

知识要点：复制音频、淡入音频、淡出音频。

素材位置：素材\第4章\琵琶演奏.mp3

效果位置：效果\第4章\琵琶演奏.mp3

设计素养

中国民族乐器历史悠久，源远流长，如笛、笙、二胡、琵琶、筝、唢呐等，每种乐器发出的声音都具有鲜明的特色。加强对中国民族乐器的认识和理解，有助于制作出更加优质的音频对象。

具体操作步骤如下。

视频教学：制作琵琶演奏音频

STEP 01 启动Audition，导入“琵琶演奏.mp3”音频素材，通过双击或拖曳的方式将该音频素材显示在“编辑器”面板中，将鼠标指针定位到“淡入”标记■上，如图4-26所示。

STEP 02 按住鼠标左键不放，向右下方适当拖曳“淡入”标记，让开始处的波形产生由小到大的淡入效果，如图4-27所示。

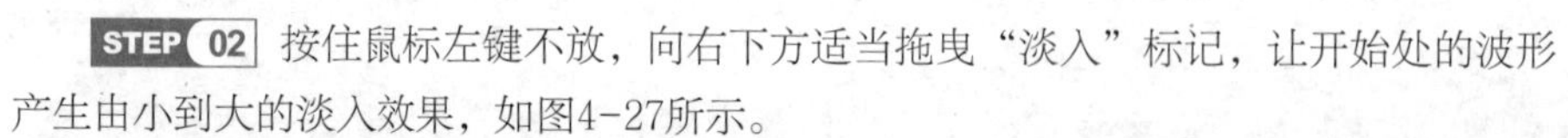

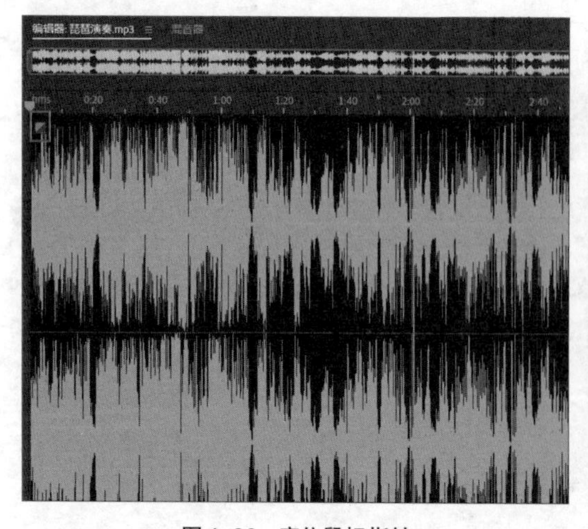

图4-26 定位鼠标指针

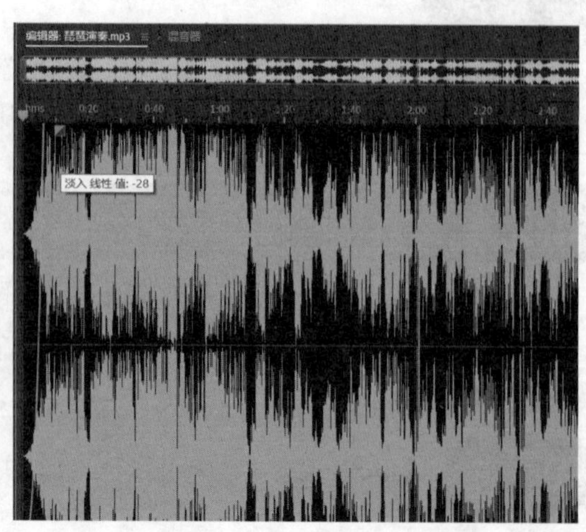

图4-27 拖曳“淡入”标记

STEP 03 向前滚动鼠标滚轮放大波形显示比例，选择音频结尾处无波形的空白音频区域，按【Ctrl+C】组合键复制，如图4-28所示。

STEP 04 将播放指示器定位到音频结尾处，按【Ctrl+V】组合键粘贴无波形的空白音频区域。重新定位到音频结尾，然后粘贴无波形的空白音频区域，如图4-29所示。这样音频在循环播放时，就能够有一些间隔时间，从而播放得更为自然。

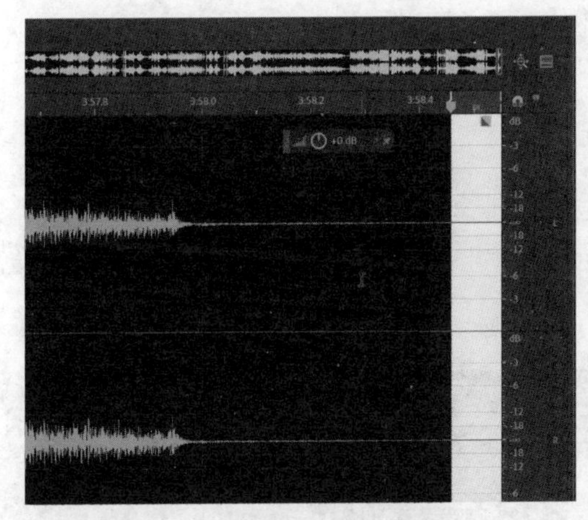

图4-28　复制无波形的空白音频区域

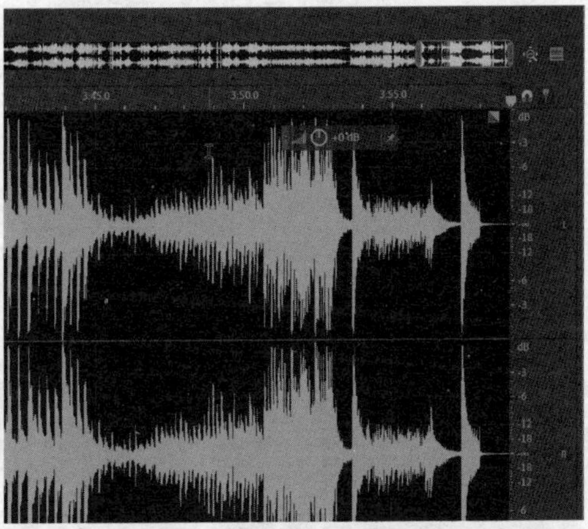

图4-29　粘贴无波形的空白音频区域

STEP 05 将鼠标指针定位到音频末尾处的“淡出”标记上◣，按住鼠标左键不放，向左下方拖曳标记，让结尾处的波形产生由大到小的淡出效果，如图4-30所示。

STEP 06 将开始处设置了淡入效果的波形区域复制到结尾处，试听音频从结束到开始的切换效果，如图4-31所示。如果觉得切换得较为自然，就可以按【Ctrl+Z】组合键撤销复制操作并保存音频文件；如果觉得切换还需要调整，则可以进一步修改间隔时间或修改淡入淡出效果。

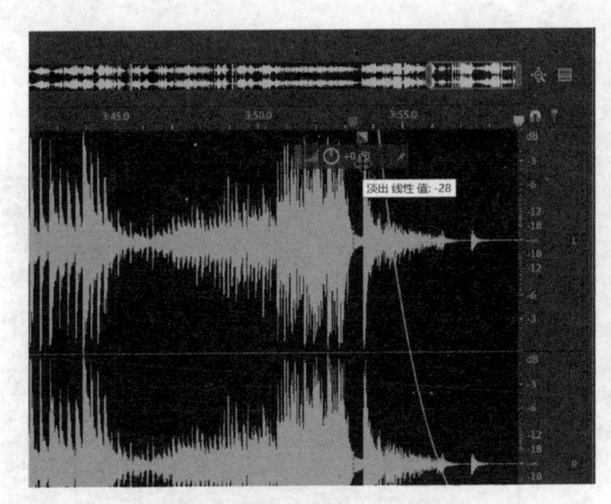

图4-30　拖曳“淡出”标记

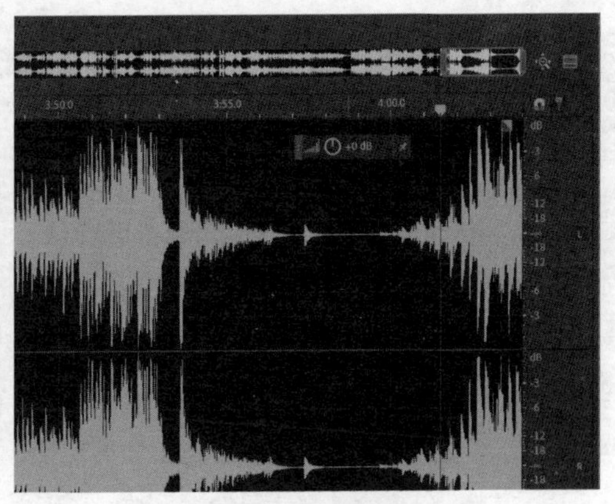

图4-31　试听切换效果

提示

在 Audition 的“编辑器”面板中，按【Home】键可以快速定位到音频的开始位置，按【End】键可以快速定位到音频的结束位置。

4.2.7 淡入淡出波形

淡入淡出波形的作用在于能够让音频产生“从无到有”或“从有到无”的效果，使声音的出现和结束更加自然。Audition提供了 3 种淡化类型，分别是“线性”淡化、“对数”淡化和“余弦”淡化。

- “线性”淡化：水平拖曳“淡入”标记或“淡出”标记，可创建“线性”淡化，如图 4-32 所示。这种淡化类型适用于对大部分音频文件进行均衡音量变化的操作。
- “对数”淡化：非水平拖曳“淡入”标记或“淡出”标记，可创建“对数”淡化，如图 4-33 所示。这种淡化类型能够使音频文件的音量产生先缓慢平稳，再快速变化的效果（或先快速变化，再缓慢平稳的效果）。
- “余弦”淡化：按住【Ctrl】键并拖曳“淡入”标记或“淡出”标记，可创建“余弦”淡化，如图 4-34 所示。这种淡化类型能够使音频文件的音量产生先缓慢平稳，后快速变化，结束时再缓慢平稳的效果。

图 4-32 “线性”淡化

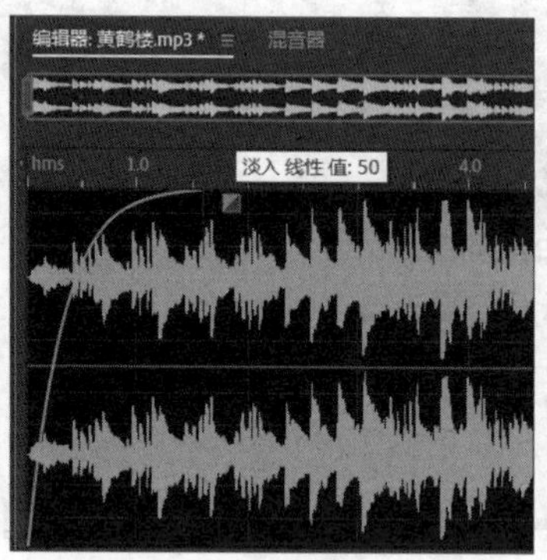

图 4-33 “对数”淡化

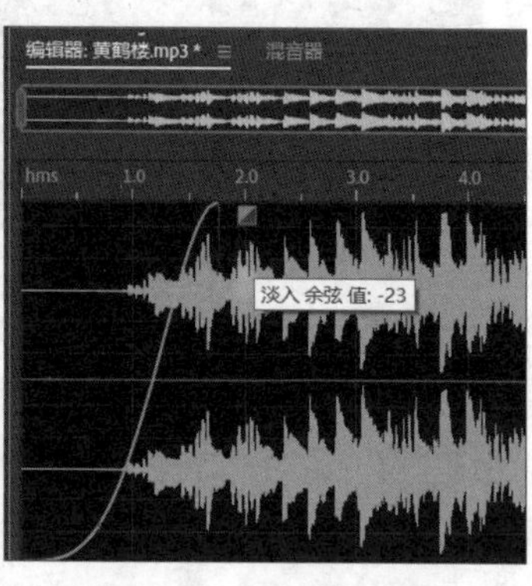

图 4-34 “余弦”淡化

技能提升

无论是编辑音频文件中的波形区域还是后面将要学习的音频效果处理，都需要能够快速且准确地定位或选择波形。读者一方面可以通过大量的练习来熟悉如何控制波形的显示比例大小，以及显示位置，另一方面还可以借助“标记”面板为波形区域添加标记来实现快速定位和选择。

图4-35所示即为“标记”面板。在“编辑器”面板中选择波形区域后，单击图4-35中的“添加提示标记”按钮就可以添加标记。此外，将播放指示器定位到某个位置后单击该按钮，同样也会添加标记。双击列表框中已添加的某个标记选项后，就能快速选择或定位到目标对象和位置。

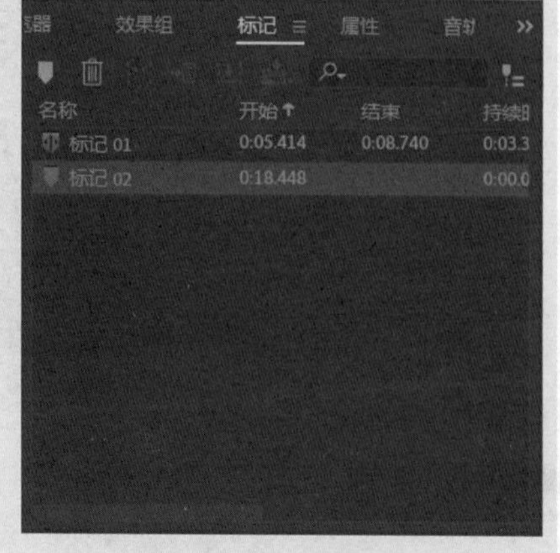

图 4-35 “标记”面板

4.3 处理音频效果

原始音频素材经过编辑处理后，在内容上已经能够满足实际需要。但在效果上还需要进一步的处理，如调整音量大小、处理噪声、添加混响、设置变调等。只有对音频效果进行处理，音频才能最大限度地发挥它的功效。

4.3.1 课堂案例——制作宣传片解说音频

案例说明：某广告设计公司为了更好地进行推广工作，特意录制了一段宣传解说音频，用于配合后期将要录制的公司宣传片。用户通过试听可以更加全面地了解公司情况。为了更好地提升录制的音频效果，现需要对音频进行适当处理，让音频在音量、噪声、回声、混响等方面都有不错的表现。

知识要点：振幅与压限、时间与变调、降噪、延迟与回声、混响。

素材位置：素材\第4章\宣传解说.mp3

效果位置：效果\第4章\宣传解说.mp3

视频教学：
制作宣传片
解说音频

具体操作步骤如下。

STEP 01 启动Audition，打开“宣传解说.mp3”音频素材，选择【效果】/【振幅与压限】/【增幅】命令，打开“效果 - 增幅”对话框，在“左侧”栏的数值框中输入“13”，增大音频的音量，单击 应用 按钮，如图4-36所示。

STEP 02 保持波形区域的选中状态，选择【效果】/【时间与变调】/【伸缩与变调（处理）】命令，打开“效果 - 伸缩与变调”对话框，在“伸缩”栏的数值框中输入“85%”，也就是将整个音频文件的持续时间缩短到85%，单击 应用 按钮，如图4-37所示。

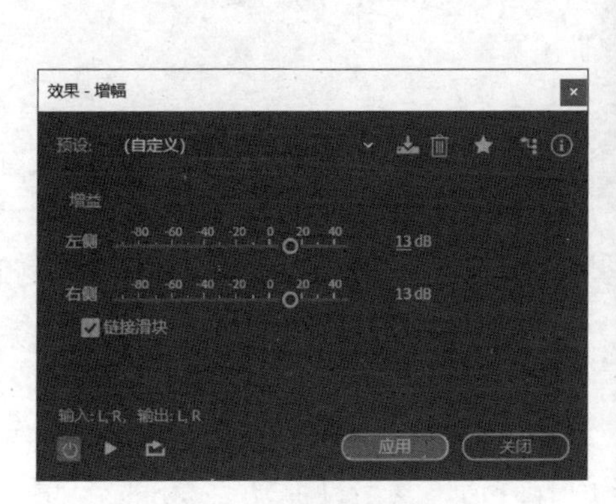

图4-36　设置音频增幅

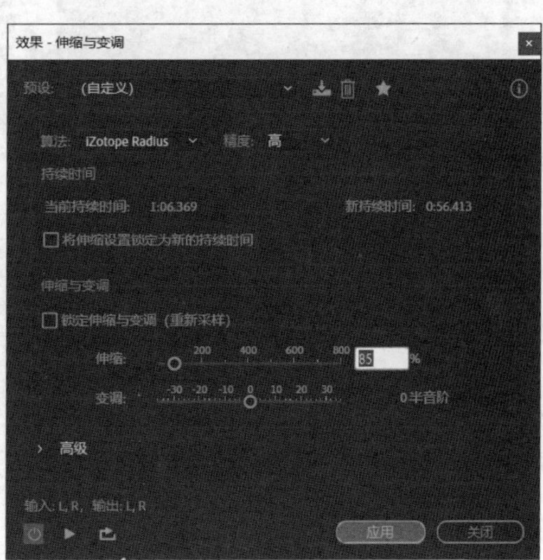

图4-37　设置持续时间

STEP 03 选择【效果】/【降噪/恢复】/【降噪（处理）】命令，打开“效果 - 降噪”对话框，选择“编辑器”面板中开始处的噪声波形区域，单击对话框中的捕捉噪声样本按钮，如图4-38所示。

STEP 04 继续在对话框中单击选择完整文件按钮，将“降噪”和“降噪幅度”分别设置为“100%”和“10dB”，单击应用按钮，如图4-39所示。

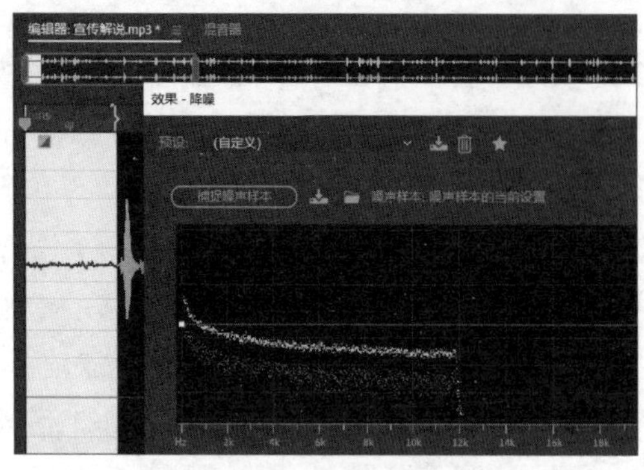

图4-38 捕捉噪声样本(1)

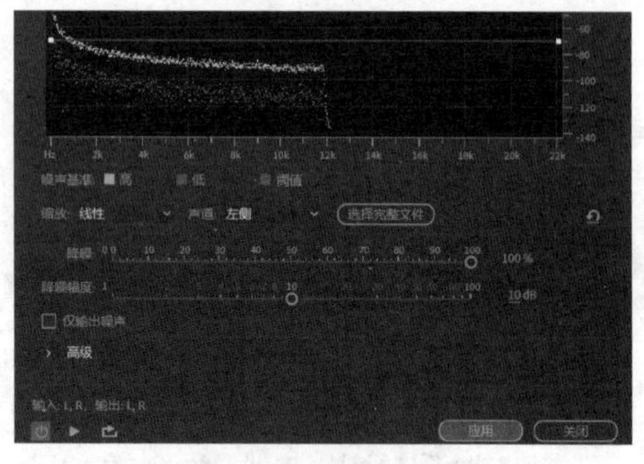

图4-39 降噪处理(1)

STEP 05 再次选择【效果】/【降噪/恢复】/【降噪（处理）】命令，打开“效果 - 降噪”对话框，选择音频文件中开始处的噪声波形区域，单击对话框中的捕捉噪声样本按钮，如图4-40所示。

STEP 06 在对话框中单击选择完整文件按钮，设置为默认的“降噪”和“降噪幅度”参数，单击应用按钮，如图4-41所示。

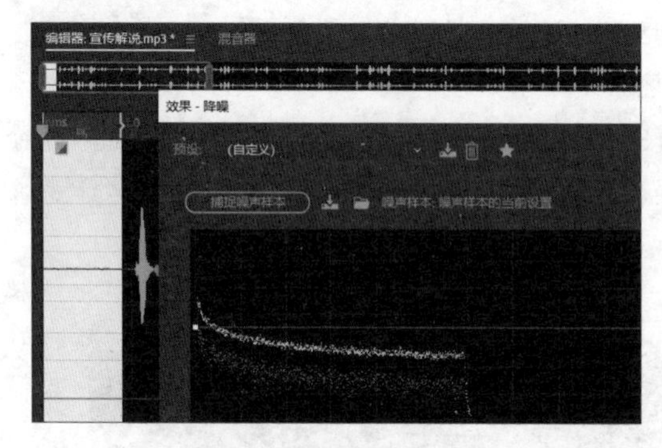

图4-40 捕捉噪声样本(2)

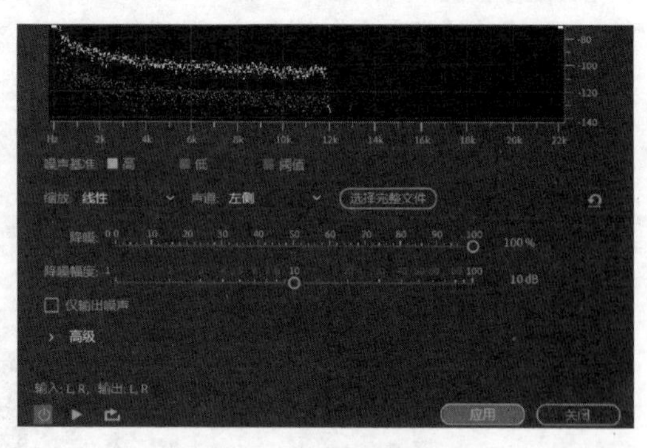

图4-41 降噪处理(2)

疑难解答

为什么降噪后音频效果会变得很差?

对音频进行降噪处理时，首先需要选择具有代表性的噪声，且尽量使选择的噪声不含有夹杂的音频内容，然后以该噪声为样本，对整个音频文件进行降噪处理。因此，如果噪声样本选择的是包含音频内容的区域，降噪后就可能影响音频效果。另外，降噪时，若将“降噪”和“降噪幅度”参数的数值设置过大，并经过多次降噪处理后，也可能影响音频原有的效果。

STEP 07 选择【效果】/【混响】/【混响】命令，打开“效果 - 混响”对话框，在“预设”下拉列表中选择“稠化”选项，分别将衰减时间、预延迟时间和扩散参数设置为“200ms”“5ms”“1000ms”，单击应用按钮，为音频添加“混响”效果，如图4-42所示。

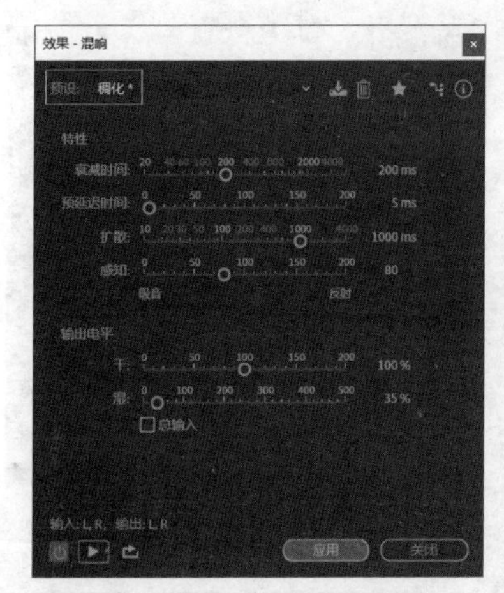

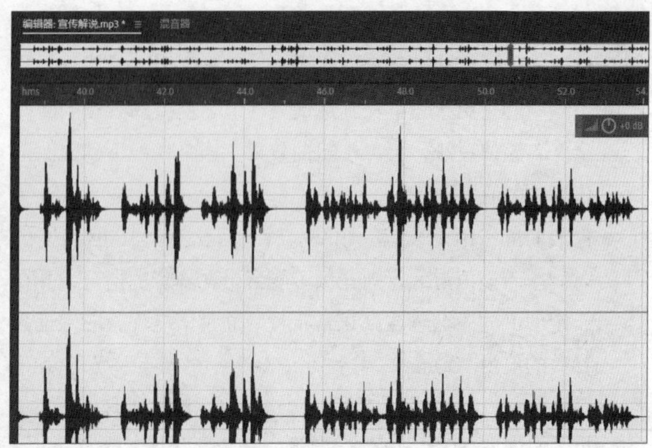

图4-42　添加并设置“混响”效果

STEP 08 选择【效果】/【延迟与回声】/【回声】命令，打开“效果 - 回声”对话框，将左右声道的延迟时间、反馈和回声电平参数分别设置为“100.00毫秒”“50%”“100%”，单击应用按钮，为音频添加“回声”效果，如图4-43所示。

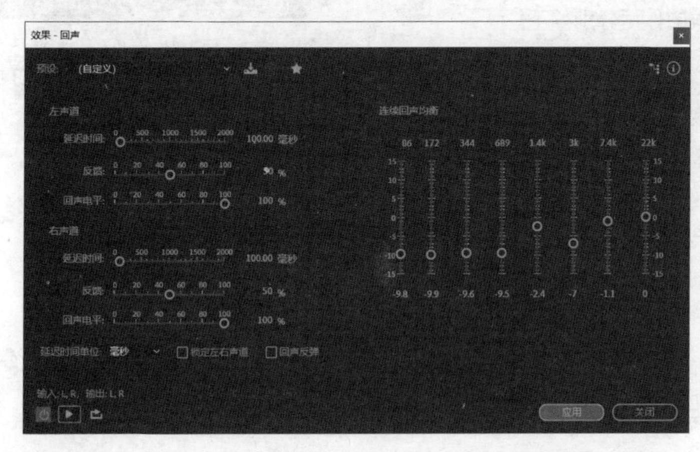

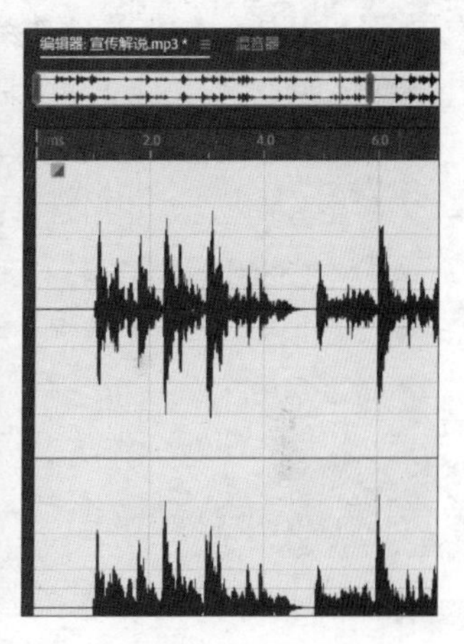

图4-43　添加并设置“回声”效果

STEP 09 按空格键试听音频效果，确认无误后保存文件。

4.3.2 设置音量大小

在Audition中设置音频的音量大小主要就是调整波形的振幅。除了使用“增幅”效果提高或降低音频的整体音量外，常用的调整音量大小的效果还有“强制限幅”和“标准化（处理）”。

1.“强制限幅”效果

“强制限幅”效果能够将波形幅度强制限定在一定范围内，以确保音频中的内容不会出现过大或过小的音量。选择【效果】/【振幅与压限】/【强制限幅】命令，打开“效果 - 强制限幅”对话框，如图4-44所示。其中，各参数的作用分别如下。

- **最大振幅**：用于控制最大音量，起始值为0dB。若将其调整至-10dB，则超过-10dB的音量将不会显示。

- 输入提升：用于控制最小音量，起始值为 0dB。若将其调整至 10dB，则低于 10dB 的音量将不会显示。
- 预测时间：用于设置在到达最大峰值之前减弱音频的时间量。若该值过小，会出现扭曲效果。通常情况下，应保证该参数的值大于 5ms。
- 释放时间：用于设置音频减弱后向回反弹至 12dB 所需的时间。若该值过大，则音频可能会出现静音的情况，并在一定时间内不会恢复到正常音量。通常情况下，应保证该参数的值为 100ms。
- “链接声道”复选框：勾选该复选框可以链接所有声道的响度，以保持立体声或环绕声平衡。

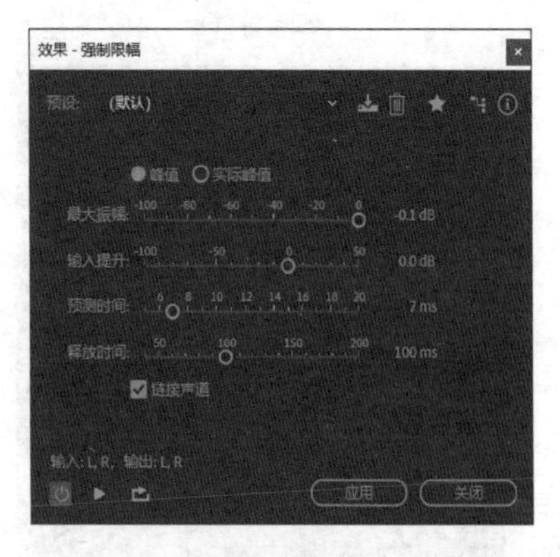

图 4-44 “强制限幅”效果的参数设置

2. “标准化（处理）”效果

如果采集的音频文件出现音量忽大忽小的情况，就可以使用“标准化（处理）”效果将音量调整得更加一致。选择【效果】/【振幅与压限】/【标准化（处理）】命令，打开“标准化”对话框，如图4-45所示。其中，各参数的作用分别如下。

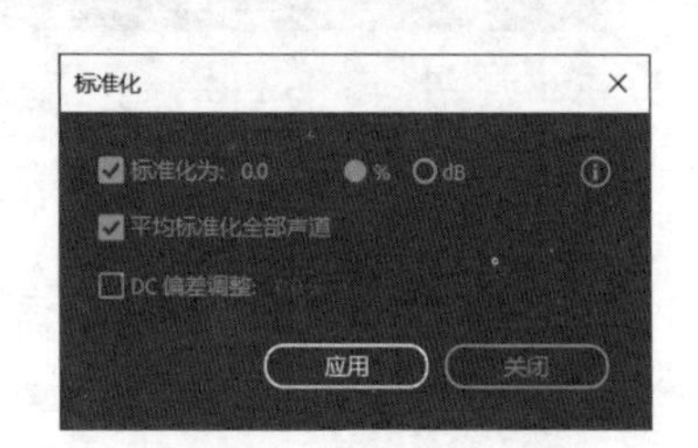

图 4-45 “标准化(处理)”效果的参数设置

- “标准化为”复选框：勾选该复选框可调整波形的整体振动幅度，也就是调整音量大小，其后的文本框(单击 0.0 位置将显示插入点)用于设置具体的参数值。
- “平均标准化全部声道”复选框：勾选该复选框将对所有声道中的振幅做平均处理。
- “DC 偏差调节”复选框：勾选该复选框可调整波形的中心线位置，进而控制左右声道的标准化效果；在其后的文本框中可输入中心线偏移的精确数值。

4.3.3 降噪处理

除非在专业的录音环境下，否则采集到的音频往往都会包含一些不必要的噪声，因此对音频进行降噪处理是使用Audition时非常普遍的操作。进行降噪处理时，首先需要选择噪声样本，然后以该样本来捕捉噪声数据，最后选择全部音频文件，通过设置“降噪（处理）”效果中的“降噪”和“降噪幅度”参数来实现降噪效果。这里将介绍进一步在该效果中调整控制曲线进行降噪的方法。

选择【效果】/【降噪/恢复】/【降噪（处理）】命令，打开“效果 - 降噪”对话框，选择噪声波形并捕捉为噪声样本后，就可以在样本预览图中调整控制曲线。其中，在曲线上单击可添加控制点，拖曳控制点可调整曲线形状。黄色区域（最上层）表示高振幅噪声，绿色区域（中间层）表示阈值，红色区域（最底层）表示低振幅噪声，如图4-46所示。需要注意的是，降噪时只会处理低于阈值的部分。

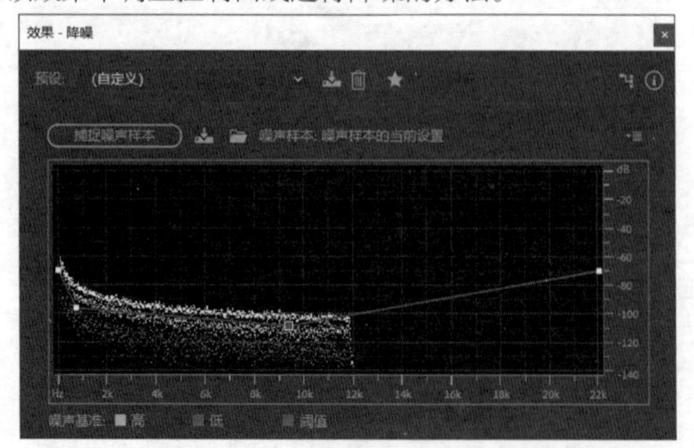

图 4-46 调整降噪控制曲线

4.3.4 设置延迟与回声

“延迟”效果可以在数毫秒之内相继重复出现单独的原始信号副本；“回声”效果是在时间上延迟得足够长的声音，以便每个回声听起来都是清晰的原始信号副本。换句话说，延迟和回声效果都是通过在某个时间内复制原始信号来达到延迟或回声效果，区别在于前者的时间短，后者的时间长，临场感更强烈。

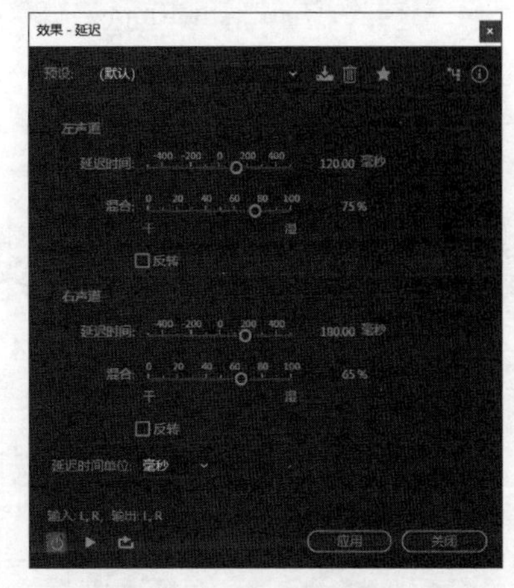

图4-47 “延迟”效果的参数设置

选择【效果】/【延迟与回声】/【延迟】命令将打开“效果 - 延迟”对话框，如图4-47所示。其中部分参数的作用如下。

- 延迟时间：左声道和右声道中均有延迟时间，若延迟时间的参数均为 0，此时没有延迟效果；若将参数调整至正数，则延迟参数对应的时间；若将参数调整至负数，则提前参数对应的时间。
- 混合：用于设置最终输出经过处理的信号与原始的信号混合的比率。若设置为 50，则平均混合；若大于 50，则经过处理的信号占比更高；若小于 50，则原始的信号占比更高。

选择【效果】/【延迟与回声】/【回声】命令将打开“效果 - 回声”对话框，如图4-48所示。其中部分参数的作用如下。

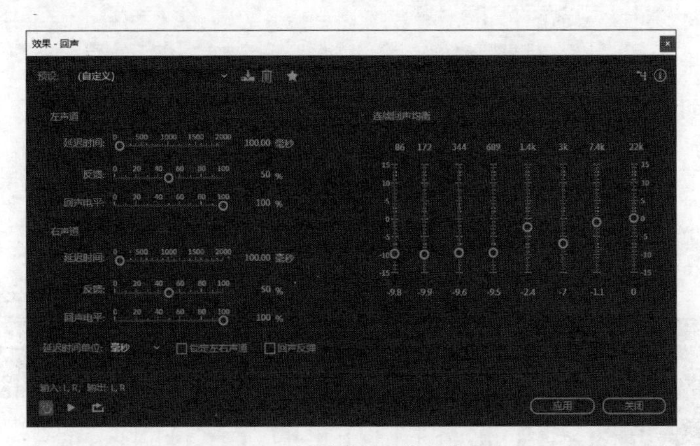

图4-48 “回声”效果的参数设置

- 反馈：用于确定回声的衰减比率，每个后续的回声都比前一个回声以某个百分比减小。衰减设置为 0% 时不会产生回声，衰减设置为 100% 时则产生不会变小的回声。
- 回声电平：用于设置在最终输出中与原始（干）信号混合的回声（湿）信号的百分比。

4.3.5 添加混响

混响即声音从障碍物（如墙壁、屋顶、地板等）上反弹形成的效果，为音频添加“混响”效果可以使音频更加真实和丰富。选择【效果】/【混响】/【混响】命令，打开“效果 - 混响”对话框，如图4-49所示。其中部分参数的作用如下。

- 衰减时间：用于设置混响逐渐减少至无限所需的毫秒数。小空间混响效果建议使用低于 400ms 的值；中型空间混响效果建议使用 400ms ～ 800ms 的值；大空间混响建议使用高于 800ms 的值。
- 预延迟时间：用于指定混响形成最大振幅所需的毫秒数。一般情况下，将该值设置为衰减时间的 10% 左右会使混响听起来更为真实。
- 扩散：用于模拟声音在自然状态下反弹后被吸收的效果。较快的吸收时间可以模拟人或物较多的空间；较慢的吸收时间可以模拟人或物较少的空间。
- 感知：用于更改空间内的反射特性。该值越低，创造的混响越平滑；该值越高，创造的混响变化越多。

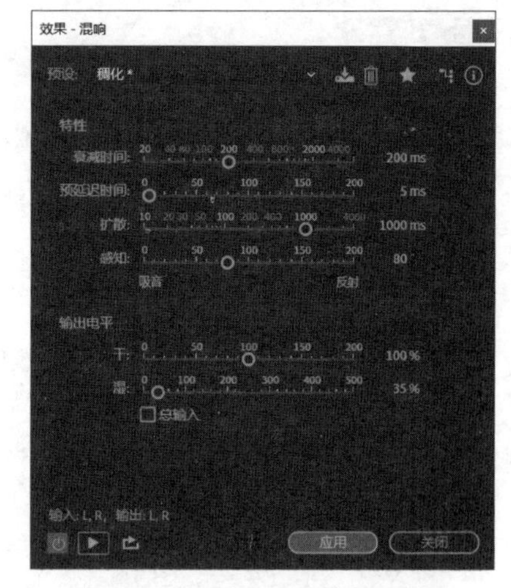

图 4–49 “混响”效果的参数设置

4.3.6 课堂案例——制作卡通人物音频

案例说明：某书城为了更好地推广童话读物，需要在该专卖区域播放卡通人物的声音，以吸引客户的注意。现需要将工作人员按照剧本录制的配音调整为具有卡通效果的音频。

视频教学：制作卡通人物音频

知识要点：强制限幅、音高换挡器、伸缩与变调。

素材位置：素材\第4章\卡通配音.mp3

效果位置：效果\第4章\卡通配音.mp3

具体操作步骤如下。

STEP 01 启动Audition，打开“卡通配音.mp3”音频素材，选择【效果】/【振幅与压限】/【强制限幅】命令，打开“效果 - 强制限幅”对话框，在“预设”下拉列表中选择“重”选项，将最大振幅设置为“-2.0dB”，单击 应用 按钮，添加并设置“强制限幅”效果如图4-50所示。

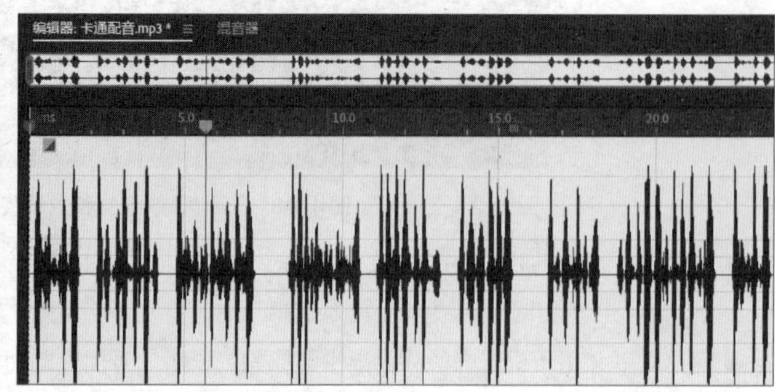

图 4–50 添加并设置“强制限幅”效果

STEP 02 选择【效果】/【时间与变调】/【音高换挡器】命令，打开“效果 - 音高换挡器”对话框，在“预设”下拉列表中选择“愤怒的沙鼠*”选项，将半音阶设置为“8”，将音分设置为“50”，单击 应用 按钮，添加并设置“音高换挡器”效果如图4-51所示。

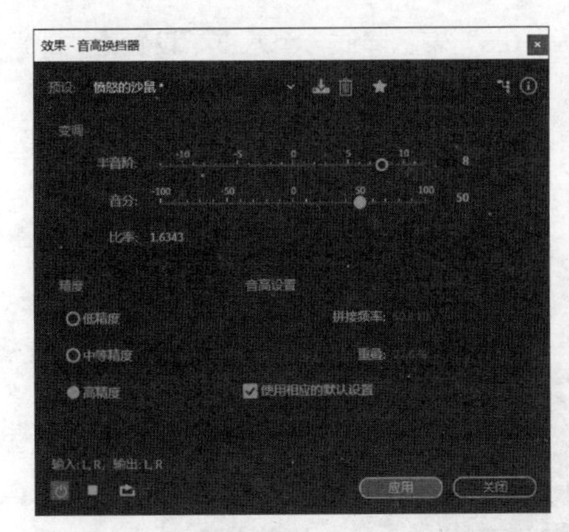

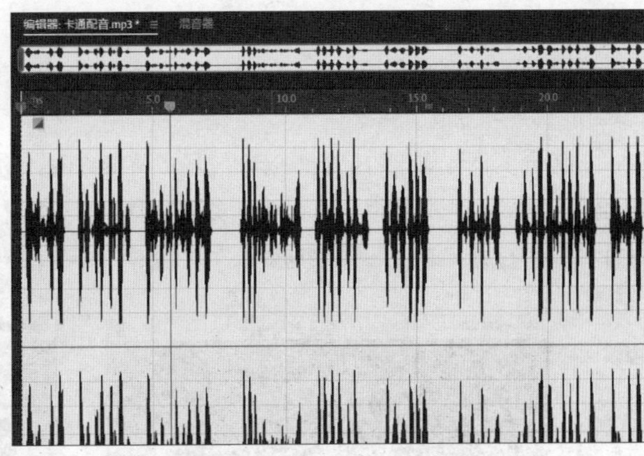

图 4-51　添加并设置“音高换挡器”效果

STEP 03 选择【效果】/【时间与变调】/【伸缩与变调（处理）】命令，打开“效果 - 伸缩与变调”对话框，将新持续时间设置为“30”，将变调设置为“5半音阶”，单击 应用 按钮，添加并设置“伸缩与变调”效果如图4-52所示。

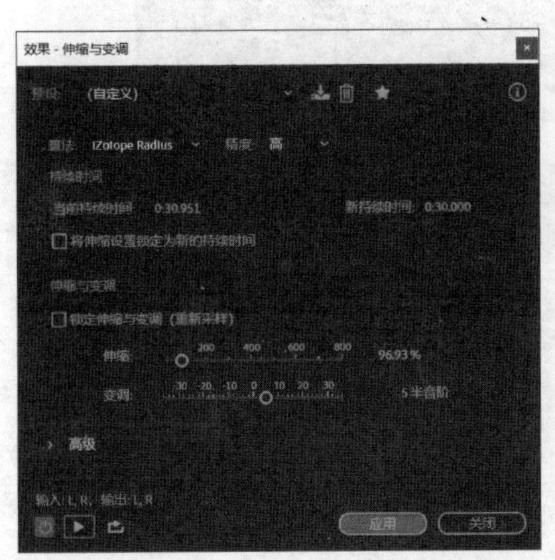

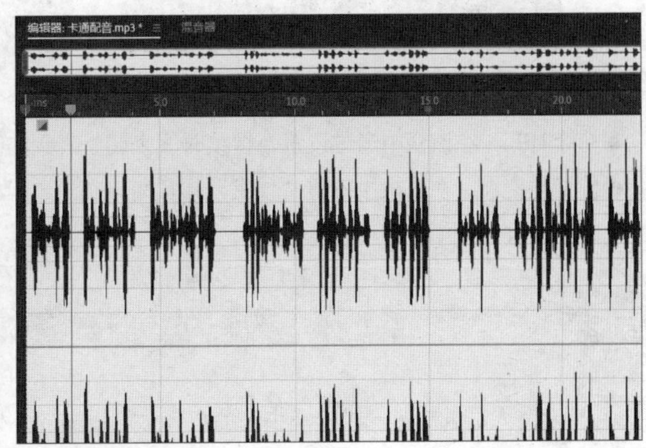

图 4-52　添加并设置“伸缩与变调”效果

STEP 04 按空格键试听音频效果，确认无误后保存文件。

4.3.7 设置变调

变调是通过对音频文件进行处理，改变声音的音色、音阶和速度，从而达到将声音变换成不同效果的一种技巧，常通过“音高换挡器”和“伸缩与变调”来进行处理。

1. “音高换挡器”效果

“音高换挡器”效果是常用的一个变调效果，选择【效果】/【时间与变调】/【音高换挡器】命令，打开“效果 - 音高换挡器”对话框，如图4-53所示。其中用于设置变调的3个参数的作用如下。

- 半音阶：用于实现变调。设置为“0”表示原始音调；设置为“+12”表示将半音阶高出一个八度；设置为“-12”表示将半音阶降低一个八度。
- 音分：用于按半音阶的分数调整音调。设置为“-100”表示降低一个半音；设置为“+100”表示高出一个半音。

- **比率**：用于确定变换和原始频率之间的关系。设置为“0.5”表示降低一个八度；设置为“2.0”表示高出一个八度。

2. “伸缩与变调”效果

“伸缩与变调”效果可以更改音频信号、节奏或两者的音调。例如，将一首歌变调到更高的音调而无须更改节拍或使用其减慢语速而无须更改音调等。选择【效果】/【时间与变调】/【伸缩与变调（处理）】命令，打开“效果 - 伸缩与变调”对话框，如图4-54所示。其中部分参数的作用如下。

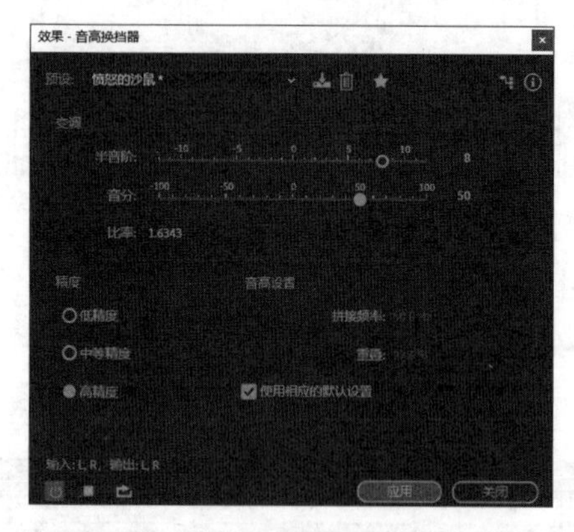

图4-53 “音高换挡器”效果的参数设置

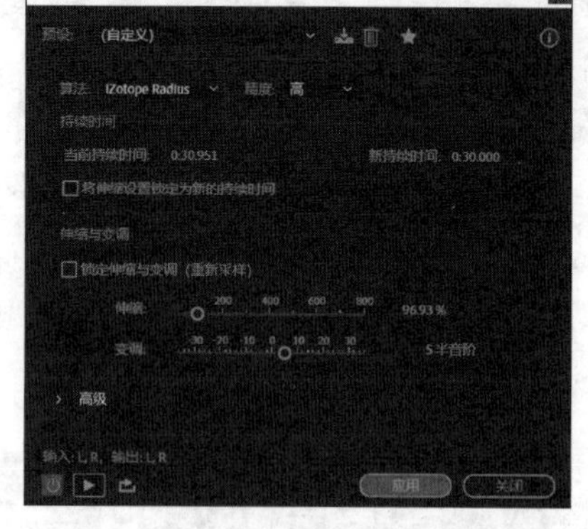

图4-54 “伸缩与变调”效果的参数设置

- **持续时间**：在该栏中通过设置新持续时间来调整音频的时长。
- **伸缩与变调**：在该栏中设置“伸缩”参数可以缩短或延长音频；设置“变调”参数可以上调或下调音频的音调。

技能提升

某设计人员录制了一段夜晚虫鸣的声音，假设需要你处理这一段声音，你将如何处理?

（1）请将整个处理思路和环节填写在下方横线上（提示：重点从音量大小、噪声、延迟、混响等方面入手）。

____

____

（2）根据上述思路，对该音频素材（素材位置：素材\第4章\虫鸣.mp3）进行处理和设置（效果位置：效果\第4章\虫鸣.mp3）。

合成音频

Audition的多轨编辑模式非常适用于音频的合成操作，即在多个轨道中编辑各个轨道的音频内容，然后将所有轨道的音频合成为新的音频文件，最终得到需要的音频内容。

4.4.1 课堂案例——制作广告背景音乐

案例说明：某家具销售公司拍摄了一则宣传广告，现需要为该广告制作背景音乐，要求背景音乐内容既包括应景的音乐效果，同时还包括该公司的宣传口号声音。

知识要点：新建多轨会话、切断音频、移动音频、淡出音频、合成音频。

素材位置：素材\第4章\广告背景音乐素材\

效果位置：效果\第4章\广告背景音乐.mp3

设计素养

广告背景音乐的主要作用是表现或烘托广告主题，在创作时一方面需要力求简洁，另一方面需要易于受众记忆，让受众哪怕是在闭着眼睛的情况下，听到这段音乐也能马上知道是哪个企业或产品。因此制作这类音频时，应该以此方向为目标，最大限度地提高广告的效应。

具体操作步骤如下。

视频教学：
制作广告背景音乐

STEP 01 启动Audition，将“广告背景音乐素材”文件夹中的3个音频素材导入“文件”面板中。

STEP 02 选择【文件】/【新建】/【多轨会话】命令，打开“新建多轨会话”对话框，将会话名称设置为“合成”，将采样率、位深度和混合参数设置为“48000”“32（浮点）”“立体声”，单击 确定 按钮，如图4-55所示。

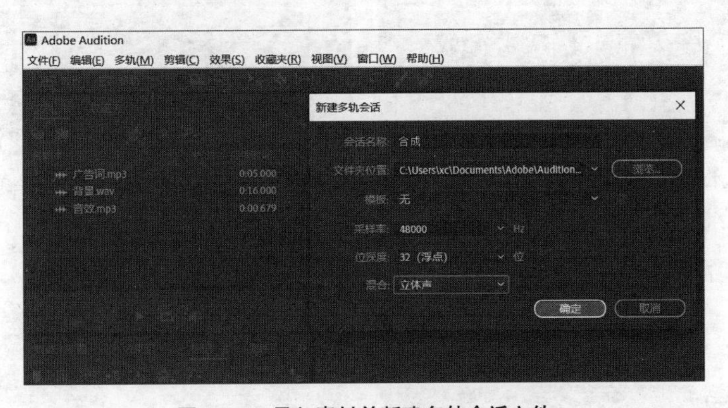

图4-55　导入素材并新建多轨会话文件

STEP 03 在“文件”面板中将“背景.wav”选项拖曳到“编辑器”面板的“轨道1”上，释放鼠标自动打开提示对话框，提示由于采样率不匹配，可以根据多轨会话的采样率制作一个相同采样率的文件副本，单击 确定 按钮，如图4-56所示。

STEP 04 按相同方法将另外两个音频素材添加到“编辑器”面板的“轨道2”和“轨道3”上并允许制作一个相同采样率的文件副本。

STEP 05 按住【Ctrl】键，在“文件”面板中加选原来的3个音频素材选项，在其上单击鼠标右键，在弹出的快捷菜单中选择【关闭所选文件】命令，如图4-57所示。

图4-56　匹配采样率

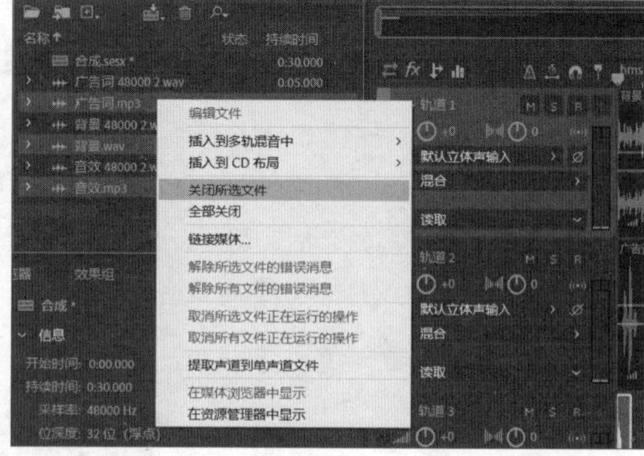

图4-57　关闭所选文件

STEP 06 利用"移动工具"按钮将"轨道1"上的音频文件向右拖曳，使其不与下方其他轨道上的音频文件有重叠的区域。利用"切断所选剪辑工具"按钮在图4-58所示位置单击，切断音频。

STEP 07 在切断后音频的右侧持续时间为9秒的地方再次切断音频，并利用"移动工具"按钮选择切断后音频的左、右两侧音频，按【Delete】键删除，仅保留中间的部分，如图4-59所示。

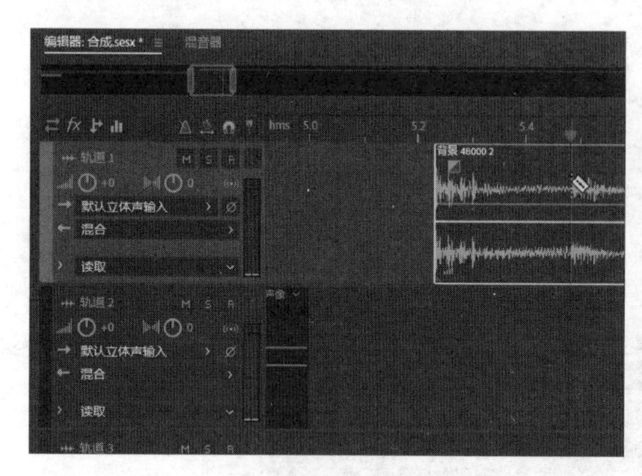

图4-58　切断音频

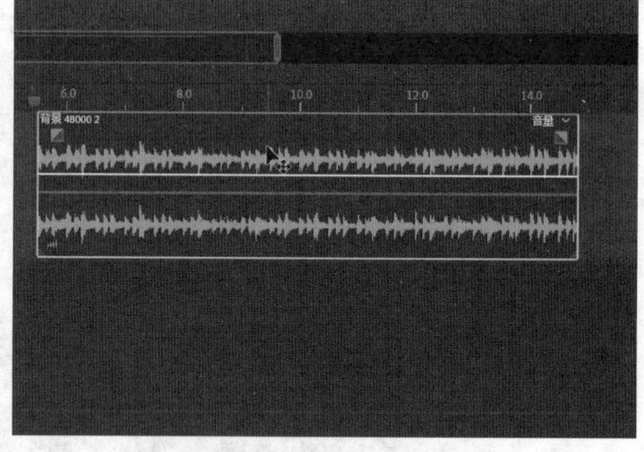

图4-59　保留下的音频部分

STEP 08 利用"移动工具"按钮拖曳3个轨道上的音频，位置如图4-60所示，然后为"轨道1"上的音频添加"线性淡出"效果，淡出的起始位置与"轨道2"音频的左侧大致对齐。

STEP 09 选择【多轨】/【将会话混音为新文件】/【整个会话】命令，如图4-61所示。

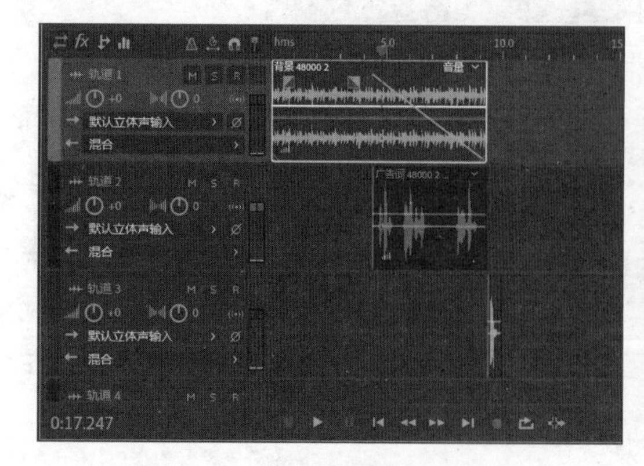

图4-60　移动音频并添加淡出效果

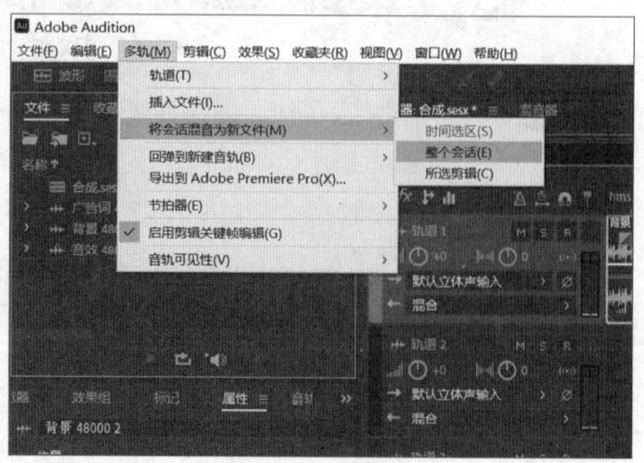

图4-61　混音为新文件

STEP 10 打开“另存为”对话框，将文件名设置为“广告背景音乐.mp3”，在“格式”下拉列表中选择“MP3音频（*.mp3）”选项，单击 确定 按钮完成音频的合成操作，保存音频文件，如图4-62所示。

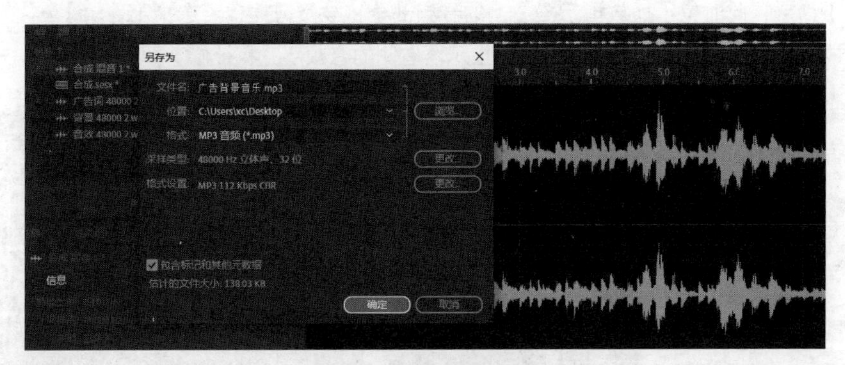

图4-62　保存音频文件

> **提示**
>
> 在多轨编辑模式下，如果需要对某个轨道上的音频进行单独处理，此时，可双击该音频切换到波形编辑状态。根据需要对该音频进行编辑后，单击工具箱中的 多轨 按钮或双击“文件”面板中创建的多轨会话选项，均可重新切换回多轨编辑模式。

4.4.2 在多轨编辑模式下编辑音频

多轨编辑模式适用于音频的合成处理。在该模式下，Audition提供了一些与波形编辑模式不同的编辑操作和技巧。掌握这些操作和技巧，有助于提高音频的编辑效率。

1. 对齐音频

在多轨编辑模式下开启“对齐”功能，可以使各轨道上的音频文件自动对齐到需要的位置，其操作方法：选择【编辑】/【对齐】/【启用】命令，使该命令左侧出现✓标记，该标记表示该功能处于启用状态。此后，拖曳任意轨道上的音频文件时，该音频都会通过“吸附”的方式自动快速对齐到其他音频文件的边界处或播放指示器的位置，这样有效地提高了调整音频位置的操作效率，如图4-63所示。

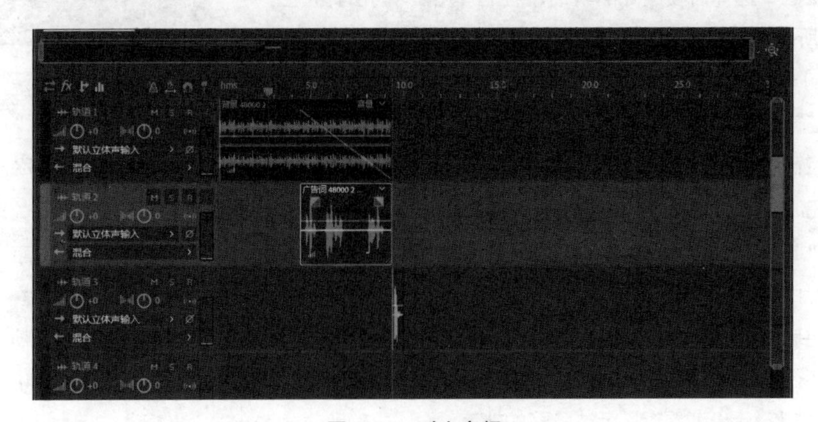

图4-63　对齐音频

2. **修剪音频**

修剪音频是指将音频内容按照实际需要进行调整，快速修剪掉不需要的部分，其操作方法：选择某个轨道上的音频文件，将播放指示器拖曳到需要修剪的位置，若选择【剪辑】/【修剪】/【修剪入点到播放指示器】命令，此时位于播放指示器左侧的音频部分将被修剪掉；若选择【剪辑】/【修剪】/【修剪出点到播放指示器】命令，则此时位于播放指示器右侧的音频部分将被修剪掉，效果如图4-64所示。

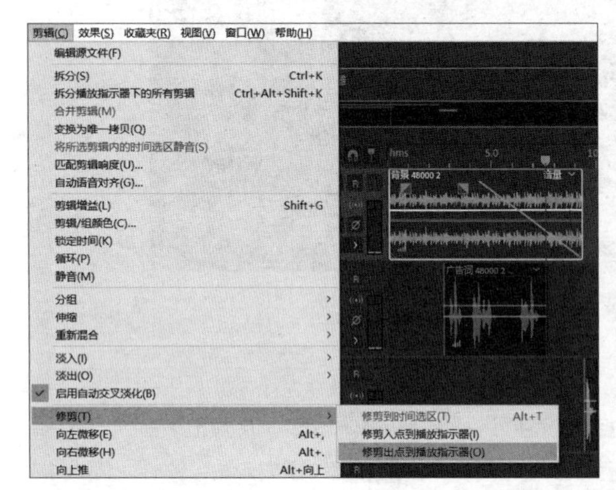

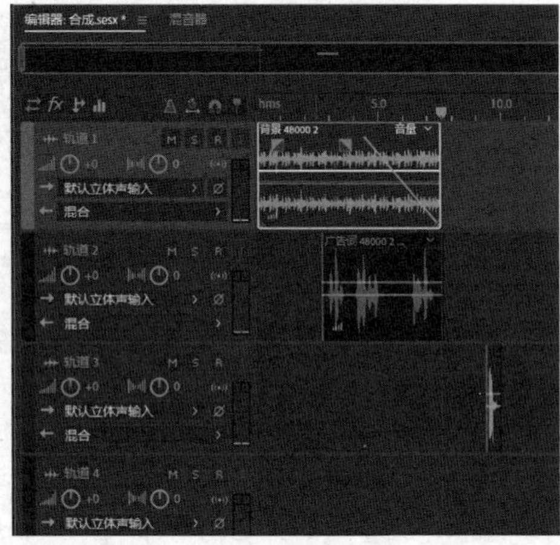

图4-64　修剪出点到播放指示器的效果

4.4.3 管理轨道

管理轨道的基本操作包括添加轨道、删除轨道、重命名轨道、移动轨道，以及隐藏和显示轨道等内容。掌握这些操作，有助于更好地利用轨道来合成音频。

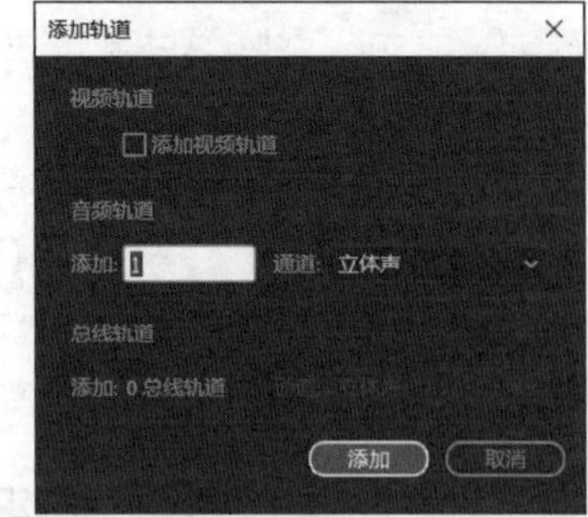

图4-65　添加轨道

- 添加轨道：选择【多轨】/【轨道】/【添加轨道】命令，打开“添加轨道”对话框，在“音频轨道”栏的“添加”数值框中输入需要添加的轨道数量，在右侧的“通道”下拉列表中设置添加的声道类型，单击 添加 按钮，如图 4-65 所示，便可在当前选择的轨道下方添加指定数量和类型的音频轨道。
- 删除轨道：选择需要删除的轨道，若选择【多轨】/【轨道】/【删除所选轨道】命令，即可删除选择的轨道；若选择【多轨】/【轨道】/【删除空轨道】命令，则可删除“编辑器”面板中所有的空轨道。
- 重命名轨道：单击“编辑器”面板中需要重命名的轨道名称，便可重新输入轨道的名称，按【Enter】键可完成重命名操作。
- 移动轨道：向上或向下拖曳轨道左侧的长条形颜色块，当出现目标位置线时，释放鼠标可将该轨道移动到目标位置。
- 隐藏和显示轨道：选择【窗口】/【轨道】命令打开“轨道”面板，其中将显示当前所有轨道选项，单击某个轨道选项左侧的标记，使其变为标记，表示该轨道处于隐藏状态，如图 4-66 所示，再次单击标记可重新显示被隐藏的轨道。

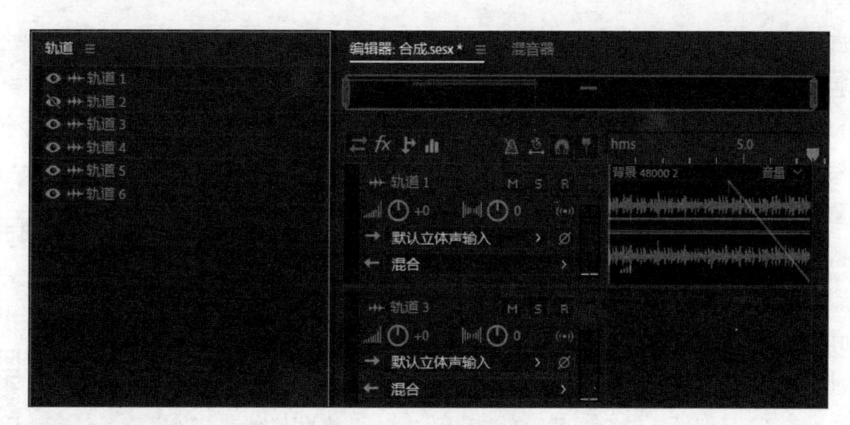

图4-66　“轨道”面板

技能提升

甲认为，Audition的波形编辑模式和多轨编辑模式区别不大，都可以完成对音频文件的修剪、复制等操作，因此在哪个模式下编辑都是一样的。乙认为，波形编辑模式更有利于对单个音频的内容进行编辑和处理，待处理好所有音频后，才利用多轨编辑模式进行混音合成，因此多轨编辑模式主要用于混音合成。

假设你需要利用3个原始的音频素材进行合成操作，根据你对波形编辑模式和多轨编辑模式的认识，并结合上述两位的见解，以处理并合成这3个素材为例，说一说两种音频编辑模式的功能和作用，以及自己的操作方法。

4.5 课堂实训

4.5.1 制作并处理产品解说音频

1. 实训背景

好梦公司推出了一款床垫产品，并在其卖场单独开设了一个展区。为了增强展区的感染力，该公司将打造全方位的试听体验，在展区墙面铺设液晶屏幕，循环放映产品宣传广告，同时让整个展区循环播放与产品相关的解说音频，并且让解说伴随着舒缓的背景音乐和生动的自然环境声音，为消费者在挑选产品的过程中提供更好的购物体验。

2. 实训思路

（1）录制产品解说音频。根据公司推出的产品情况，在Audition中录制一段与之相关的产品解说音频。本实训已经录制完成该音频，名为“产品解说.mp3”。

（2）处理产品解说音频。对产品解说音频进行适当处理，包括降噪、调整音量大小、添加混响和延迟等，使音频听起来更干净、舒适、空灵。

（3）合成音频。将其他音频素材与“产品解说.mp3”音频进行合成，通过舒缓的背景音乐以及虫鸣鸟叫的自然环境音效，让整个产品解说音频更加自然、动听。

素材位置：素材\第4章\产品解说音频素材\

效果位置：效果\第4章\产品解说音频.mp3

3. 步骤提示

STEP 01 启动Audition，导入3个音频素材，双击“产品解说.mp3”选项，利用“降噪”功能处理掉该音频中的噪声。

视频教学：
制作并处理
产品解说音频

STEP 02 将“产品解说.mp3”音频的音量利用“增幅”效果增加“+6dB”。

STEP 03 利用“混响/环绕声混响”效果为“产品解说.mp3”音频应用“大厅”混响效果。

STEP 04 创建多轨会话，将3个音频素材添加到不同的轨道上，并将“音乐.mp3”音频所在轨道的音量增加到“10dB”，如图4-67所示。

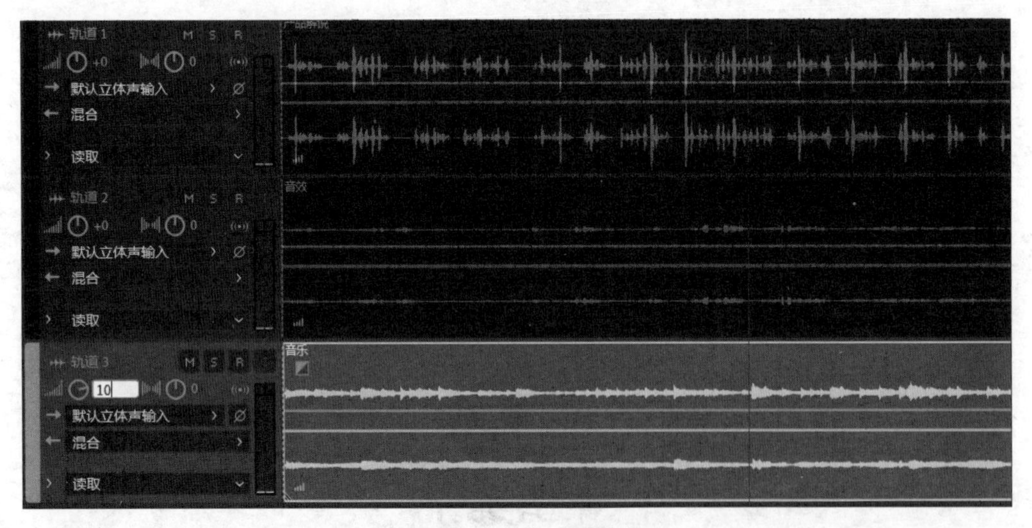

图4-67 在轨道上调整音量

STEP 05 启用“对齐”功能，使3个素材左端位于轨道起始位置，然后通过拖曳素材右侧边界的方式，将两个更长的音频素材的右端对齐，且超出“产品解说.mp3”音频大约5秒。

STEP 06 为两个音频的超出部分添加“线性淡出”效果，然后试听整个多轨内容，确认无误后将其混音为新文件。

STEP 07 将混音的新文件保存为“产品解说音频.mp3”文件。

4.5.2 制作并合成周年庆音频

1. 实训背景

某公司即将在酒店举行成立10周年的庆祝活动，为了增强活动中游戏环节的欢乐氛围，需要在游戏过程中全程播放欢快的背景音乐，同时在背景音乐中增加一些加油打气的音效或人声，鼓励员工们更好地进行游戏。

2. 实训思路

（1）处理背景音乐。为了迎合公司周年庆的欢乐气氛，背景音乐应该选择同样欢乐的音频，同时由于音频主要应用于游戏环节，因此音频不仅要欢快，而且要有较强的节奏感，让员工们能够更加积极地进行游戏。

（2）添加音效。为了更好地烘托出现场的氛围，这里可以在背景音乐中添加各种声音效果，如加油声、鼓掌声、欢呼声等，进一步体现游戏现场的欢乐氛围，同时还能让员工们在游戏过程中感到被鼓励。

（3）合成音频。将各种音效与背景音乐合成在一起，让音频在播放时能够体现出欢快的庆祝气氛。

素材位置：素材\第4章\周年庆音频素材\

效果位置：效果\第4章\周年庆音频.mp3

3. 步骤提示

STEP 01 启动Audition，导入所有音频素材，双击“音乐.mp3”选项，选择1分11秒4帧～3分29秒的波形区域，将其裁剪并保留下来。

视频教学：
制作并合成
周年庆音频

STEP 02 按相同方法将“加油.mp3”音频前1.9秒的内容删除，然后提高音频的振幅，增大其音量。

STEP 03 保留“鼓掌.mp3”音频1～10秒的内容。保留“欢呼.mp3”音频0.2秒～3.4秒的内容，适当降低音频的振幅，减小其音量。

STEP 04 创建多轨会话，将4个音频素材添加到不同的轨道上，然后通过复制并粘贴的方式复制多个音效，再如图4-68所示进行排列。

图4-68 添加音频素材

STEP 05 试听整个多轨内容，确认无误后将其混音为新文件。将混音的新文件保存为“周年庆音频.mp3”文件。

4.6 课后练习

练习 1 制作闹钟铃声

某企业为了让职工能够准时上岗，在职工宿舍统一安装了太阳能喇叭广播系统。现需要为该系统添加一段闹钟铃声，提醒职工在上午和中午时能够准时到岗。制作时，可通过处理噪声、降低振幅、调整持续时间和添加混响效果等操作，让闹钟铃声变得更加婉转动听。

素材位置：素材\第4章\闹钟.mp3

效果位置：效果\第4章\闹钟.mp3

练习 2 制作短视频配音

某短视频创作者要为自己制作的一条短视频配音，现需要对该配音进行处理。制作时，首先需要编辑处理配音内容，然后需要为其添加适当的背景音乐，将其合成为一段优质的音频。

素材位置：素材\第4章\短视频配音素材\

效果位置：效果\第4章\短视频配音.mp3

第5章 使用Premiere制作视频

视频是携带信息最丰富、表现力最强的一种数字媒体。当一段视频配有背景音乐时，它就同时具有了视觉和听觉的特性。也正是因为这些特性，视频在互联网上的传播范围越来越广。如今，全民参与的短视频就是有利的证明。通过对图像、音频、视频等素材进行编辑，我们可以制作出高质量的数字视频作品，并将其应用在多个领域。

学习目标

◎ 掌握剪辑素材的操作

◎ 掌握设置视频效果和转场的操作

◎ 掌握添加字幕和音频的操作

素养目标

◎ 提高用视频表达想法、情绪和展现内容的能力

◎ 能够充分利用视频的作用向公众传达积极的信息

案例展示

产品推广视频画面

环境保护视频画面

电视广告视频画面

5.1 视频与Premiere基础

Premiere是专业的视频制作和编辑软件。在具体利用该软件制作视频之前，我们有必要进一步了解视频这种数字媒体类型以及Premiere的基础知识。

5.1.1 场频、行频和扫描方式

场频、行频等都是视频这种数字媒体类型的重要参数，与扫描方式一样都直接影响着视频的质量。

- 场频：又称刷新频率，指显示屏每秒所能显示的图像次数，单位为赫兹（Hz）。场频越大，图像刷新的次数越多，图像显示的闪烁越小，画面质量就越高。过低的场频会导致画面有明显的闪烁感，不仅会降低画面质量，而且容易造成视觉疲劳。
- 行频：又称屏幕的水平扫描频率，以赫兹（Hz）为单位。行频越大，就意味着显示屏画面的分辨率越高，稳定性越好。
- 扫描方式：指摄像机通过光敏器件将光信号转换为电信号并形成视频信号的过程，一般分为隔行扫描和逐行扫描。其中，隔行扫描会首先扫描所有奇数行，然后扫描所有偶数行，最终构成一幅完整的画面；逐行扫描是从显示屏的左上角一行接一行地扫描到右下角。

5.1.2 视频的制式标准与时基

视频的制式标准决定着视频的成品能否播放，并且在Premiere中创建视频项目时，也会通过设置时基来确定视频的制式标准，因此有必要了解视频的制式标准与时基。

1. 制式标准

国际上流行的视频制式标准主要有美国国家电视系统委员会（National Television System Committee，NTSC）制式、逐行倒相（Phase Alteration Line，PAL）制式和顺序传送彩色和存储（Sequential Clolor and Memory，SECAM）制式。

- NTSC 制式：该制式规定的视频标准为每秒 30 帧，每帧 525 行，水平分辨率为 240 ～ 400 个像素点，采用隔行扫描，场频为 60Hz，行频为 15.634kHz，宽高比例为 4:3。
- PAL 制式：该制式规定的视频标准为每秒 25 帧，每帧 625 行，水平分辨率为 240 ～ 400 个像素点，采用隔行扫描，场频为 50Hz，行频为 15.625kHz，宽高比例为 4:3。
- SECAM 制式：该制式规定的视频标准为每秒 25 帧，每帧 625 行，水平分辨率为 240 ～ 400 个像素点，采用隔行扫描，场频为 50Hz，行频为 15.625kHz，宽高比例为 4:3。这些指标均与 PAL 制式相同，不同点主要在于色度信号的处理。SECAM 制式的特点是逐行依次传送两个色差信号，因而在同一时刻传输通道内只存在一个信号，不会出现串色现象。

2. 时基

时基在Premiere中主要用来指定计算每个编辑点的时间位置的时分。通常，24帧/秒用于编辑电影胶片，25帧/秒用于编辑PAL制式的视频和SECAM制式的视频，29.97帧/秒用于编辑NTSC制式的视频。

5.1.3 认识 Premiere 的操作界面

Premiere 是一款专业的视频制作与编辑软件。Premiere 2022的操作界面如图5-1所示，该界面主要由“操作模式”选项卡和各种面板组成。单击不同的“操作模式”选项卡中的选项可以切换操作模式，同时操作界面中各面板的组成状态也会发生变换。默认的操作模式为“编辑”模式，此时的界面左上角的部分主要有“源”面板、“效果控件”面板、“音频剪辑混合器”面板等；右上角为“节目”面板；左下角为“项目”面板、“媒体浏览器”面板、“库”面板等；右下角为“时间轴”面板（包括工具箱）。各面板也可以根据需要通过“窗口”菜单项在操作界面中显示或隐藏起来。

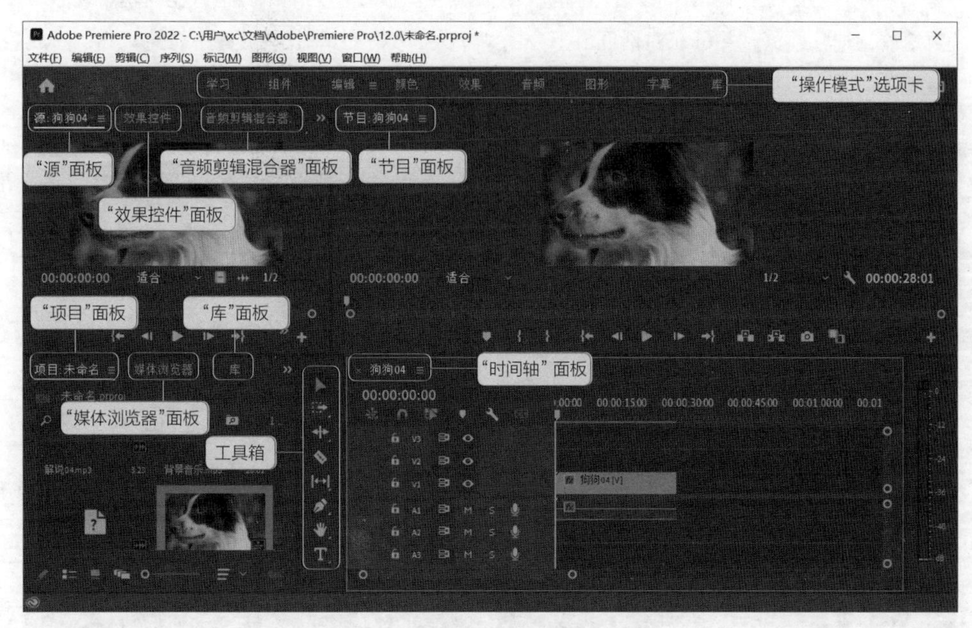

图5-1　Premiere 2022 的操作界面

下面介绍部分面板的作用。

- “源”面板：显示和控制“项目”面板中所选择的素材内容。
- “效果控件”面板：可以为各类素材添加和设置效果。
- “节目”面板：可以显示和播放“时间轴”面板中定位的素材内容。
- “项目”面板：可以显示添加到 Premiere 中的各种素材。
- “媒体浏览器”面板：可以浏览计算机中存储的各种素材。
- “时间轴”面板：可以添加 / 管理和剪辑视频、图像、字幕、音频等各种素材，是 Premiere 剪辑视频的核心区域之一。

5.1.4 Premiere 的基本操作

使用Premiere制作视频时，经常会涉及一些基本操作，本节将整理Premiere的基本操作以供学习参考。

1. 新建项目和序列

在Premiere中制作视频时，首先需要创建项目，然后在项目中创建序列。项目用于管理序列，序列则是管理视频内容的载体。一个项目可以包含一个或多个序列，序列除了可以管理视频内容外，其本身也可以作为素材添加到其他序列中。

- 新建项目：选择【文件】/【新建】/【项目】命令或按【Ctrl+Alt+N】组合键，打开“新建项目”对话框，如图5-2所示。在其中可设置项目的名称、保存位置和其他基本参数，完成后单击 确定 按钮。
- 新建序列：新建项目后，选择【文件】/【新建】/【序列】命令或按【Ctrl+N】组合键，将打开“新建序列”对话框，单击“设置”选项卡，在其中可设置序列的编辑模式、时基、视频参数、音频参数、视频预览，并可在对话框最下方的“序列名称”文本框中设置序列的名称，完成后单击 确定 按钮，如图5-3所示。

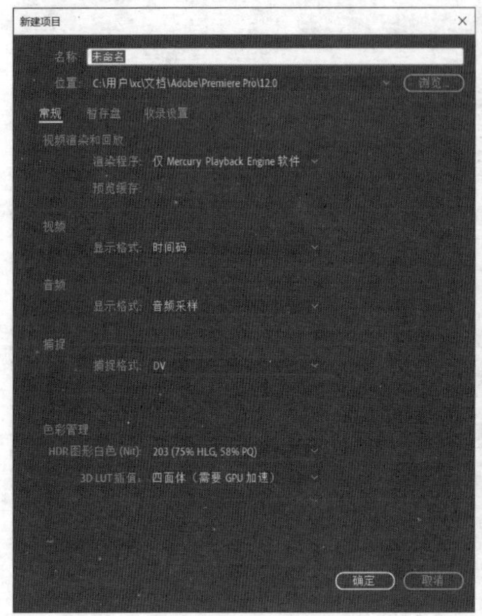

图5-2 新建项目

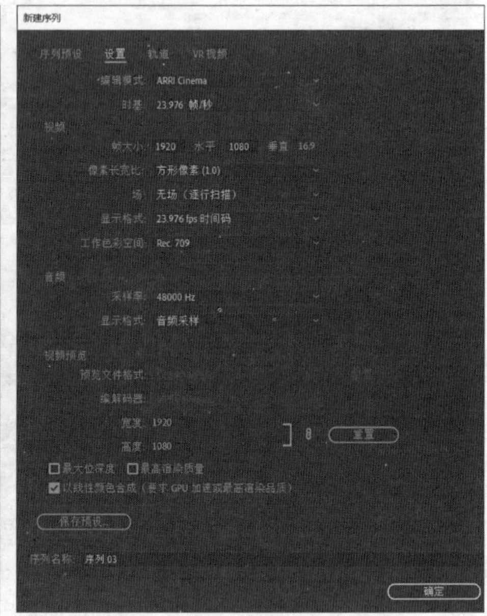

图5-3 新建序列

> **提示**
>
> 直接将素材拖曳到“时间轴”面板的轨道上，会自动新建与素材同名的序列。另外，新建序列后选择【序列】/【序列设置】命令，可在打开的对话框中修改序列参数。

2. 添加素材

制作视频时需要将各种素材添加到“项目”面板中，然后在“项目”面板中将需要编辑的素材添加到序列中。

- 将素材添加到项目：双击“项目”面板的空白区域、在该面板中单击鼠标右键并在弹出的快捷菜单中选择“导入”命令、选择【文件】/【导入】命令或按【Ctrl+I】组合键，均可打开“导入”对话框，选择需要添加的一个或多个素材，单击 打开(O) 按钮，如图5-4所示。

- 将素材添加到序列：在“项目”面板中选择需要添加的素材，将其拖曳到“时间轴”面板相应的轨道上，在素材移至目标位置后，释放鼠标完成添加到序列中的操作，如图 5-5 所示。

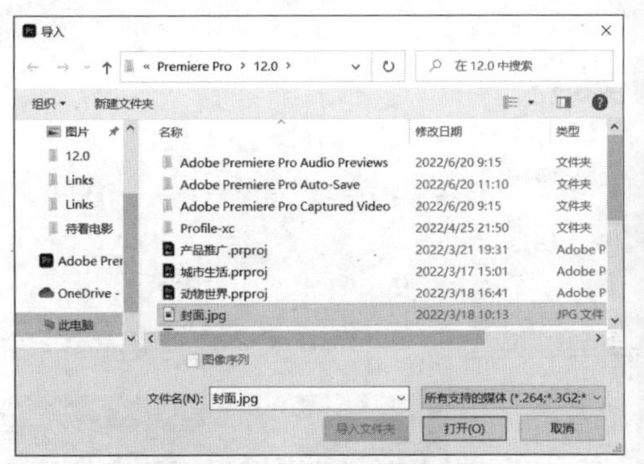

图 5-4 选择并导入素材

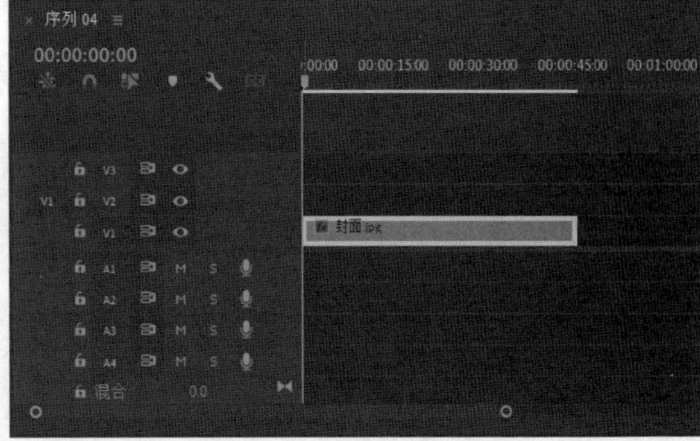

图 5-5 将素材添加到序列

3. 导出视频

视频制作完成后可以将其导出为指定的视频文件，其操作方法：选择【文件】/【导出】/【媒体】命令或按【Ctrl+M】组合键，打开“导出设置”对话框，在其中可以设置视频导出后的格式、制式、名称、保存位置等信息，完成后单击 导出 按钮，如图5-6所示。

图 5-6 设置视频文件的导出参数

> **技能提升**
>
> 使用手机录制一段10秒左右的视频（内容为自己的周末生活），将其传输到计算机上，并启动Premiere新建项目和序列，然后将该视频作为素材添加到“项目”面板和“时间轴”面板的轨道上。完成后将项目分别导出为“AVI”格式和“QuickTime”格式，对比导出的不同格式视频文件的大小和清晰度，直观地了解不同视频格式的区别。

剪辑视频素材

Premiere具有强大的视频剪辑功能，可以让用户将视频素材剪辑为自己需要的效果，并且Premiere的操作也非常容易上手，这一点也为用户剪辑出优秀的视频提供了基础保障。

5.2.1 课堂案例——制作产品推广视频

案例说明：某茶叶公司将要推广一种新茶，为了让消费者更容易接受该产品，该公司打算按照采茶、制茶、品茶的顺序，详细展现新茶的情况，让消费者了解产品。现需要利用若干视频素材和背景音乐，制作出一条产品推广视频，以便公司运营人员将其发布到短视频平台上。该视频的参考效果如图5-7所示。

知识要点：新建项目、导入素材、剪辑素材、导出视频。

素材位置：素材\第5章\产品推广素材\

效果位置：效果\第5章\产品推广.mp4、产品推广.prproj

效果预览

图5-7 参考效果

设计素养

短视频是当前非常热门的一种媒体形式。制作这类视频一定要把握视频时间短、内容衔接快、画面丰富、音乐选择合理等关键点，这样才能在短时间内吸引用户的注意。

具体操作步骤如下。

视频教学：制作产品推广视频

STEP 01 启动Premiere 2022，在显示的欢迎界面中单击左侧的 新建项目 按钮。

STEP 02 打开“新建项目”对话框后，在“名称”文本框中输入“产品推广”，单击 确定 按钮。

STEP 03 在“项目”面板的空白区域单击鼠标右键，在弹出的快捷菜单中选择【导入】命令，打开“导入”对话框，按住【Ctrl】键，选择“茶01.mp4”～“茶08.mp4”视频素材，单击 打开(O) 按钮。

STEP 04 保持“项目”面板中导入的所有素材的选中状态，将其拖曳到“时间轴”面板中，释放鼠标将自动创建“茶01”序列，且选择的8个素材将添加到V1轨道和A1轨道（“V”代表视频轨道，“A”代表音频轨道）上，如图5-8所示。

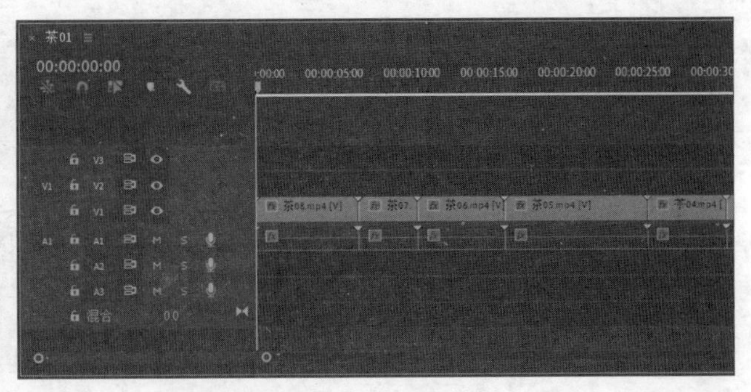

图5-8　导入并添加素材到轨道

STEP 05 将轨道上的“茶02.mp4”素材拖曳到“茶01.mp4”素材后面，使用相同方法将剩余素材按编号顺序重新排列，如图5-9所示。

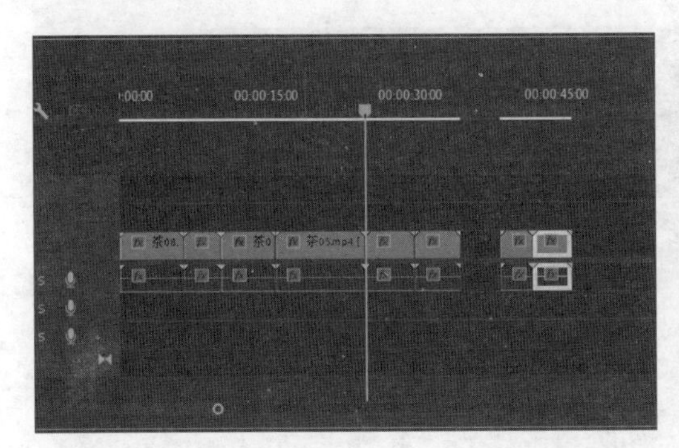

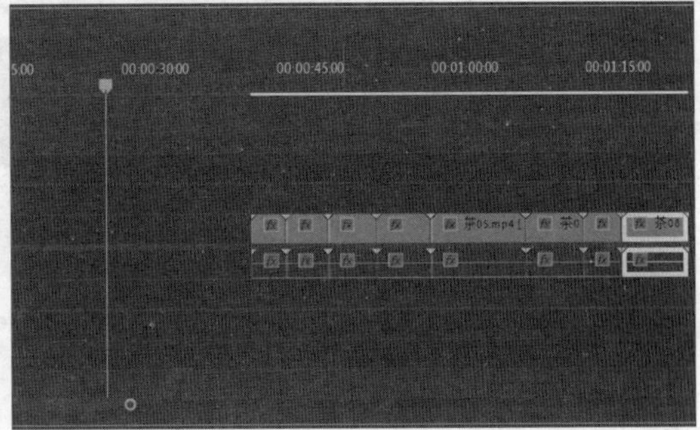

图5-9　调整素材排列顺序（1）

STEP 06 使用鼠标框选轨道上的所有素材，然后按住鼠标左键不放并拖曳鼠标将所有素材移至轨道左侧的开始位置，如图5-10所示。

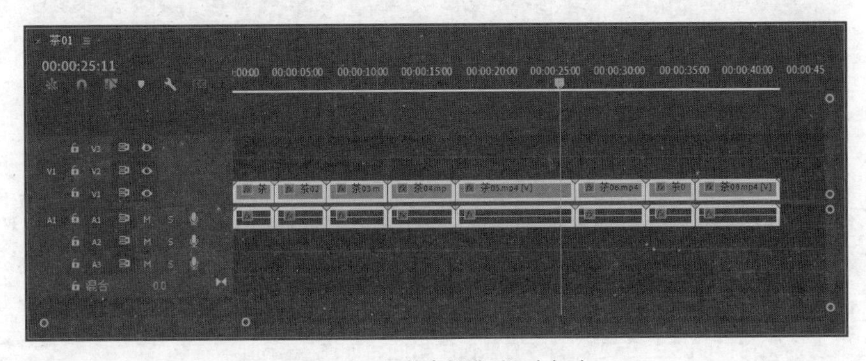

图5-10　调整素材排列顺序（2）

STEP 07 保持所有素材的选中状态，在任意一个素材上单击鼠标右键，在弹出的快捷菜单中选择【取消链接】命令，如图5-11所示。

STEP 08 单独框选A1轨道分离出来的所有音频对象，在其上单击鼠标右键，在弹出的快捷菜单中选择【清除】命令，如图5-12所示。

STEP 09 拖曳“时间轴”面板上的播放指示器，通过“节目”面板预览素材内容，以便熟悉视频素材的内容，发现要删除的部分。

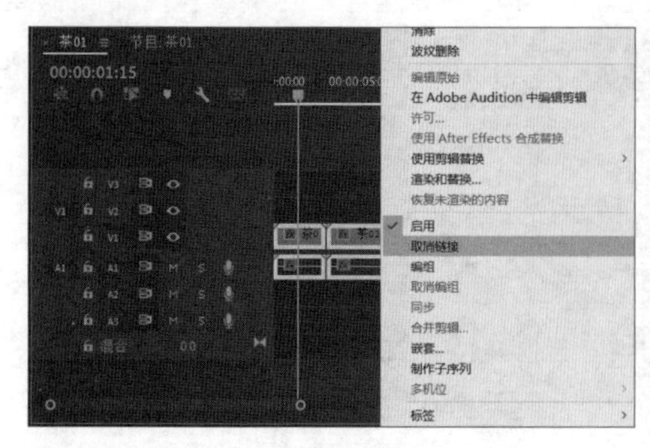

图5-11　取消视频与音频的链接状态

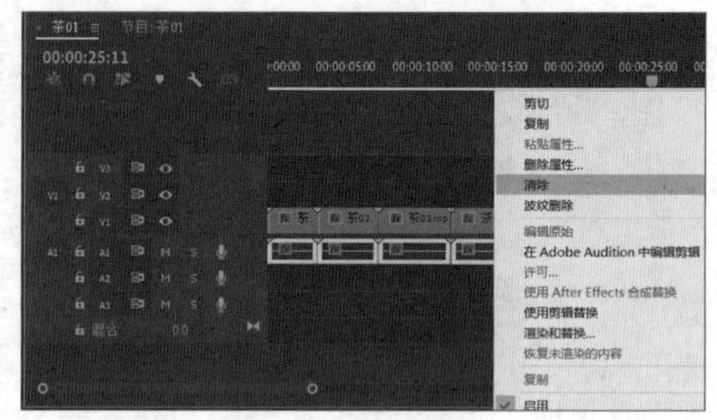

图5-12　删除音频内容

STEP 10 选择“茶02.mp4”素材，将播放指示器拖曳到第5秒的位置，然后拖曳“茶02.mp4”素材右侧出点至播放指示器的位置，裁剪掉多余的部分，如图5-13所示。

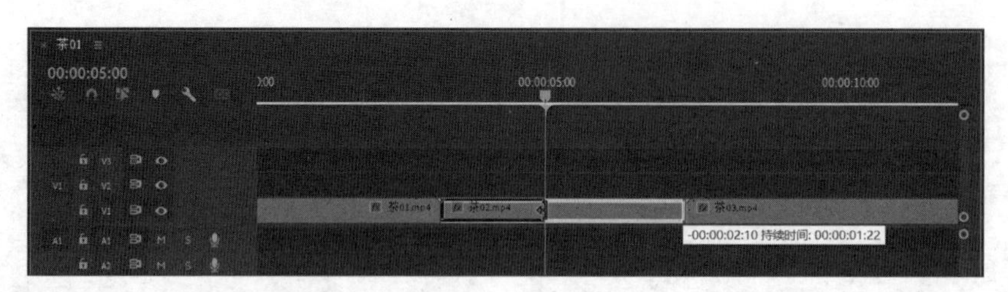

图5-13　裁剪素材

STEP 11 按相同方法裁剪其他素材中多余的内容，然后通过拖曳素材的方式重新将各素材首尾相连，将整个轨道上的素材总时长控制在27秒左右，如图5-14所示。

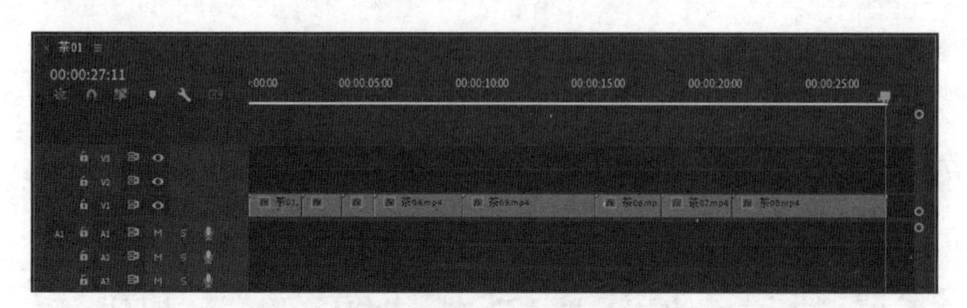

图5-14　剪辑其他素材

STEP 12 选择【文件】/【导入】命令或按【Ctrl+I】组合键，打开“导入”对话框，双击“背景音乐.mp3”素材将其导入到“项目”面板中。

STEP 13 将“背景音乐.mp3”素材从“项目”面板中拖曳到“时间轴”面板的A1轨道，然后拖曳该素材右侧出点，使其长度与上方视频素材的总长度相同，如图5-15所示。

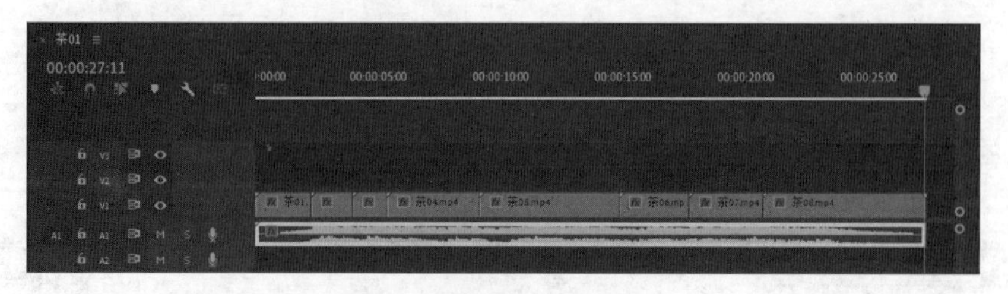

图5-15　添加并剪辑音频素材

STEP 14 将播放指示器拖曳到“时间轴”面板最左端，按空格键预览视频内容。

STEP 15 确认内容无误后按【Ctrl+S】组合键保存项目，然后按【Ctrl+M】组合键打开“导出设置”对话框，在“格式”下拉列表中选择“H.264”选项，单击“输出名称”栏中的“茶01.mp4”超链接。

STEP 16 打开“另存为”对话框，在“文件名”文本框中输入“产品推广”，设置文件保存位置，单击 保存(S) 按钮，如图5-16所示。

STEP 17 返回“导出设置”对话框，单击 导出 按钮，如图5-17所示。

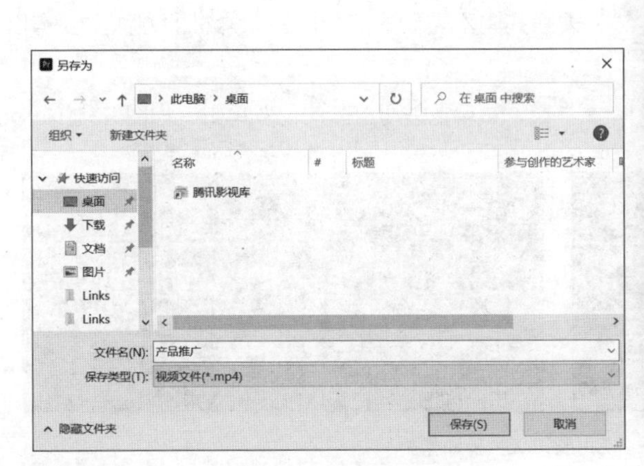

图5-16 保存视频文件

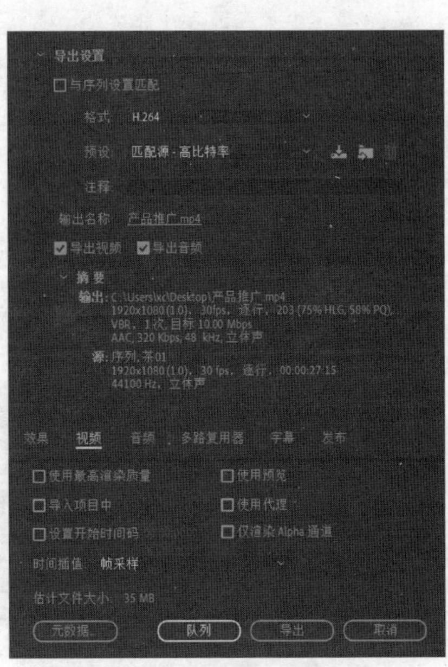

图5-17 导出视频文件

5.2.2 插入素材的部分内容

除了在“时间轴”面板中的轨道上剪辑视频素材外，也可以先剪辑出需要的部分素材内容，再将其插入到轨道上。其操作方法：在“项目”面板中双击需要剪辑的素材文件，在“源”面板中将显示该素材内容。拖曳蓝色的播放指示器到所需内容的开始处，单击“标记入点”按钮；将播放指示器拖曳到所需内容的结束处，单击“标记出点”按钮；确定需要插入的素材内容。此时拖曳“时间轴”面板的播放指示器到目标位置，单击“项目”面板中的“插入”按钮，就可以将选取的部分素材插入到“时间轴”面板的目标位置，如图5-18所示。

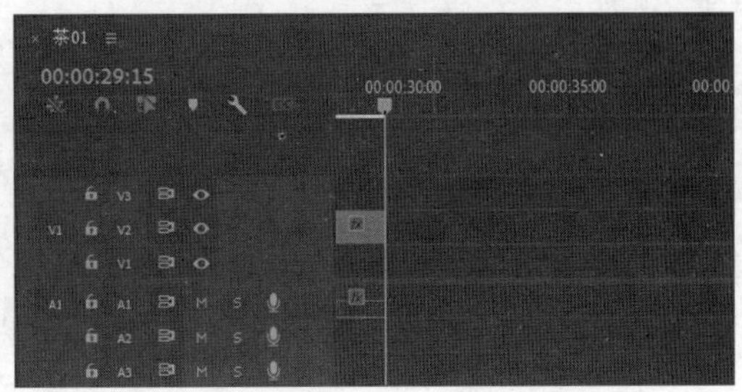

图5-18 选取素材的部分内容并添加到轨道

5.2.3 移动、复制与删除素材

在“时间轴”面板中对各类素材执行移动、复制与删除操作，可以极大地提高视频制作的效率。

- 移动素材：在轨道上选择并拖曳素材至目标位置，释放鼠标便可移动该素材。移动前，可以先将播放指示器拖曳到目标位置，这样在移动素材时可以快速定位到该位置。
- 复制素材：在轨道上选择需要复制的素材，按【Ctrl+C】组合键复制素材，拖曳播放指示器至目标位置，按【Ctrl+V】组合键粘贴素材。
- 删除素材：在轨道上选择需要删除的素材，按【Delete】键。

5.2.4 剪断素材

一段完整的素材可以剪断为若干部分，然后去除其中不需要的部分。剪断素材的方法主要有以下两种。

- 使用工具剪断：在工具箱中单击“剃刀工具”，然后在需要剪断的位置单击，如图 5-19 所示。

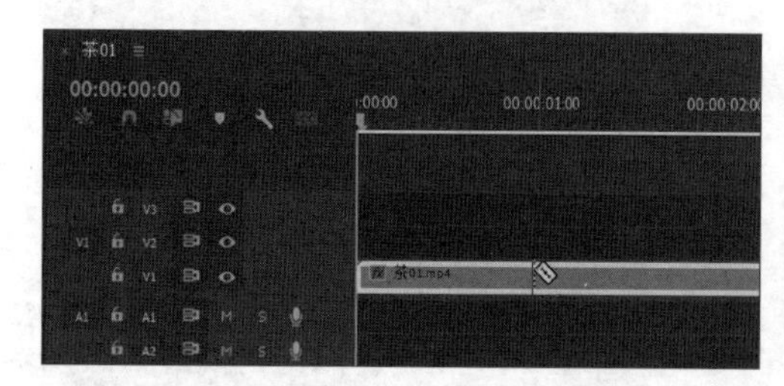

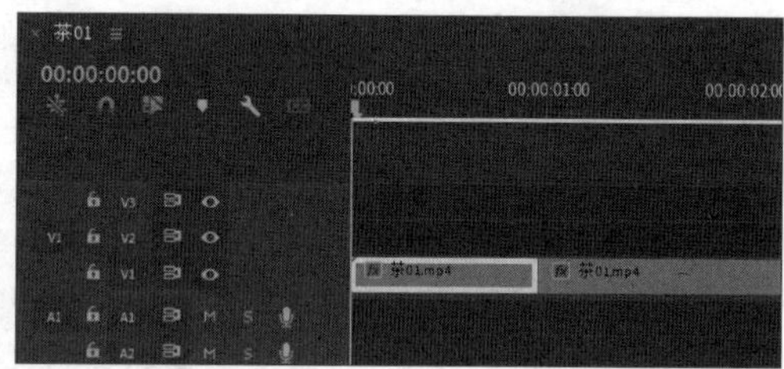

图5-19 使用剃刀工具剪断素材

- 使用快剪辑剪断：将播放指示器拖曳至需要剪断的位置，按【Ctrl+K】组合键。

5.2.5 更改素材播放速度和持续时间

要想让视频看上去更加富有节奏感，剪辑人员可以根据需要调整视频的播放速度或持续时间，让视频呈现出快速播放或慢速播放的特殊效果。更改素材的播放速度或持续时间的方法：在素材上单击鼠标右键，在弹出的快捷菜单中选择【速度/持续时间】命令，打开“剪辑速度/持续时间”对话框，在其中设置速度比例或持续时间数值，单击 确定 按钮，如图5-20所示。若单击选中“倒放速度”复选框，则可倒放素材内容。

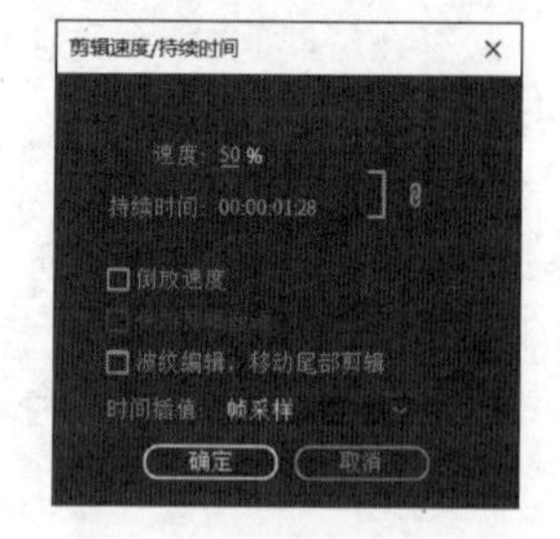

图5-20 设置素材的播放速度和持续时间

技能提升

视频制作是一件充满创造性的工作。哪怕使用相同的素材，如果配上不同的背景音乐，或是调整画面的播放顺序，也会让整个视频内容传递的信息或情感发生变化，产生不同的观看效果。

在制作视频时，首先应该搭建整体的内容框架和需要传递给观众的情绪，然后在这个基础上去完成制作。请尝试利用完全相同的“茶01.mp4”～“茶08.mp4”和“背景音乐.mp3”素材，制作出不同的视频文件，要求先向观众展示成品和茶文化，再回溯茶的采摘和制作环节，看看这样的效果与案例效果是否有区别。

5.3 添加视频效果和转场

为了让视频素材的画面符合要求，以及让素材与素材之间的过渡更加自然，我们可以在Premiere中为视频添加效果和转场。

5.3.1 课堂案例——制作环境保护视频

案例说明：绿水青山就是金山银山。某公益组织为了在社会上传递环境保护的理念，特意收集了多段与之相关的视频素材。为了让视频更加和谐，该组织需要将这些视频素材融合为一个完整的视频，并为其添加视频效果和转场效果，提升画面的趣味性，最终完成一个既能传递环保理念，又能吸引观众的视频文件。该视频的参考效果如图5-21所示。

图5-21 参考效果

知识要点：设置视频效果、添加转场效果。

素材位置：素材\第5章\环保素材\

效果位置：效果\第5章\环境保护.mp4、环境保护.prproj

效果预览

设计素养

设计视频画面与画面之间的转场效果，以及视频画面本身的动态效果时，都不宜让人产生眼花缭乱、应接不暇的感觉。一般只需要使用少量的几种效果，这样不仅能在形式上统一，也能减轻观众的视觉负担。

具体操作步骤如下。

视频教学：
制作环境保护视频

STEP 01 启动Premiere 2022，在显示的欢迎界面左侧单击 新建项目 按钮。

STEP 02 按【Ctrl+N】组合键打开“新建序列”对话框，单击“设置”选项卡，在“编辑模式”下拉列表中选择“自定义”选项，在“时基”下拉列表中选择“25.00帧/秒”选项，在“帧大小”栏的两个文本框中分别输入“1080”和“720”，在“像素长宽比”下拉列表中选择“方形像素（1.0）”选项，在“场”下拉列表中选择“无场（逐行扫描）”选项，在下方的“序列名称”文本框中输入“环境保护”，单击 确定 按钮，如图5-22所示。

STEP 03 在“项目”面板的空白区域双击鼠标，打开“导入”对话框，框选所有视频素材，单击 打开(O) 按钮，如图5-23所示，将“环境01.mp4”～“环境10.mp4”素材导入“项目”面板。

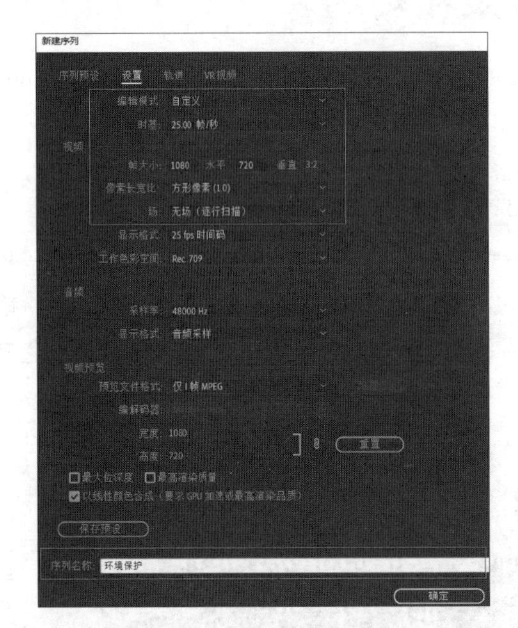

图5-22　新建并设置序列参数

图5-23　选择并导入素材

STEP 04 将导入的所有视频素材拖曳到“时间轴”面板的V1轨道上，在打开的“剪辑不匹配警告”对话框中单击 保持现有设置 按钮，如图5-24所示。

STEP 05 框选所有素材，取消视频内容与音频内容的链接状态，将所有音频内容删除，然后按素材的名称编号的顺序调整素材位置，如图5-25所示。

图5-24　处理剪辑不匹配的情况

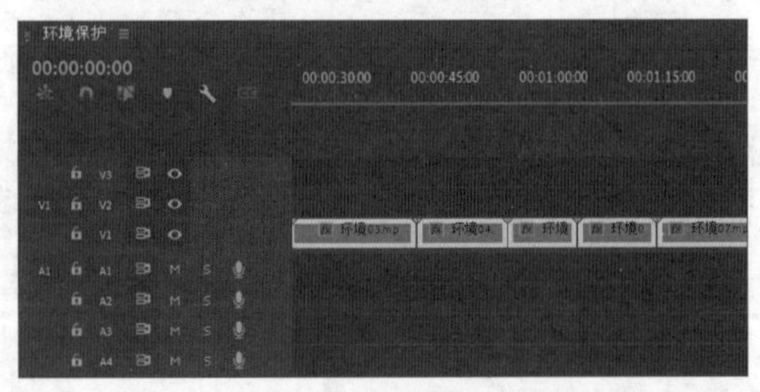

图5-25　调整素材顺序

STEP 06 将所有素材的时长均剪辑为5秒，注意保留每个素材中最重要的内容。为了能够更好地添加转场，这里可以尽量在保证内容的前提下，将原素材的两端都适当裁剪。

STEP 07 在“时间轴”面板中选择“环境01.mp4”视频素材，切换到“效果控件”面板，单击“运动”选项左侧的“展开”按钮，拖曳面板右侧的播放指示器至素材最左端，单击“位置”栏左侧的“插入关键帧”图标，使其显示为状态，然后将右侧两个文本框中的参数分别设置为“120.0、180.0”，如图5-26所示。

STEP 08 在“效果控件”面板中将播放指示器定位到素材最右端，将“位置”栏的两个文本框参数修改为“670.0、520.0”，如图5-27所示。

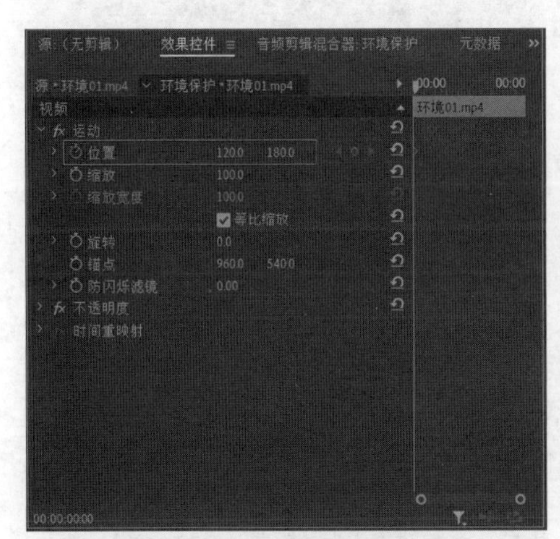

图5-26　插入初始位置关键帧

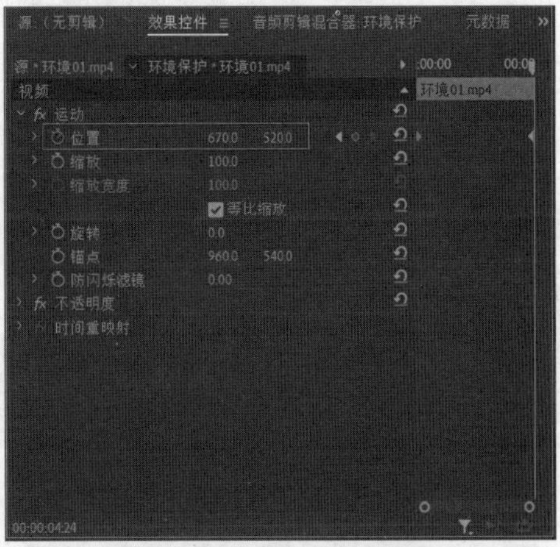

图5-27　插入结束位置关键帧

STEP 09 在“时间轴”面板中选择“环境02.mp4”视频素材，在“效果控件”面板中拖曳播放指示器至素材最左端，单击“缩放”栏左侧的“插入关键帧”图标，使其显示为状态，然后将右侧文本框中的参数设置为“290.0”，如图5-28所示。

STEP 10 在“效果控件”面板中将播放指示器定位到素材最右端，将“缩放”栏的文本框参数修改为“70.0”，如图5-29所示。

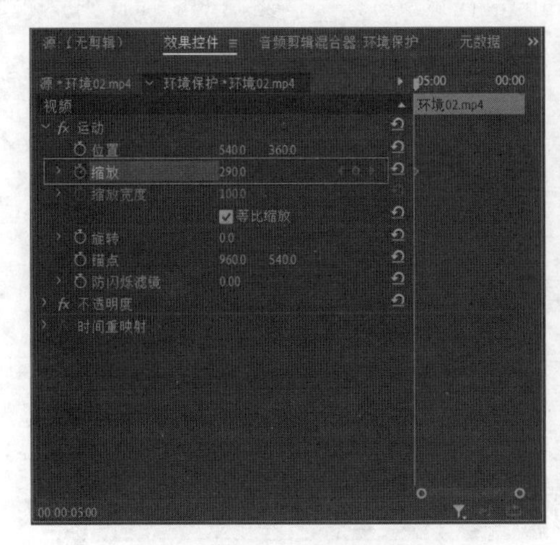

图5-28　插入初始缩放关键帧

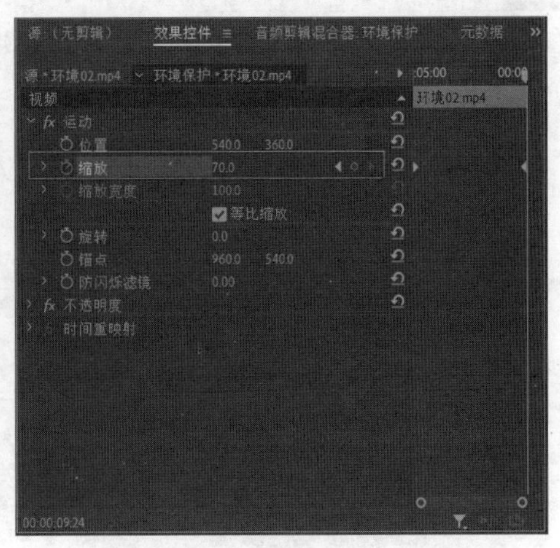

图5-29　插入结束缩放关键帧

STEP 11 在“时间轴”面板中选择“环境03.mp4”视频素材，按相同方法在“效果控件”面板中为视频素材最左端和最右端分别插入位置关键帧，初始关键帧参数为“940.0、360.0”，结束关键帧参数为“220.0、360.0”，如图5-30所示。

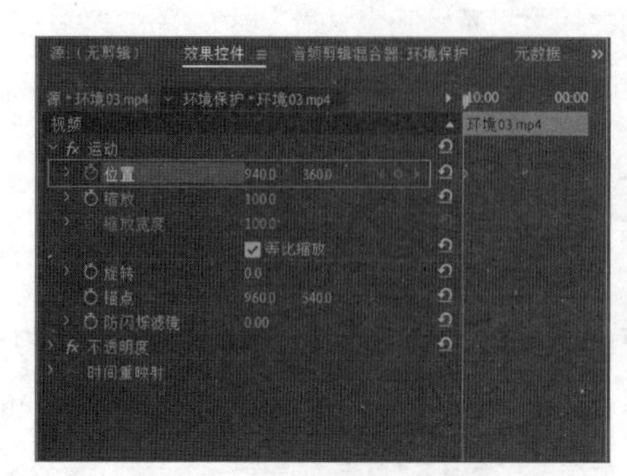

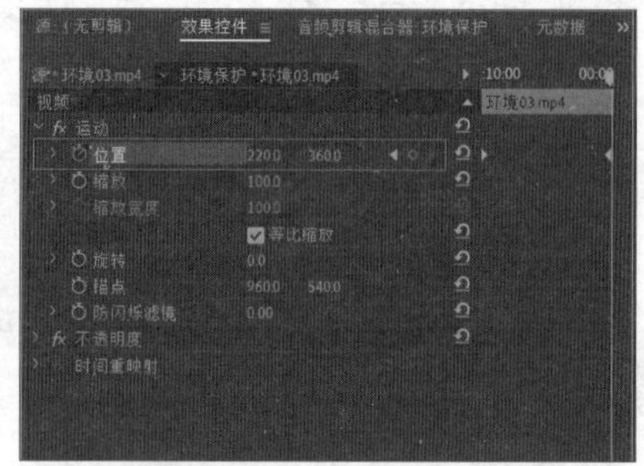

图5-30　为“环境03.mp4”素材插入位置关键帧

STEP 12 在“时间轴”面板中选择“环境04.mp4”视频素材，在“效果控件”面板中为视频素材最左端和最右端分别插入位置关键帧，初始关键帧参数为“720.0、540.0”，结束关键帧参数为“720.0、350.0”，如图5-31所示。

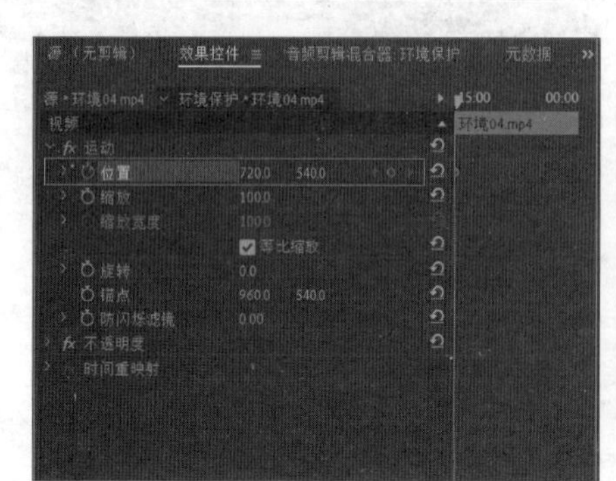

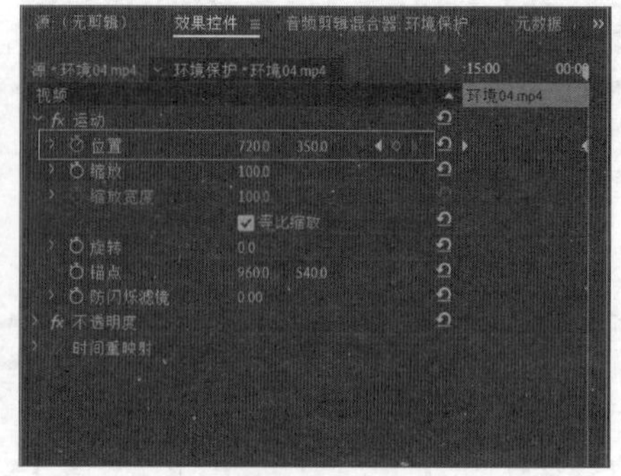

图5-31　为“环境04.mp4”素材插入位置关键帧

STEP 13 在“时间轴”面板中选择“环境05.mp4”视频素材，在“效果控件”面板中为视频素材最左端和最右端分别插入位置关键帧，初始关键帧参数为“540.0、530.0”，结束关键帧参数为“540.0、190.0”，如图5-32所示。

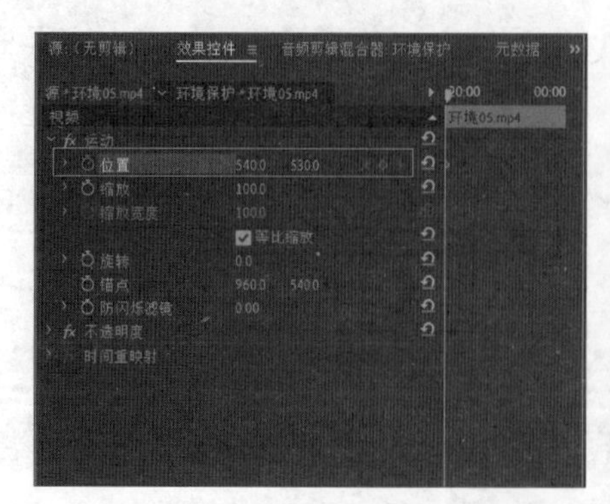

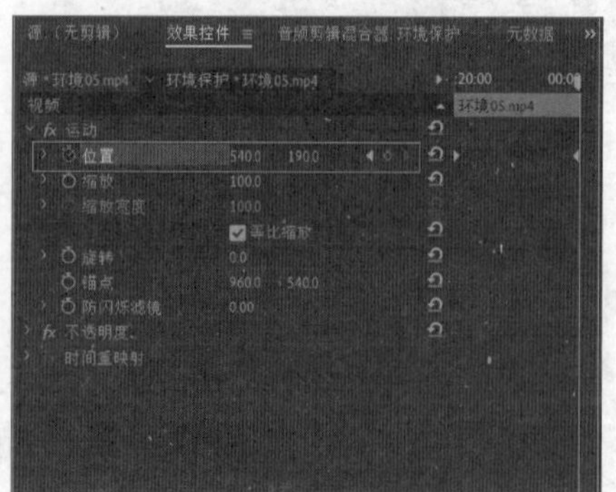

图5-32　为“环境05.mp4”素材插入位置关键帧

STEP 14 在“时间轴”面板中选择“环境06.mp4”视频素材，在“效果控件”面板中为视频素材最左端和最右端分别插入位置关键帧，初始关键帧参数为“900.0、190.0”，结束关键帧参数为“130.0、190.0”，如图5-33所示。

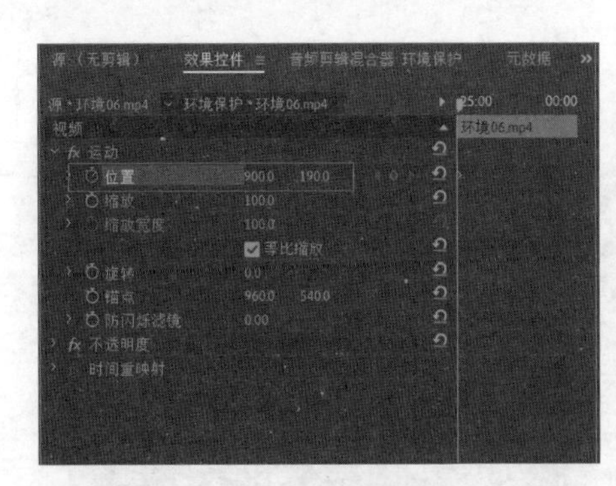

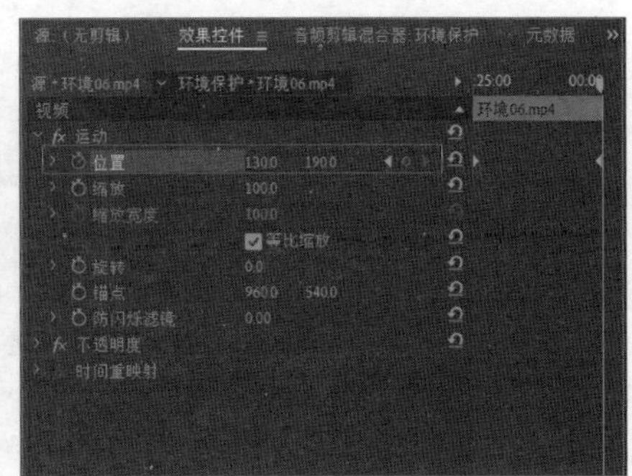

图5-33　为“环境06.mp4”素材插入位置关键帧

STEP 15 在“时间轴”面板中选择“环境07.mp4”视频素材，在“效果控件”面板中为视频素材最左端和最右端分别插入缩放关键帧，初始缩放关键帧参数为“70.0”，结束缩放关键帧参数为“120.0”，如图5-34所示。

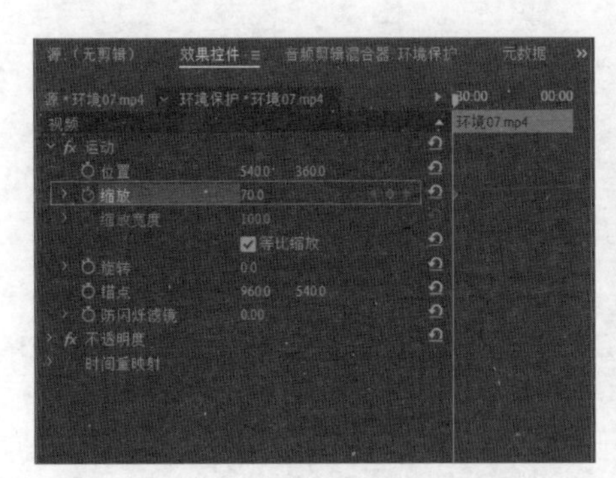

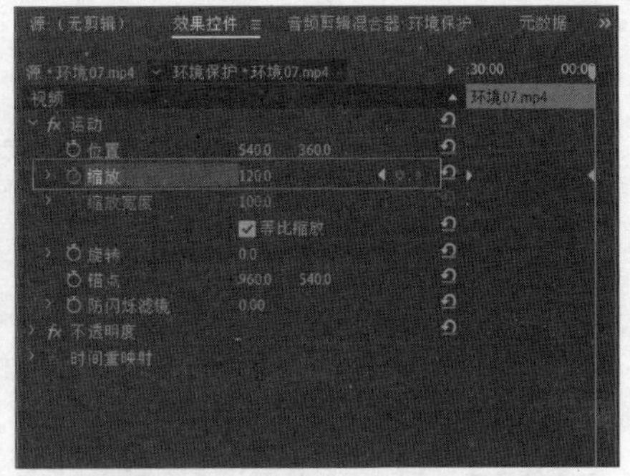

图5-34　为“环境07.mp4”素材插入缩放关键帧

STEP 16 在“时间轴”面板中选择“环境08.mp4”视频素材，在“效果控件”面板中为视频素材最左端和最右端分别插入缩放关键帧，初始缩放关键帧参数为“70.0”，结束缩放关键帧参数为“120.0”，如图5-35所示。

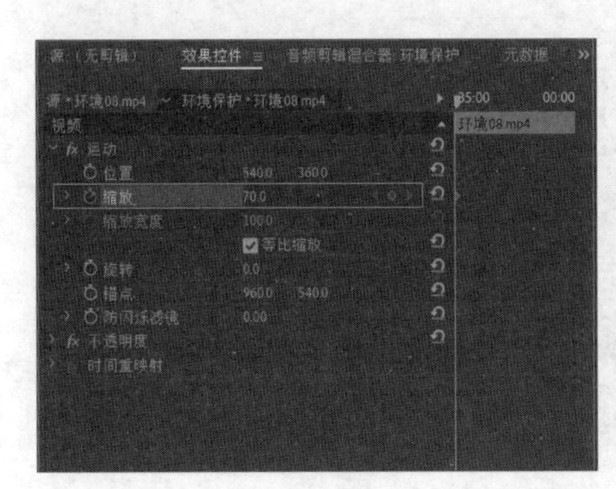

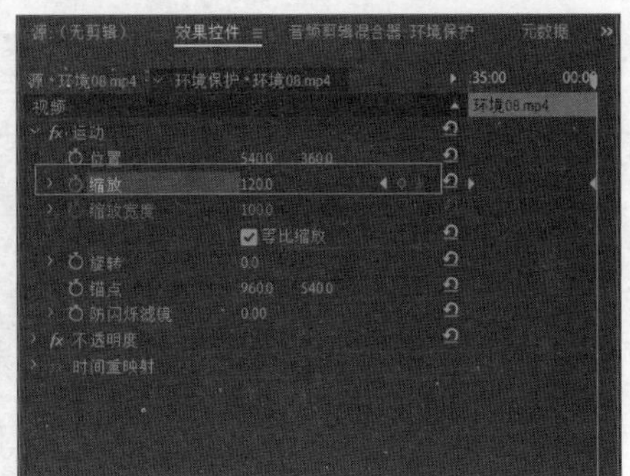

图5-35　为“环境08.mp4”素材插入缩放关键帧

STEP 17 在“时间轴”面板中选择“环境09.mp4”视频素材，在“效果控件”面板中为视频素材最左端和最右端分别插入缩放关键帧，初始缩放关键帧参数为“160.0”，结束缩放关键帧参数为“80.0”，如图5-36所示。

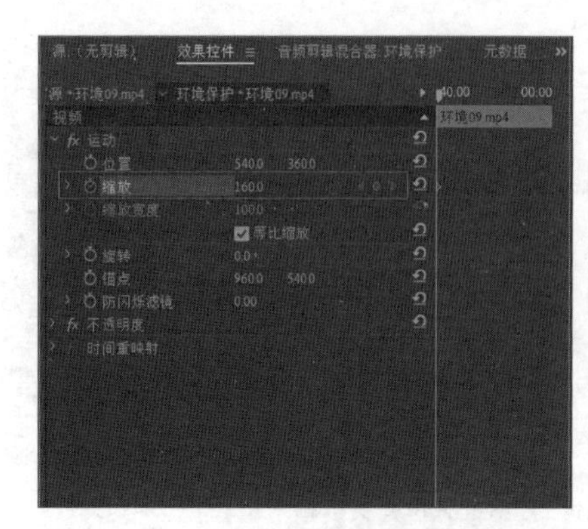
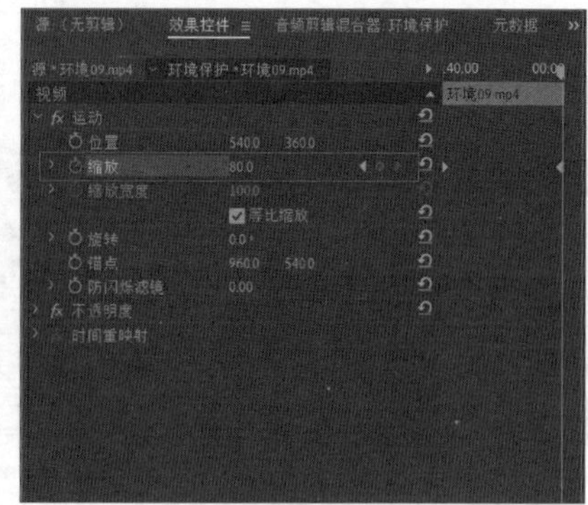

图5-36 为“环境09.mp4”素材插入缩放关键帧

STEP 18 在“时间轴”面板中选择“环境10.mp4”视频素材，在“效果控件”面板中为视频素材最左端和最右端分别插入旋转关键帧，初始旋转关键帧参数为“20.0°”，结束旋转关键帧参数为“0.0°”，如图5-37所示。

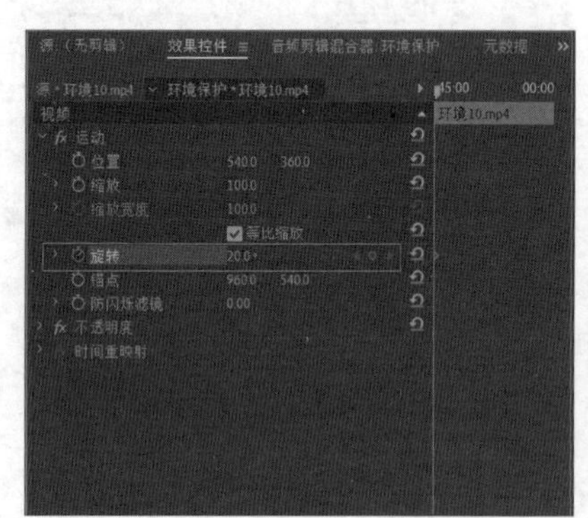
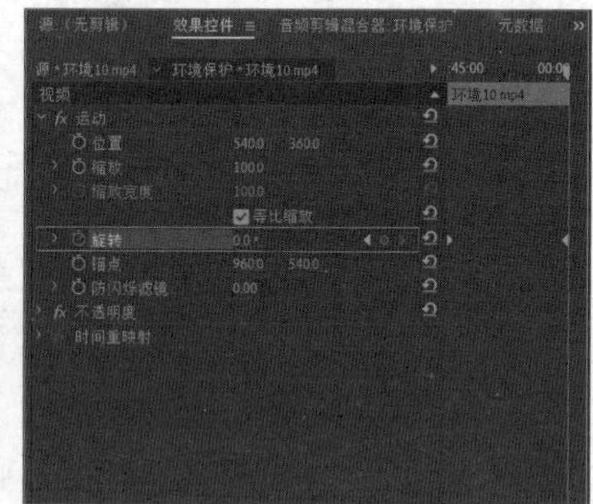

图5-37 为“环境10.mp4”素材插入旋转关键帧

STEP 19 切换到“效果”面板，依次展开“视频过渡/溶解”选项，选择其下的“交叉溶解”选项，将其拖曳至“时间轴”面板上“环境01.mp4”素材的末端，如图5-38所示。

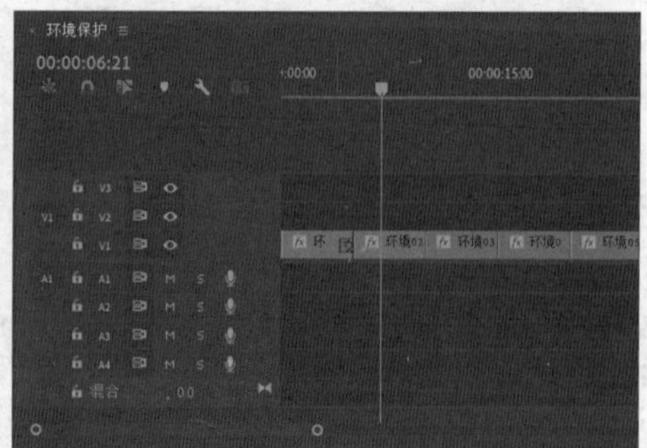

图5-38 添加转场（1）

STEP 20 按相同方法将“交叉溶解”转场效果添加到“环境02.mp4”～“环境09.mp4”素材的末端，如图5-39所示。

STEP 21 将“黑场过渡”转场效果添加到“环境10.mp4”素材的末端，如图5-40所示。

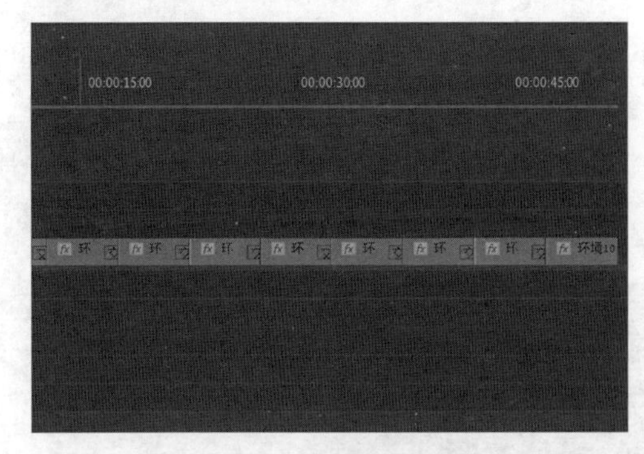

图5-39　添加转场(2)

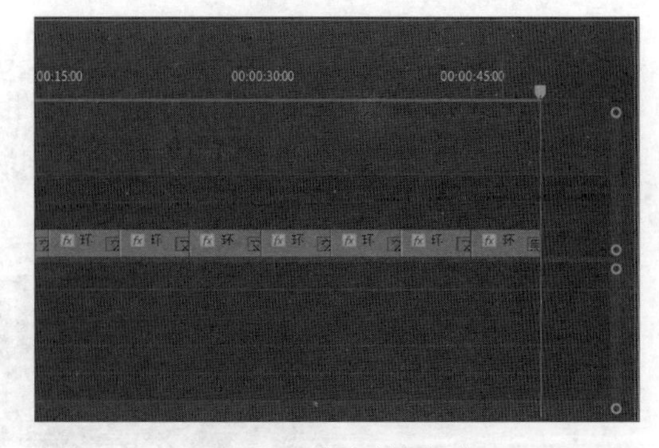

图5-40　添加转场(3)

STEP 22 导入“背景音乐.mp3”素材，将其添加到A1轨道。按空格键预览整个视频内容，确认无误后按【Ctrl+S】组合键保存。

STEP 23 按【Ctrl+M】组合键打开“导出设置”对话框，设置文件格式为“H.264”，设置输出名称为“环境保护.mp4”，单击 导出 按钮导出视频文件，如图5-41所示。

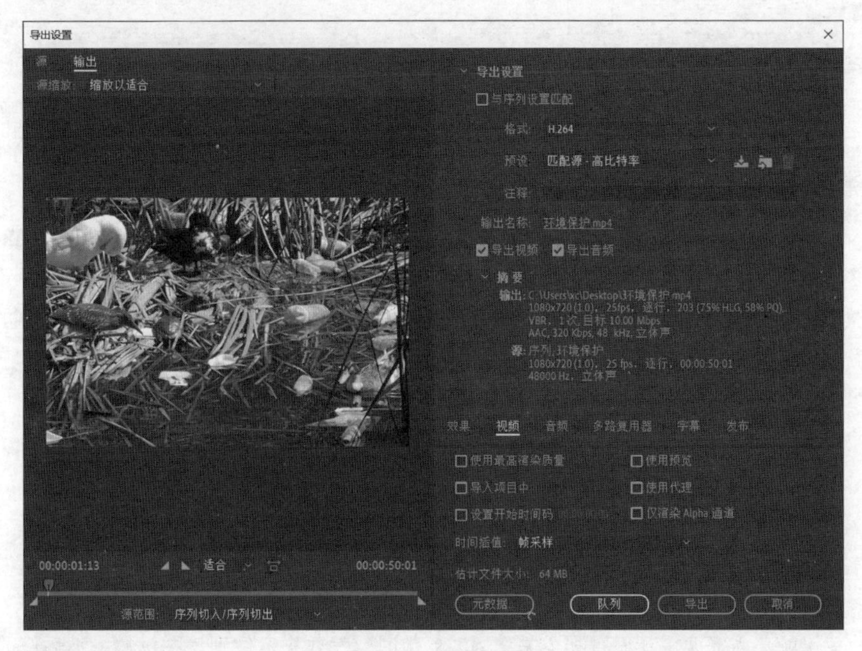

图5-41　导出视频

5.3.2 添加并设置效果

添加到“时间轴”面板上的视频素材或图像素材，都具有“位置”“缩放”“旋转”“不透明度”等运动属性。除此以外，还可以为其添加其他效果并根据需要进行设置。

1. 添加视频效果

在“效果”面板中双击展开“视频效果”选项，其中包含了Premiere提供的各种视频效果，将其中某个视频效果拖曳到轨道上的视频素材上，便可为该视频素材添加视频效果。

2. 设置视频效果

在“时间轴”面板中选择添加了视频效果的素材后，在“效果控件”面板中将显示该效果选项和设置参数。图5-42所示为添加的“高斯模糊”效果的设置参数，在其中可以控制效果模糊度和模糊尺寸。如果不需要该视频效果，此时可在“效果控件”面板中对应的效果选项上单击鼠标右键，在弹出的快捷菜单中选择【清除】命令。

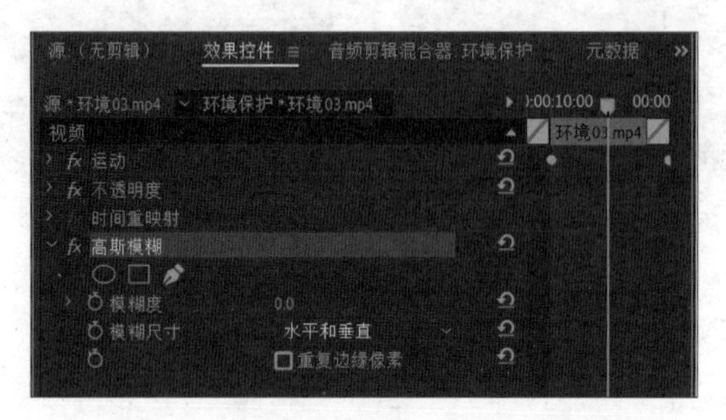

图5-42　添加的“高斯模糊”效果的设置参数

5.3.3 管理关键帧

关键帧是丰富视频效果的有效工具。在不同位置插入不同参数的关键帧，视频在播放时就能以动态的形式按关键帧的参数发生变化。Premiere不仅可以为运动属性添加关键帧，还可以为各种视频效果添加关键帧。

除插入关键帧和设置关键帧参数外，一些管理关键帧的操作也有必要了解和掌握。

- 清除关键帧：清除关键帧指的是将素材上某个属性关键帧全部清除。例如某素材的 4 个不同的位置添加了 4 个位置关键帧，当需要一次性清除这些关键帧时，只需要单击“位置”栏左侧的“插入关键帧”图标，在打开的对话框中单击 确定 按钮，如图 5-43 所示。

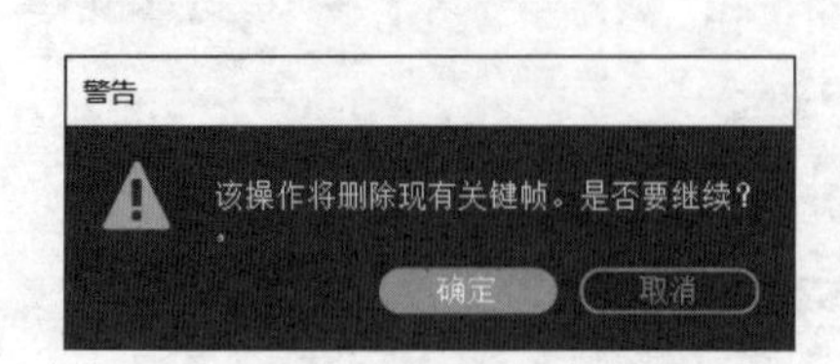

图5-43　确认是否删除关键帧

- 定位关键帧：当需要重新设置某个关键帧的参数时，就要先定位到该关键帧，然后修改关键帧参数。其操作方法：在“效果控件”面板插入了关键帧的属性栏中单击“转到上一关键帧”按钮可定位上一个关键帧；单击“转到下一关键帧”按钮可定位下一个关键帧。
- 添加或删除关键帧：在插入了关键帧的属性栏中，若需要继续添加或删除某个关键帧，此时可先拖曳播放指示器到目标位置，若该位置没有关键帧，则单击“添加 / 移除关键帧”按钮添加一个关键帧；若该位置存在关键帧，则单击“添加 / 移除关键帧”按钮删除该关键帧。

5.3.4 设置转场

添加了转场后，用户可以在“时间轴”面板上选择该转场，然后在“效果控件”面板中进行设置，如图5-44所示。其中，“持续时间”栏可设置转场的持续时间；“对齐”下拉列表可设置转场的出现位置。

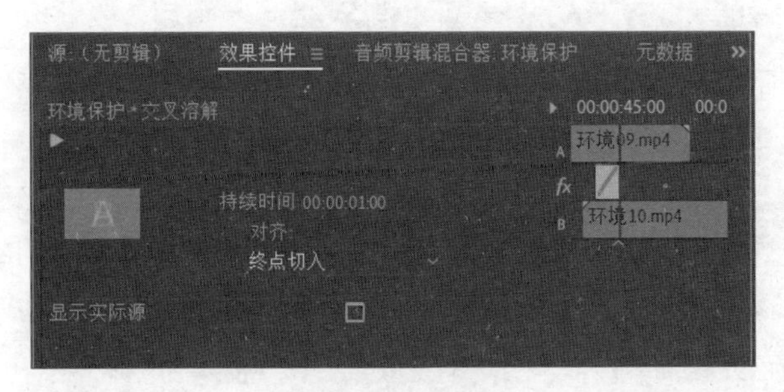

图5-44　设置转场

提示

如果需要删除不需要的转场，此时可在“时间轴”面板上选择该转场，然后在其上单击鼠标右键，在弹出的快捷菜单中选择【清除】命令或直接按【Delete】键。

技能提升

播放前面制作的环境保护视频时，我们会发现当前一个画面已经转场到下一个画面后，下一个画面有一个轻微停顿，然后才开始展现动态效果。请思考以下问题。

（1）图5-45所示为“时间轴”面板上添加的转场和对应的画面转场效果，请根据该转场来分析为什么会出现上述情况？

（2）你是否觉得制作的环境保护视频在画面衔接时不够流畅和自然？如果是，你应该怎样通过调整转场来解决这个问题？

（3）根据上述两个问题，总结添加转场时应该注意哪些问题。

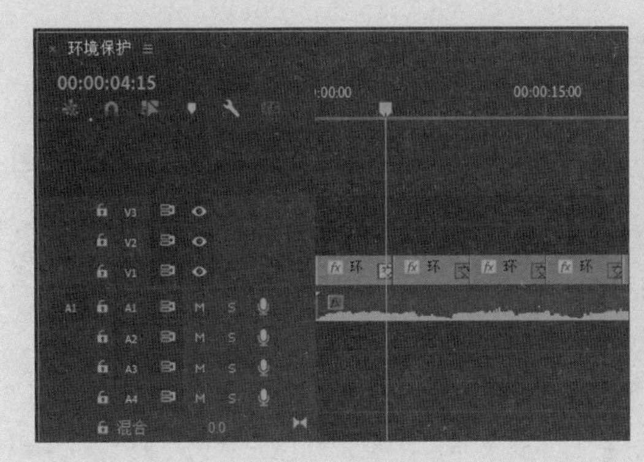

图5-45　转场效果

添加字幕、图像和音频

字幕、图像与音频是视频文件中常见的对象，它们不仅可以更好地展现视频所要传递的信息，还可以进一步丰富视频的内容。

5.4.1 课堂案例——制作电视广告视频

案例说明： 某滑雪场为了吸引人气、提升知名度，需要制作一段15秒的电视广告视频，并将其投放在当地的电视台。目前已经收集了10段滑雪场的视频素材，现需要利用这些素材并结合字幕、图像、音频，制作一段高质量的电视广告视频。该视频的参考效果如图5-46所示。

图5-46 参考效果

知识要点： 添加图像、添加字幕、修改字幕、设置动态字幕、设置音频。

素材位置： 素材\第5章\电视广告素材\

效果位置： 效果\第5章\电视广告.mp4、电视广告.prproj

效果预览

设计素养

电视广告的投入成本与广告时长密切相关，绝大部分宣传广告的时长多以 15 秒的形式出现。要想在这短短的 15 秒中实现推广和宣传的目的，就需要有所取舍，提取最重要的信息，并且结合“声、像、字”的表现形式，才能达到既实现推广又能吸引观众的效果。

具体操作步骤如下。

视频教学：制作电视广告视频

STEP 01 启动Premiere 2022，创建“电视广告”项目。

STEP 02 在“项目”面板中单击鼠标右键，在弹出的快捷菜单中选择【新建项目】/【颜色遮罩】命令，打开“新建颜色遮罩”对话框，将宽度和高度分别设置为“1920”和“1080”，将“时基”设置为“30.00fps”，将“像素长宽比”设置为“方形像素（1.0）”，单击 确定 按钮，如图5-47所示。

STEP 03 此时，将自动打开“拾色器”对话框，在右下角文本框中设置颜色为“FFFFFF”，单击 确定 按钮，并在自动打开的“选择名称”对话框中的文本框中输入“白底”文字，单击 确定 按钮，如图5-48所示。

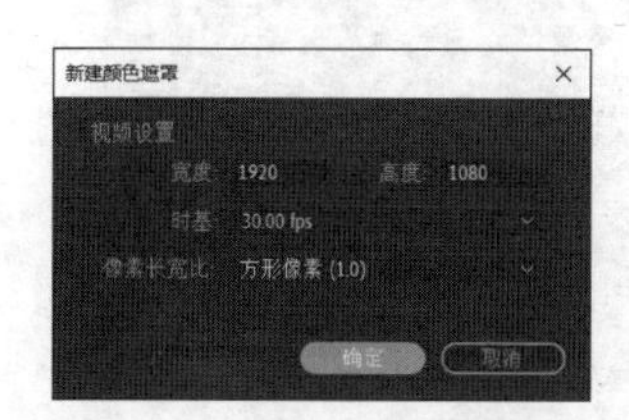

图5-47　设置颜色遮罩属性

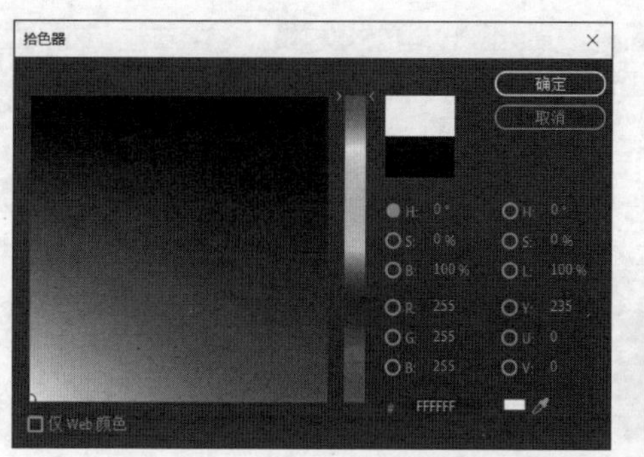

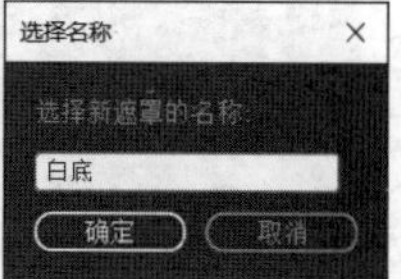

图5-48　设置遮罩颜色和名称

疑难解答

Premiere 中的颜色遮罩是什么?

颜色遮罩相当于一个图层，它不仅可以作为一种纯色的背景图层使用，也可以通过调整透明度或尺寸来显示其他视频素材的内容，达到对视频进行烘托、装饰等效果。例如创建一个白色的遮罩图层并放置在某个视频素材上方，此时若想在视频上方显示一个白色的矩形条，就可以为白色的遮罩图层添加“变换 / 裁剪”的视频效果，并设置需要的裁剪区域。

STEP 04 将“白底”素材拖曳到V1轨道，并将时间长度裁剪为“1秒”。

STEP 05 将播放指示器拖曳至“时间轴”面板最左端，在工具箱中单击“文字工具”，在“节目”面板中单击，插入文本输入点，输入“雪罗山”文字。

STEP 06 选择输入的字幕，在“效果控件”面板中展开“文本/源文本”选项，在其中设置字体为“方正兰亭特黑_GBK”，设置字体大小为“270”，单击“外观”栏中的“填充”颜色块，在打开的对话框中设置颜色为“#C80000”，单击 确定 按钮，然后在工具箱中单击“选择工具”，拖曳字幕至“节目”面板中的画面中间，并拖曳锚点标记⊕至字幕中间，如图5-49所示。

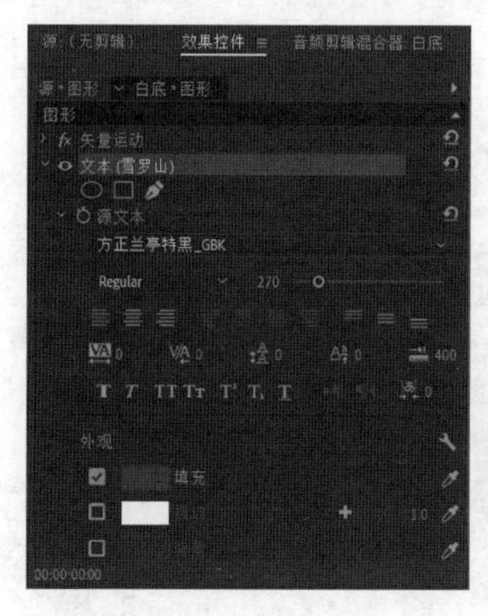

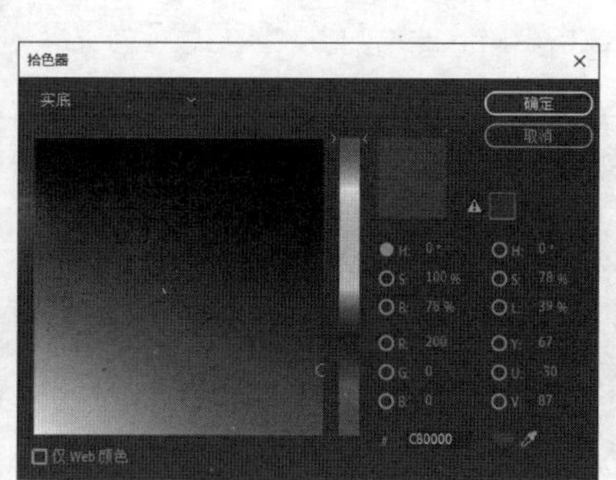

图5-49　输入并设置字幕

STEP 07 将字幕的时长裁剪为“1秒”，调整时长与“白底”素材的时长一致。

STEP 08 在“效果控件”面板中展开“文本/变换”选项，插入缩放关键帧，设置缩放参数为“2000”，将播放指示器定位到第5帧，设置缩放参数为“100”，如图5-50所示。

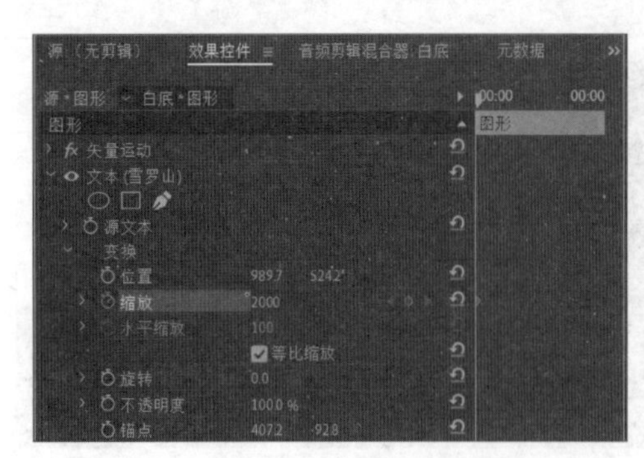

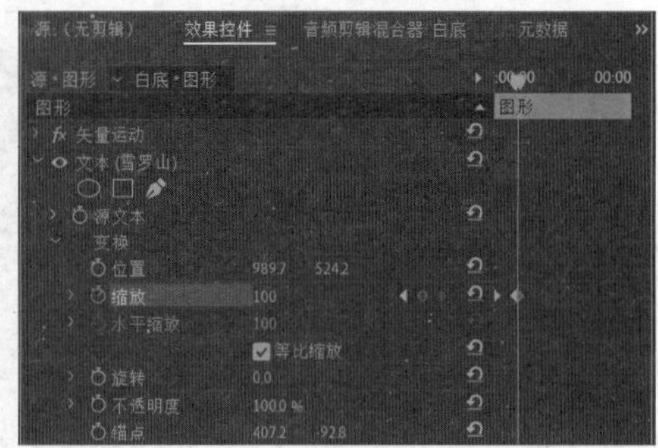

图5-50　为字幕插入缩放关键帧

STEP 09 创建“红底”遮罩素材，设置颜色为“#C80000”，依次在V1轨道现有素材后面添加时长为“14帧”的“红底”素材和“白底”素材。

STEP 10 拖曳播放指示器至“00:00:01:00”处，插入字幕“国家级滑雪旅游度假地”，设置字体大小为“200”、填充颜色为“白色”，并调整字幕在画面中的位置和时长，如图5-51所示。

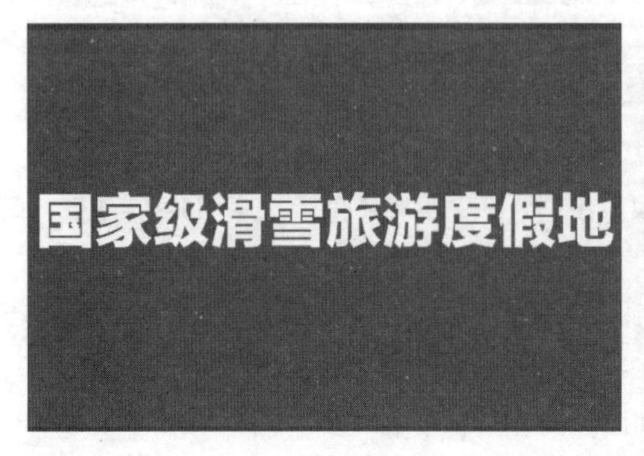

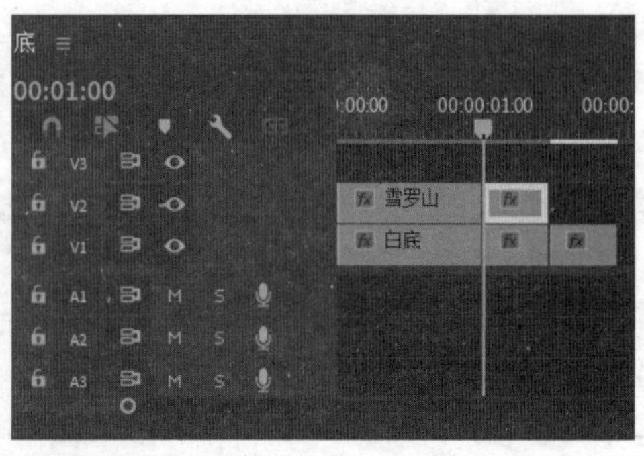

图5-51　插入并设置字幕

STEP 11 拖曳播放指示器至“00:00:01:14”处，单击V2轨道名称，使其成蓝底显示，同时单击V1轨道名称，使其成灰底显示。

STEP 12 选择字幕“国家级滑雪旅游度假地”，依次按【Ctrl+C】组合键和【Ctrl+V】组合键，将其复制并粘贴到V2轨道播放指示器的位置，修改填充颜色为“#C80000”，如图5-52所示。

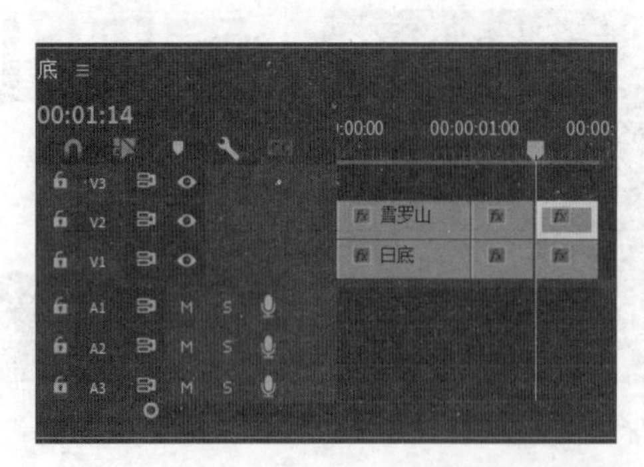

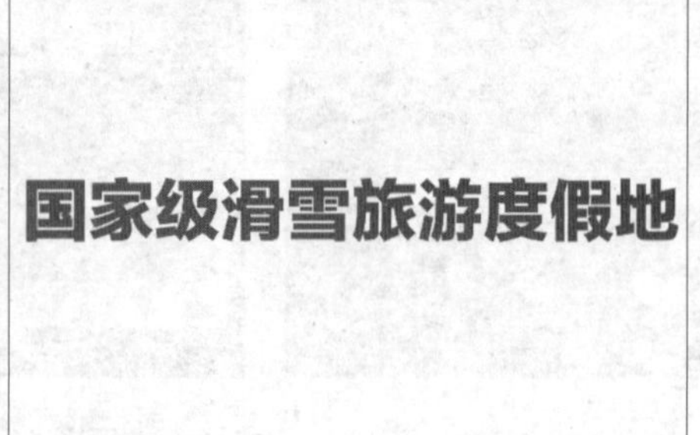

图5-52　复制字幕并修改填充颜色

STEP 13 导入“滑雪01.mp4”～“滑雪05.mp4”视频素材，根据实际需要裁剪素材内容，使每个视频素材的总长度为20帧，将其按编号顺序依次放置在V1轨道，如图5-53所示。

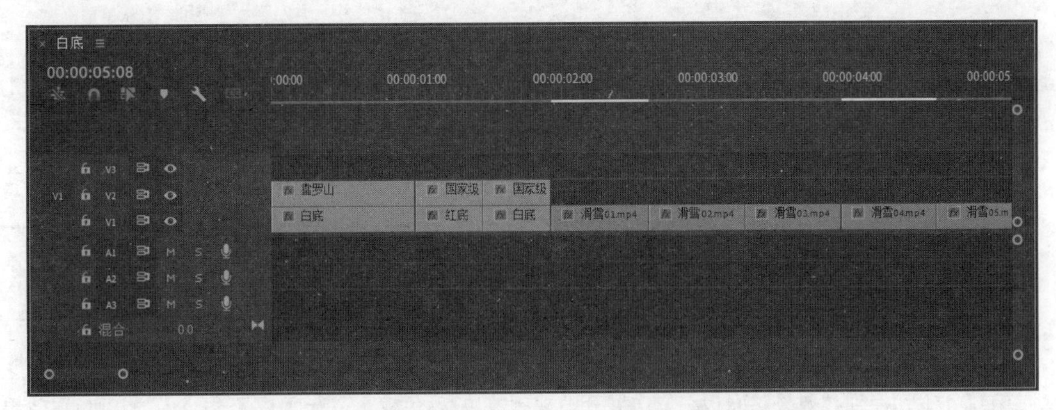

图5-53　导入并裁剪“滑雪01.mp4”～“滑雪05.mp4”视频素材

STEP 14 创建“黄底”和“蓝底”遮罩素材，设置遮罩颜色分别为“#DCDC64”和“#14CBCB”，如图5-54所示。

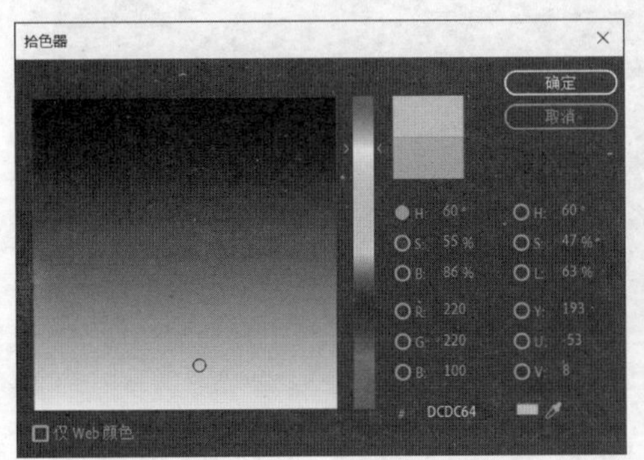

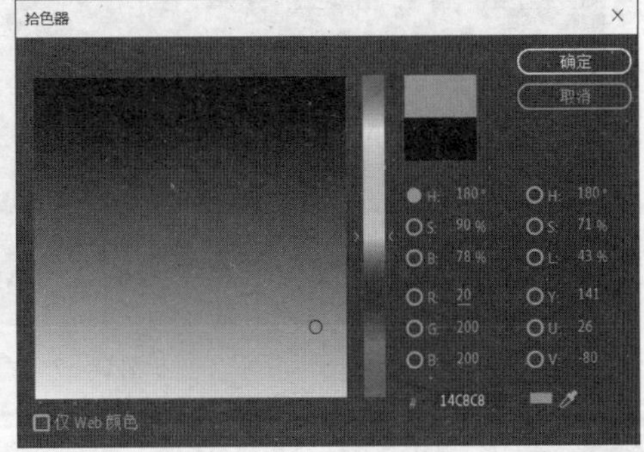

图5-54　创建不同颜色的遮罩素材

STEP 15 依次将“白底”“黄底”“蓝底”遮罩素材添加到V1轨道，素材时长均裁剪为“14秒”，如图5-55所示。

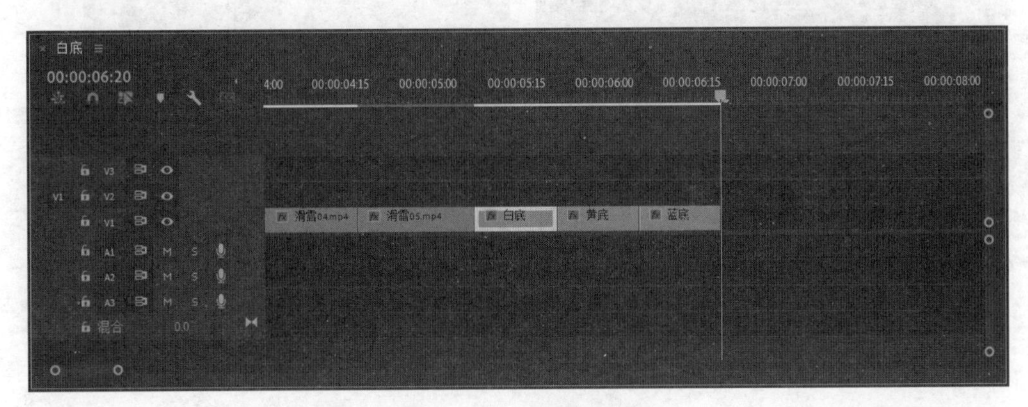

图5-55　添加并裁剪遮罩素材

STEP 16 将红色的“国家级滑雪旅游度假地”字幕复制到“00:00:05:08”处，并将素材右端与下方轨道上“蓝底”素材的右端对齐。双击“节目”面板中的字幕对象，将字幕内容修改为“尽享滑雪的刺激与快乐”，如图5-56所示。

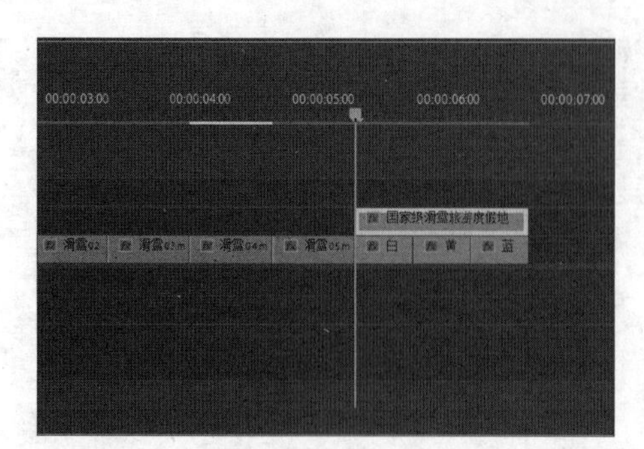

图5-56　复制并修改字幕素材

STEP 17 切换到“效果”面板，依次展开“视频效果/颜色校正”选项，将“Lumetri颜色”效果拖曳到“白底”素材上，如图5-57所示。

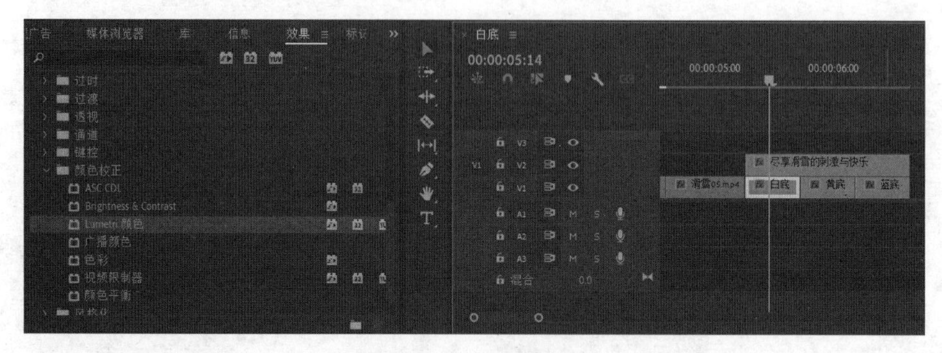

图5-57　添加视频效果

STEP 18 切换到“效果控件”面板，依次双击展开“Lumetri颜色/晕影”选项，设置数量为“-4.0”，插入中点关键帧，并设置中点参数为“50.0”。将播放指示器定位到“00:00:05:12”，将中点参数修改为“40.0”，如图5-58所示。

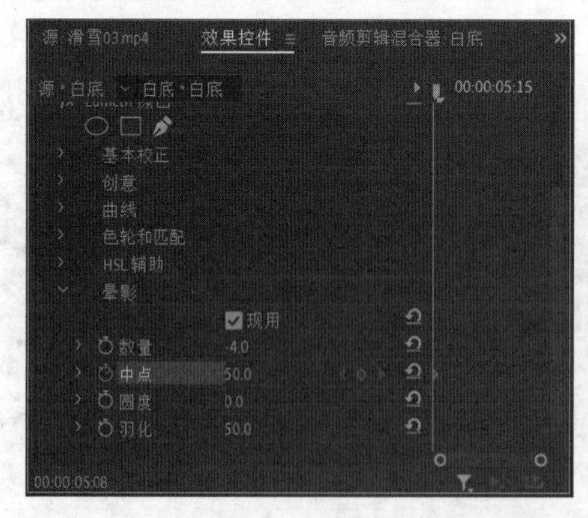

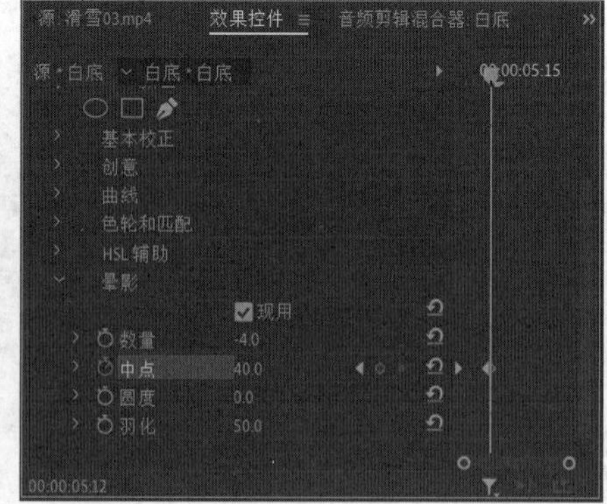

图5-58　设置晕影效果并插入中点关键帧

提示

单击“时间轴”面板将其激活为当前面板（面板边框线显示为蓝色表示为当前面板），此时按键盘上的【←】键或【→】键，可左右逐帧移动播放指示器，以实现精确定位。

STEP 19 将播放指示器定位到“00:00:05:16”，修改中点参数为“50.0”，继续将播放指示器定位到“00:00:05:19”，修改中点参数为“40.0”，如图5-59所示。

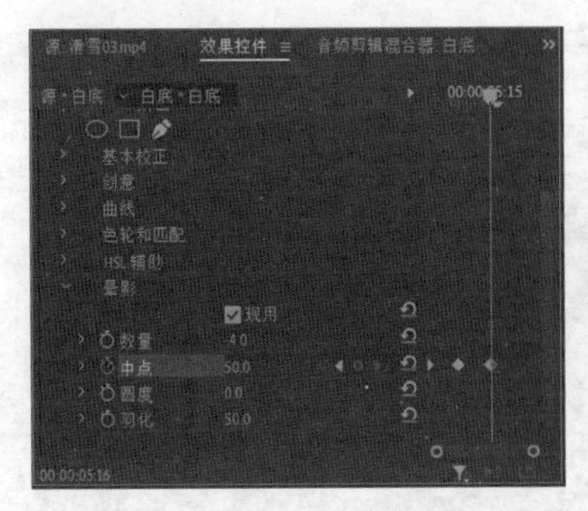
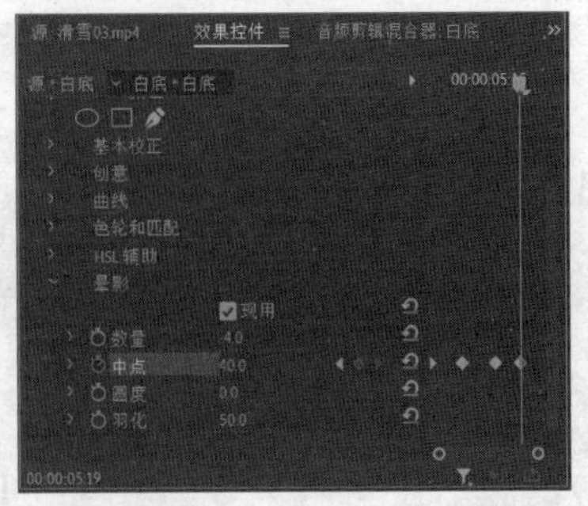

图5-59　修改中点参数

STEP 20 在添加“Lumetri颜色”效果的“白底”素材上单击鼠标右键，在弹出的快捷菜单中选择【复制】命令。

STEP 21 在右侧的“黄底”素材上单击鼠标右键，在弹出的快捷菜单中选择【粘贴属性】命令，打开“粘贴属性”对话框，单击选中“效果”复选框，单击 确定 按钮，快速为“黄底”素材应用相同的视频效果，如图5-60所示。

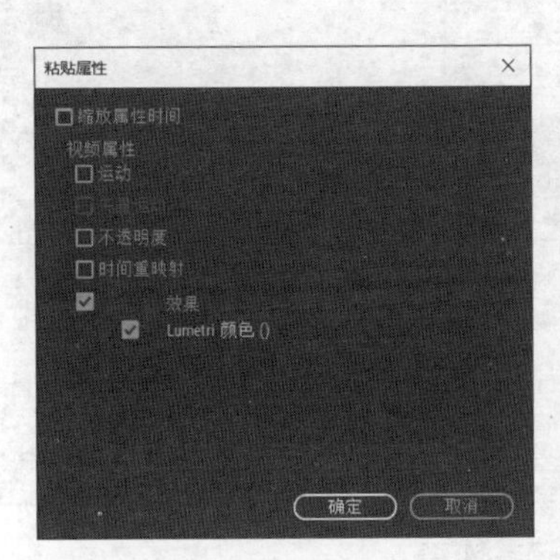
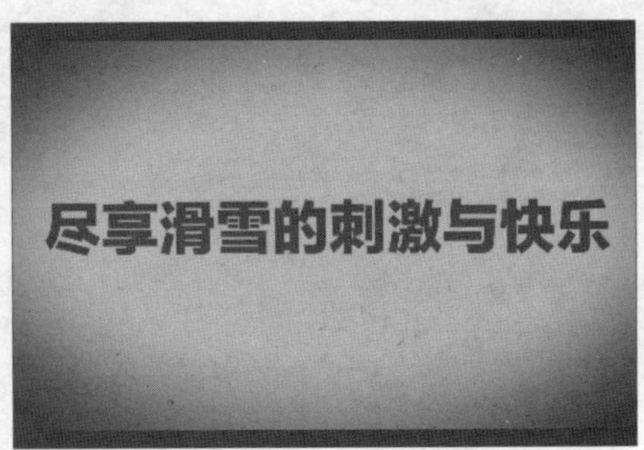

图5-60　复制效果

STEP 22 继续通过复制并粘贴属性的方法为“蓝底”素材应用相同的视频效果。

STEP 23 导入“滑雪06.mp4”～“滑雪08.mp4”视频素材，根据实际需要裁剪素材内容，使每个视频素材的总长度为1秒，将其按编号顺序依次放置在V1轨道上，如图5-61所示。

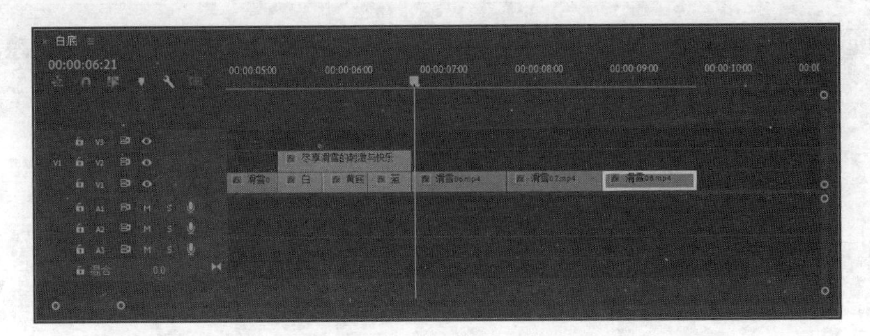

图5-61　导入并裁剪“滑雪06.mp4”～“滑雪08.mp4”视频素材

STEP 24 在“滑雪08.mp4”素材右侧添加“红底”素材，将时长裁剪为“14帧”，然后复制“蓝底”素材，将其效果属性粘贴到“红底”素材上，如图5-62所示。

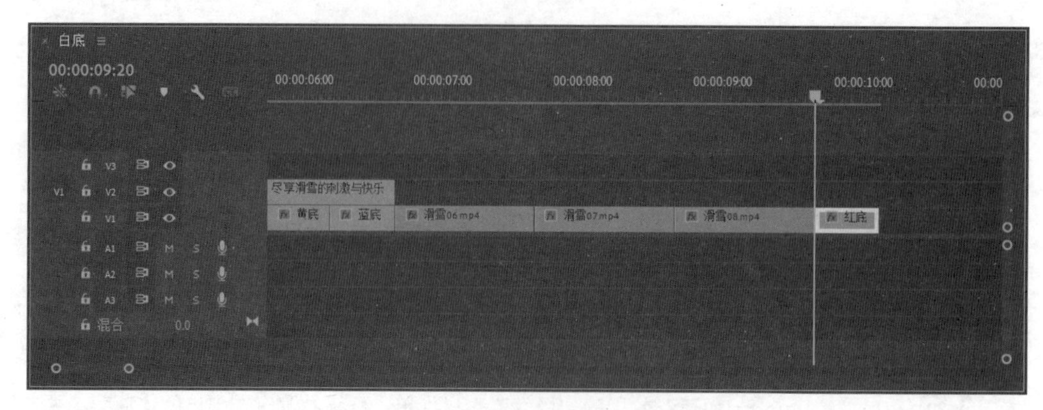

图5-62　添加遮罩素材并复制、粘贴效果

STEP 25 利用【Ctrl+C】组合键和【Ctrl+V】组合键分别将“蓝底”素材和“黄底”素材复制到“红底”素材后面，如图5-63所示。

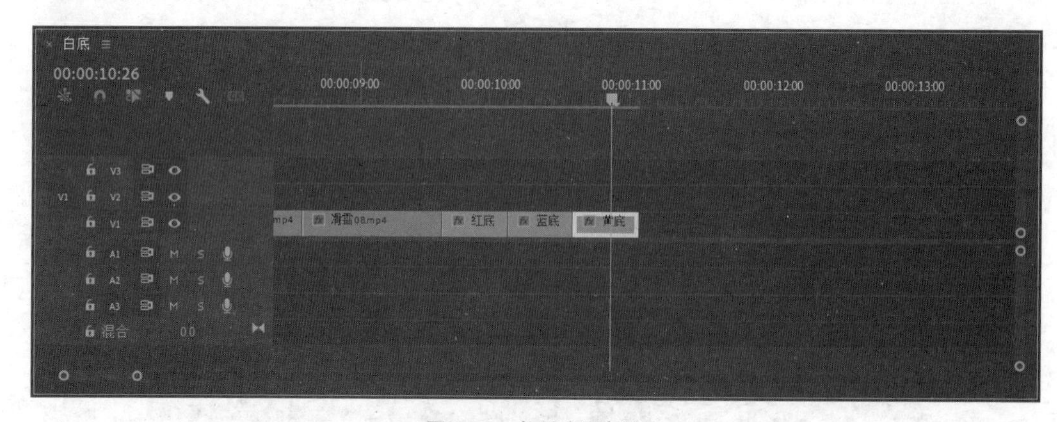

图5-63　复制遮罩素材

STEP 26 将播放指示器定位到“00:00:09:20”，继续利用【Ctrl+C】组合键和【Ctrl+V】组合键分别将“尽享滑雪的刺激与快乐”字幕复制到播放指示器位置，双击“节目”面板中的字幕对象，将填充颜色设置为“#FFFFFF”，并将字幕内容修改为“开启全民健身的新方式”，如图5-64所示。

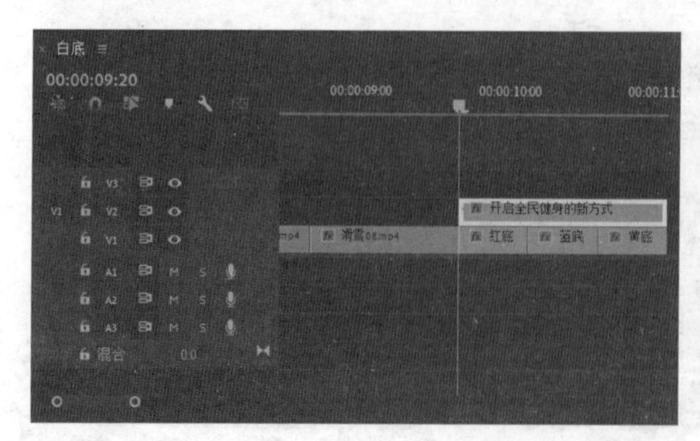

图5-64　复制并修改字幕素材

STEP 27 导入“滑雪09.mp4”～“滑雪10.mp4”视频素材，根据实际需要裁剪素材内容，使每个视频素材的总长度为1秒，将其按编号顺序依次放置在V1轨道上，如图5-65所示。

图5-65　导入并裁剪“滑雪09.mp4”～“滑雪10.mp4”视频素材

STEP 28 在“滑雪10.mp4”视频素材右侧插入“红底”素材，拖曳素材右端至“15秒”的位置，如图5-66所示。

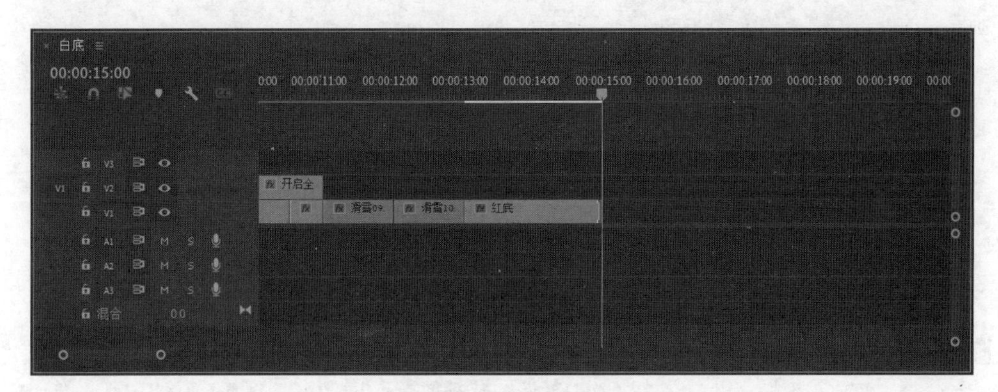

图5-66　插入遮罩素材

STEP 29 在V2轨道添加“玩滑雪”字幕，其时长与“红底”素材的时长相同，设置字体为“方正兰亭特黑_GBK”、字体大小为“290”、颜色为“#FFFFFF”，然后调整字幕在画面中的位置和锚点的位置，如图5-67所示。

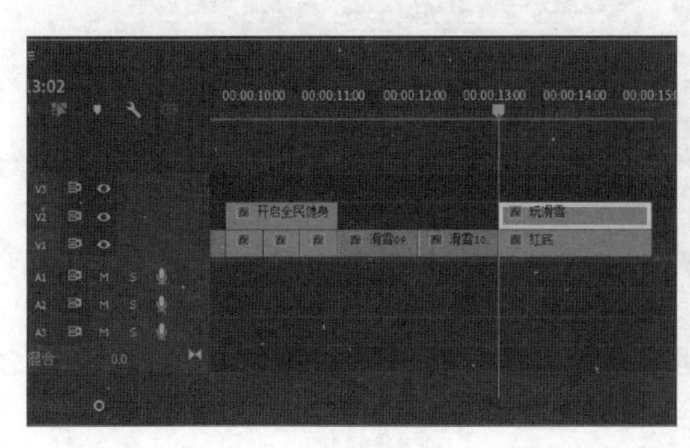

图5-67　添加并设置字幕

STEP 30 将播放指示器定位到“00:00:13:02”，切换到“效果控件”面板，依次展开“文本/变换”选项，插入缩放关键帧，设置参数为“2000”。将播放指示器定位到“00:00:13:07”，修改缩放参数为“100”，如图5-68所示。

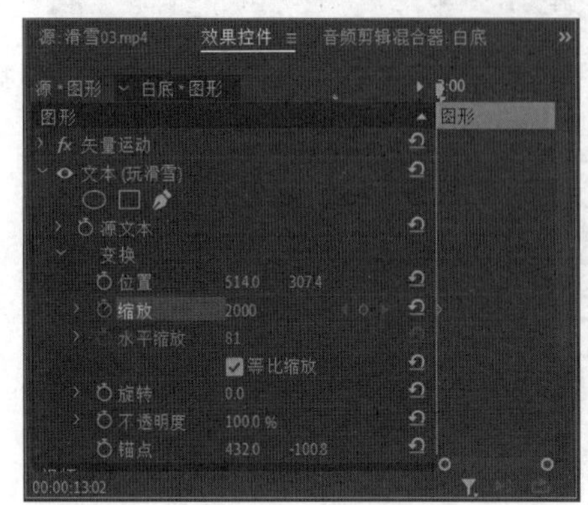

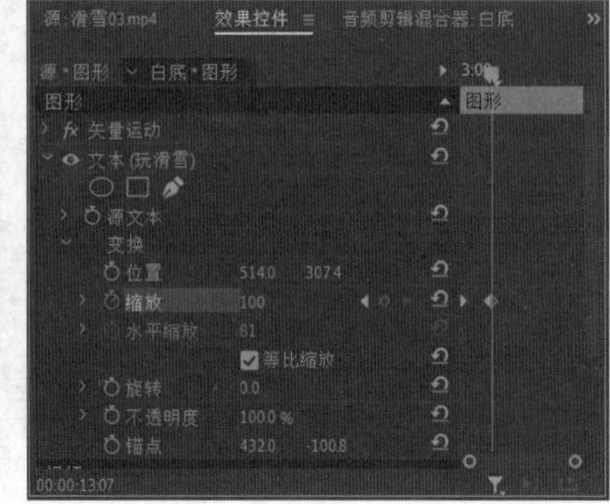

图5-68 添加并设置缩放关键帧(1)

STEP 31 在V3轨道“00:00:13:13”处添加“就来雪罗山”字幕，字幕右端与“红底”素材右端对齐，设置字体为“方正兰亭特黑_GBK”、字体大小为“290”、颜色为“#FFFFFF”，然后调整字幕在画面中的位置和锚点的位置，如图5-69所示。

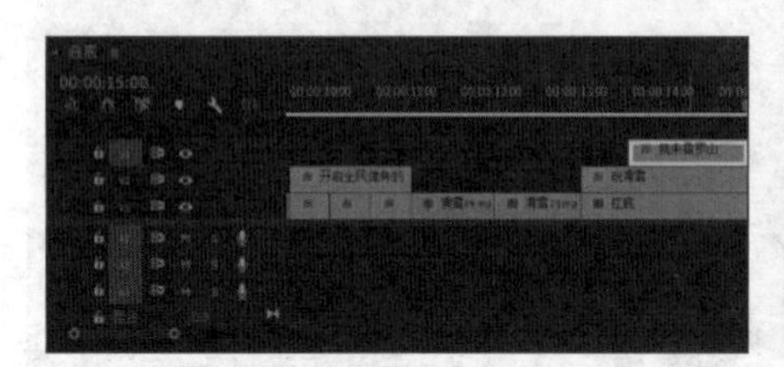

图5-69 添加并设置字幕

STEP 32 将播放指示器定位到“00:00:13:19”，切换到“效果控件”面板，依次展开“文本/变换”选项，插入缩放关键帧，设置参数为“2000”。将播放指示器定位到“00:00:13:24”，修改缩放参数为“100”，如图5-70所示。

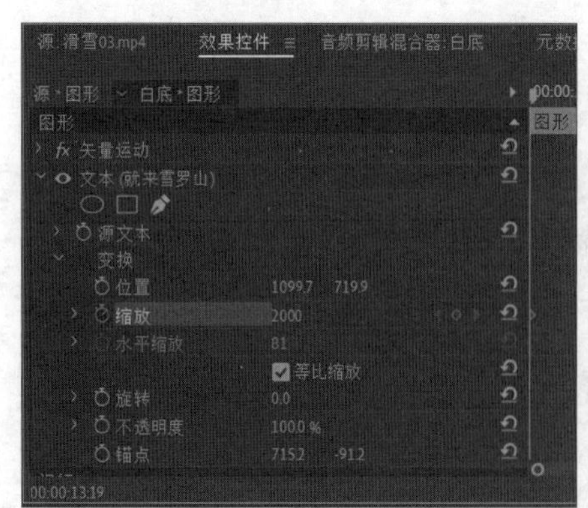

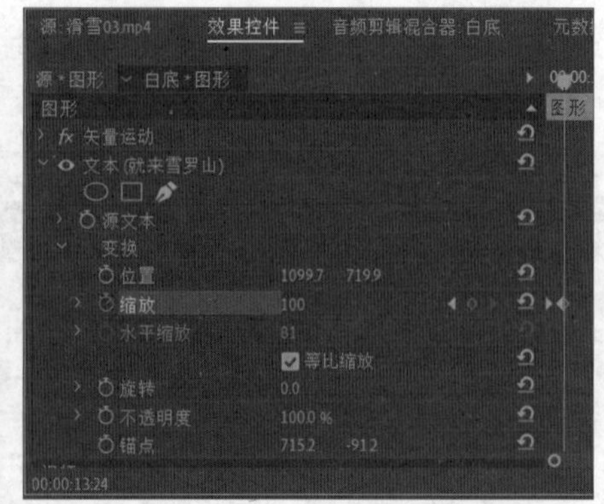

图5-70 添加并设置缩放关键帧(2)

STEP 33 导入“背景音乐.wav”素材，将其添加到A1轨道。继续导入“配音01.wav”～“配音06.wav”素材，将其按编号从小到大的顺序添加到A2轨道，位置如图5-71所示。

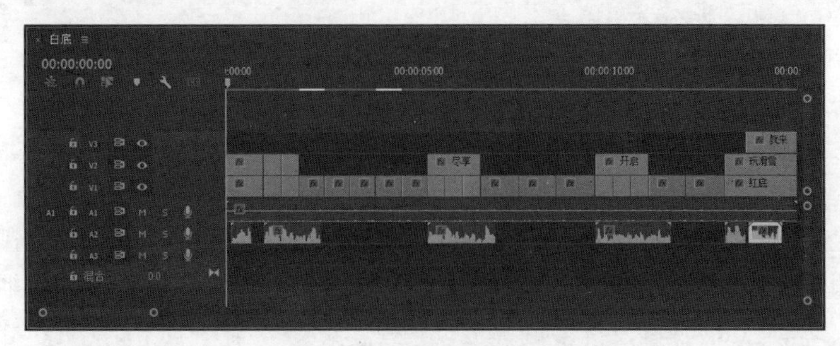

图5-71　导入并添加音频素材

STEP 34 选择“背景音乐.wav”素材，切换到“效果”面板，展开“音频效果/时间与变调”选项，将“音量”选项拖曳到该素材上，如图5-72所示。

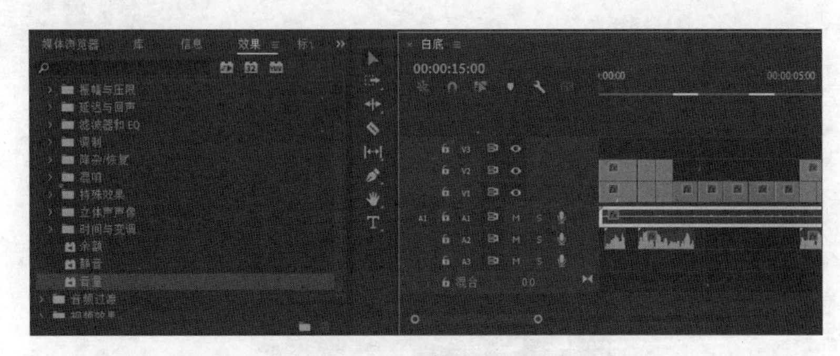

图5-72　添加音频效果

STEP 35 切换到“效果控件”面板，展开“音量”选项，将“级别”设置为“15.0dB”，如图5-73所示。

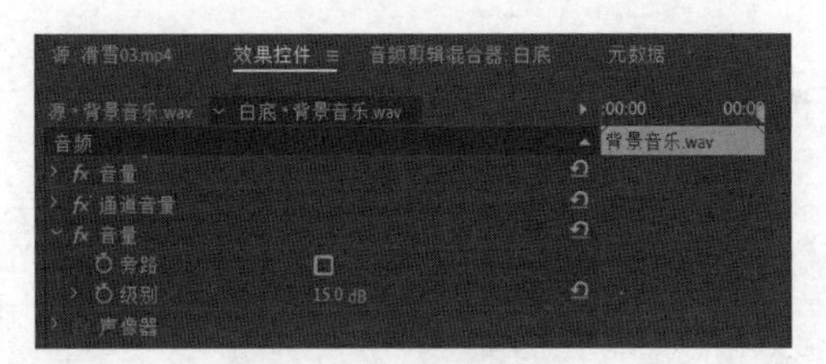

图5-73　设置音频效果

STEP 36 预览制作的视频内容，确认无误后将其保存并导出名为“电视广告.mp4”的视频文件。

5.4.2 设置字幕格式

字幕格式除了常见的字体、字体大小、填充颜色外，还包括对齐方式、字距、行距、字形、描边颜色、背景、阴影等。其操作方法：在“时间轴”面板中选择需要设置的字幕对象，在“效果控件”面板中展开“文本/源文本”选项，修改其中的参数就能全面设置字幕格式，如图5-74所示。下面介绍部分参数的作用。

- "对齐方式"按钮组：该组中包含10个按钮，各按钮从左至右的作用分别是使文本左对齐、居中对齐、右对齐、最后一行左对齐、最后一行居中对齐、两端对齐、最后一行右对齐、顶对齐、垂直居中对齐、底对齐。
- "字距调整"按钮：调整字符与字符之间的距离。
- "行距"按钮：调整行与行之间的距离。
- "字形"按钮组：该组中包含7个按钮，各按钮从左至右的作用分别是将文本加粗、倾斜、调整为大写字母、调整为小写字母、调整为上标、调整为下标、添加下划线。
- "描边"复选框：单击选中该复选框，可为字幕添加各种颜色的描边效果。在该栏右侧单击按钮可在原描边基础上再添加一种描边，制作出多种描边效果。在按钮右侧可设置描边粗细。
- "背景"复选框：单击选中该复选框，可为字幕添加不同颜色的背景图案，并可设置背景的不透明度、大小和角半径。
- "阴影"复选框：单击选中该复选框，可为字幕添加不同颜色的阴影效果，并可设置阴影的不透明度、角度、距离、大小和模糊程度。

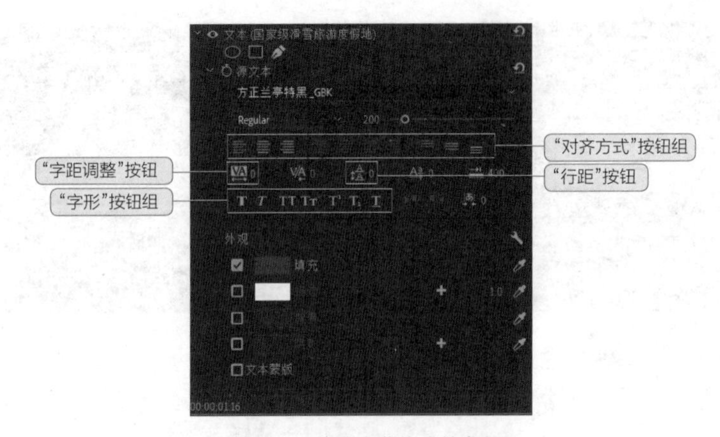

图5-74　设置字幕格式的参数

5.4.3 应用音频过渡效果

Premiere除了提供有大量的音频效果外，还整合了音频过渡的功能。在"效果"面板中双击"音频过渡/交叉淡化"选项，将某个音频过渡选项拖曳到"时间轴"面板的音频素材上，就能使音频的音量实现从弱到强或从强到弱的过渡效果，如图5-75所示。

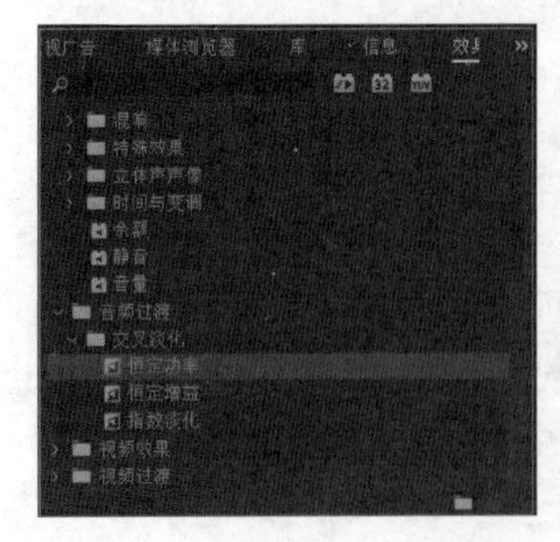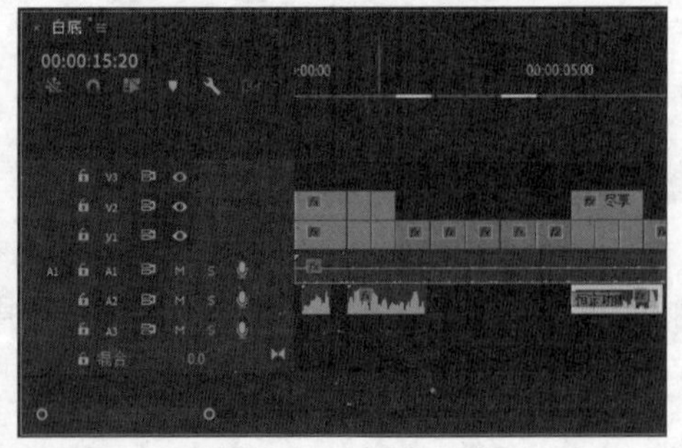

图5-75　Premiere中的音频效果

技能提升

在制作视频的过程中，可以认识到，不仅仅视频和字幕的位置、大小、角度可以利用关键帧来展现动态变化，视频、字幕和音频的其他属性以及添加的视频效果、音频效果中的各种参数也可以通过关键帧来进行控制。

前面制作的电视广告视频案例中利用了多种不同颜色的遮罩图层来丰富画面效果，但对应的字幕颜色却没有变化。请尝试通过为字幕添加源文本关键帧来修改字幕颜色，并让字幕颜色跟随背景颜色发生改变，具体变化：红色背景对应黄色字幕、蓝色背景对应红色字幕、黄色背景对应蓝色字幕，如图5-76所示。

开启全民健身的新方式　开启全民健身的新方式　开启全民健身的新方式

图5-76　使用源文本关键帧控制字幕颜色

5.5 课堂实训

5.5.1 制作热爱犬类的公益视频

1. 实训背景

某爱犬协会为了在社会上倡导爱护犬类的风气，以达到减少流浪狗的产生、降低犬类伤人事件、打击犬类偷盗黑色产业链等目的，需要制作一段关于热爱犬类的公益视频，希望通过这段视频让更多的人能够善待犬类，并投入到保护犬类的公益事业中。

2. 实训思路

（1）确定内容。如果直接通过视频向人们传达热爱犬类的原因和其他可能造成的后果，可能无法引起较大的反响。因此视频内容可以考虑直接展示某只小狗的生活状态，让小狗可爱、聪明的形象深入人心，这样才可能让更多的人理解和爱上这种动物。

（2）展示情绪。本视频应该展示出活泼欢快的情绪，让人们在轻松愉悦的氛围下感受犬类的可爱。为此，视频剪辑、背景音乐、字幕效果都应该以“活泼”“欢快”等关键词为导向，尽可能地让视频传达出这些情绪。

本实训的参考效果如图5-77所示。

素材位置：素材\第5章\热爱犬类素材\

效果位置：效果\第5章\热爱犬类.mp4、热爱犬类.prproj

效果预览

图5-77 视频参考效果

3. 步骤提示

视频教学：制作热爱犬类公益视频

STEP 01 新建“热爱犬类”项目，导入“狗狗01.mp4”～“狗狗05.mp4”素材，将其添加到V1轨道，并将每个素材的时长裁剪为3秒。

STEP 02 在“狗狗01.mp4”素材的开始和“狗狗05.mp4”素材的结束位置添加“黑场过渡”的转场效果，并调整过渡效果的持续时间为13帧。

STEP 03 为视频添加适当的字幕，字体属性为“方正稚艺简体，100，#FFFFFF，黑色阴影”，将字幕均放置在画面下方。

STEP 04 导入“背景音乐.mp3”素材，将其添加到A1轨道。

STEP 05 预览内容并保存项目，将导出名称为“热爱犬类.mp4”的视频文件。

5.5.2 制作企业宣传视频

1. 实训背景

某无人机研发公司将在网络、电视、户外等各种媒体上投放企业宣传视频。现录制有6个视频素材，需要利用这些素材制作一段视频，要求通过视频内容能够让潜在用户了解企业情况与产品。

2. 实训思路

（1）明确宣传内容。制作该宣传视频是为了让用户了解企业的基本情况与产品，因此视频内容可以重点从研发和产品这两个角度进行展现，视频结尾可以体现出企业的宣传口号。

（2）控制节奏。整个视频的节奏应该轻松、愉快，画面与画面之间需要过渡得自然流畅，背景音乐需要营造出“舒心”的气氛，同时也需要有一定的节奏感，强调科技公司的属性。

本实训的参考效果如图5-78所示。

效果预览

图5-78 视频参考效果

素材位置：素材\第5章\企业宣传素材\

效果位置：效果\第5章\企业宣传.mp4、企业宣传.prproj

3. 步骤提示

STEP 01 新建“企业宣传”项目，导入“企业01.mp4”～“企业06.mp4”素材，将其添加到V1轨道，并利用“剃刀工具”将“企业02.mp4”素材剪断为3个部分，将“企业03.mp4”素材剪断为两个部分。

STEP 02 按照“总体介绍-研发介绍-产品介绍”的展示顺序，调整各视频素材的位置和时长。

视频教学：制作企业宣传视频

STEP 03 为视频素材添加“视频效果/颜色校正/Lumetri颜色”的视频效果，然后在“效果控件”面板中适当调整画面颜色。

STEP 04 在画面与画面之间添加“交叉溶解”的过渡效果，并在整个轨道的开头和结束添加“黑场过渡”的过渡效果。

STEP 05 为画面添加合适的字幕，字体属性为“方正兰亭准黑简体，96，#FFFFFF，黑色阴影”，除第1个画面的字幕放在画面左侧、第2个画面的字幕放在上方外，其他画面的字幕均放在画面下方。

STEP 06 为第1个字幕添加不透明度关键帧，使其呈现出“淡入”的动态效果。

STEP 07 导入“背景音乐.mp3”素材，将其添加到A1轨道。

STEP 08 预览内容并保存项目，将导出名称为“企业宣传”的视频文件。

课后练习

练习1 制作水果广告视频

某水果经销企业准备主推一种水果，需要通过简洁的画面和字幕，让用户能够在观看到视频后产生购买的兴趣。制作时首先新建项目，然后导入并添加视频素材，通过裁剪视频、调整视频播放速度等一系列操作处理视频内容，接着为视频素材添加视频过渡效果，最后在视频上添加字幕和背景音乐。制作完成后的参考效果如图5-79所示。

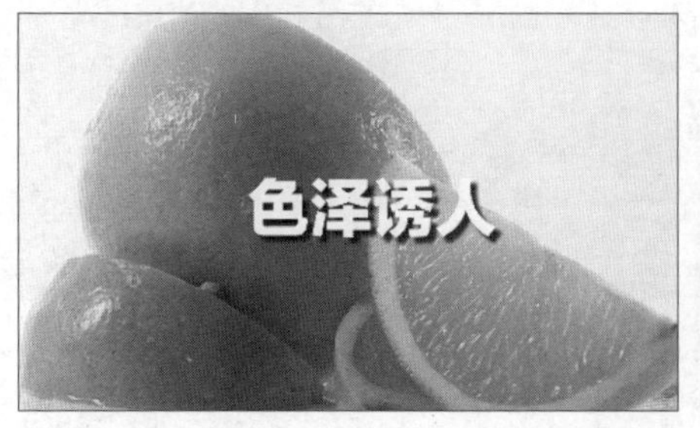

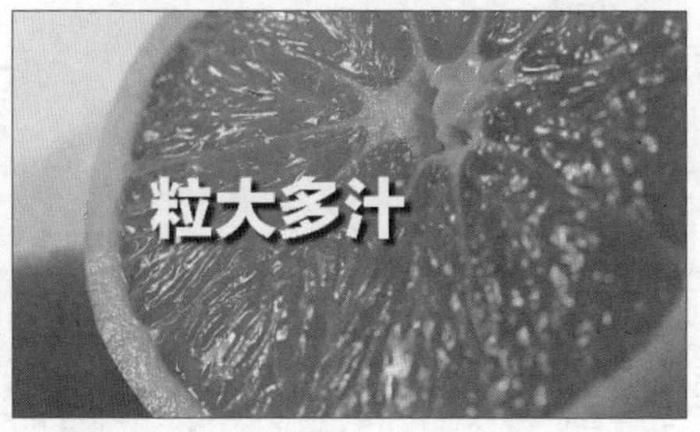

效果预览

图5-79 视频参考效果

素材位置：素材\第5章\水果广告素材\

效果位置：效果\第5章\水果广告.mp4、水果广告.prproj

练习 2 制作社区篮球宣传视频

某社区为了将“全民健身”的理念深入人心，特组织了一场社区篮球赛。为了让更多的人参与，该社区需要制作一段篮球宣传视频。制作时首先新建项目，然后导入并添加视频素材，通过一系列操作处理视频内容，并加入文字。制作完成后的参考效果如图5-80所示。

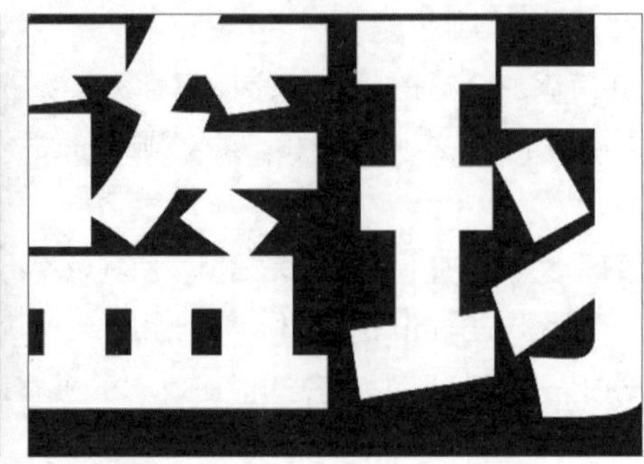

效果预览

图5-80 视频参考效果

素材位置：素材\第5章\社区篮球宣传素材\

效果位置：效果\第5章\社区篮球.mp4、社区篮球.prproj

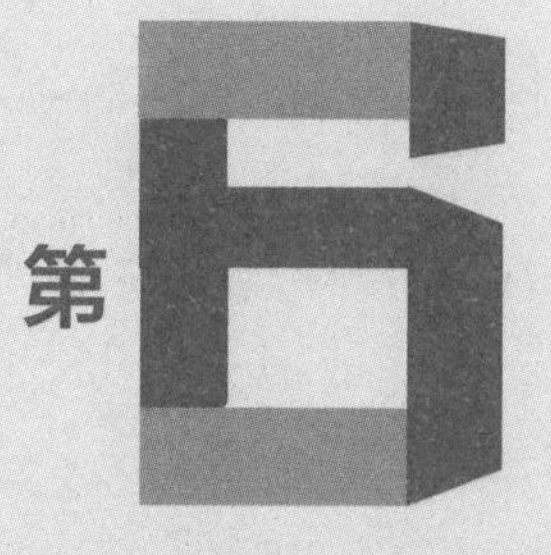

第6章 使用After Effects制作后期特效

随着数字媒体技术的不断发展，人们对视频效果多样性和创新性的要求也逐渐提高，后期特效便应运而生。After Effects是一款专业的特效制作软件，可以使视频呈现出更具创意的效果。在使用After Effects制作后期特效前，用户需要先掌握后期特效制作的基本操作，以便在之后的后期特效制作中能够熟练运用数字媒体技术，提高后期特效制作的工作效率。

学习目标

◎ 掌握后期特效与 After Effects 的相关基础知识

◎ 掌握后期特效制作的基本操作

◎ 掌握多种常见特效的制作方法

素养目标

◎ 对特效制作产生兴趣

◎ 提升制作特效的逻辑思维和创新思维

案例展示

三维空间的手机广告

文明行车广告特效

雷雨天气特效

6.1 后期特效与After Effects基础

后期特效依靠After Effects软件，能够为用户带来更高质量的视频作品和视觉体验。了解后期特效与After Effects基础，有助于用户更好地进行作品的设计与制作，从而顺利进入并不断深入探索后期特效制作领域。

6.1.1 后期特效的制作思路

后期特效是指通过后期人工制造出来的具有强烈的表现力和视觉冲击力的假象或幻觉，如超自然现象、爆破、魔法等，如图6-1所示。在进行后期特效制作前，应规划好制作思路，以便有条理、有目标、有规划地完成后期特效的制作。

图6-1 后期特效

1. 前期策划

明确用户的需求是进行前期策划的前提。不同的目标用户所关注的特效不同，因此需要根据目标用户的需求、视频的内容定位来确定需要制作的后期特效，甚至创作人物和场景的概念设计图。

2. 收集和整理素材

素材是后期特效制作的重要内容。后期特效制作的常见素材主要有文字、图像、音频、视频、项目模板、插件等，这些素材可以通过自行撰写、拍摄、网站下载等方式进行收集。完成素材的收集后，可以将素材保存到计算机中指定的位置，并根据素材的不同类别进行分组管理，以便查找和使用。

3. 构建模型并贴图

整理完素材后，可以开始运用后期特效制作软件根据前期策划和收集的素材制作模型，包括场景和角色模型的构建，将二维的设定转成三维的模型，然后通过为模型添加材质和纹理贴图，使模型呈现出需要的质感。

4. 制作动画

处理完模型后，可以在后期特效制作软件中调整摄像机的位置、角度，设置模型的运动轨迹和动作，并在画面中布局模型和收集的其他素材，根据需要为素材制作特殊的动画效果。

5. 设置灯光

灯光有助于模拟现实环境中物体的明暗和阴影效果，对模型和素材进行灯光上的艺术性加工能够使画面更加真实 。

6. 剪辑优化

根据前期策划剪辑特效画面，并通过调色、添加过渡效果等操作进一步提升画面效果，将之前的所有工作内容整合为更加流畅、和谐、完整的特效视频。

7. 渲染输出

完成后期特效制作后，首先需要通过渲染使视频得以流畅播放，再通过输出操作将后期特效制作中合成的画面输出为需要的输出文件格式，以便在不同的软件和设备中进行传播。

以上便是后期特效的制作思路，在实际运用中还可根据具体需求添加或减少相应的流程环节。

6.1.2 认识 After Effects 的操作界面

After Effects是Adobe公司推出的一款视频后期特效制作软件。它可以轻松实现视频、图像、图形、音频素材的编辑合成及特效处理，适合从事视频后期特效制作的机构或个人使用，如电影公司、电视台、动画制作公司、个人后期制作工作室、多媒体工作室或剪辑师、特效师等。下面以After Effects 2022版本为例进行介绍。

启动After Effects 2022后，会自动呈现“主页”界面，单击右上角的“关闭”按钮☒，将进入After Effects 2022（以下简称“AE”）的默认操作界面。该界面主要由标题栏、菜单栏、“工具”面板、“项目”面板、“合成”面板、“时间轴”面板及其他工具面板组组成，如图6-2所示。

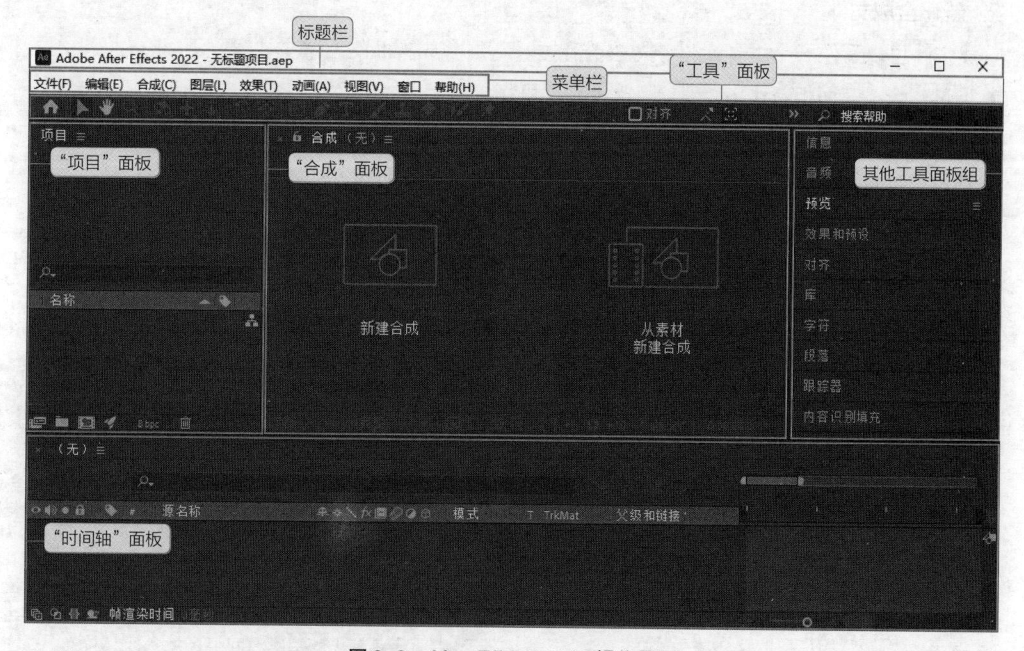

图6-2 After Effects 2022 操作界面

- 标题栏：位于 AE 操作界面最上方，左侧主要显示 AE 的版本情况和当前编辑的文件名称（若名称右上角有“*”，表示该文件最新一次的修改尚未保存）。标题栏最右侧的控制按钮组分别用于最小化、最大化或向下还原、关闭操作界面等操作。
- 菜单栏：位于标题栏下方，包含了 AE 全部功能的命令操作。
- “工具”面板：位于菜单栏下方，主要包括 3 个部分，最左侧为“主页”按钮，中间部分为工具属性栏，右侧为操作模式选项。

- “项目”面板：用于管理素材，所有导入 AE 的素材都将显示在该面板中。
- “合成”面板：主要用于预览当前合成的画面效果，还可用于编辑素材的大小、位置、角度等。
- “时间轴”面板：位于 AE 操作界面的下方，左侧为图层控制区，用于管理和设置图层对应素材的各种属性；右侧为时间线控制区，用于为对应的图层添加关键帧以实现动态效果。
- 其他工具面板组：在“默认”操作模式下，部分其他工具面板位于“合成”面板右侧，还有一些工具面板由于 AE 操作界面布局有限，因此已被隐藏。具体运用时，可结合菜单栏中的“窗口”菜单项来调整 AE 操作界面中需要显示的面板。

6.1.3 After Effects 的基本操作

启动AE后，需要通过新建项目文件、新建合成文件、导入素材等基本操作，才能开始制作特效。

1. 新建项目文件

项目文件包含整个项目中所有引用的素材以及合成文件。新建项目文件的方法主要有以下两种。

- 通过按钮新建：启动 AE，在“主页”界面中单击【新建项目】按钮。
- 通过菜单命令新建：启动 AE，在菜单栏中选择【文件】/【新建】/【新建项目】命令或按【Ctrl + Alt + N】组合键。

2. 新建合成文件

合成文件可以看作一个组合素材、特效的容器。新建合成文件的方法主要有以下3种。

- 通过“合成”面板新建：新建项目文件后，可直接在“合成”面板中选择“新建合成”选项。
- 通过菜单命令新建：选择【合成】/【新建合成】命令或按【Ctrl + N】组合键。
- 通过“项目”面板新建：在“项目”面板空白处单击鼠标右键，在弹出的快捷菜单中选择【新建合成】命令或单击“项目”面板底部的“新建合成”按钮。

执行上述3种操作都将打开“合成设置”对话框，如图6-3所示。在其中设置需要的参数后，单击【确定】按钮可新建合成。

- 合成名称：主要用于命名合成。为了便于管理文件，应尽量不使用默认名称。
- 预设：“预设”下拉列表中包含了 AE 预留的大量预设类型，选择其中某种预设后，将自动定义文件的宽度、高度、像素长宽比等，或者选择“自定义”选项，自定义合成文件属性。
- 宽度、高度：用于设置合成文件的宽度和高度，若勾选“锁定长宽比”复选框，宽度和高度会同时发生变化。
- 像素长宽比：需要根据素材的不同自行选择，默认选择“方形像素”。

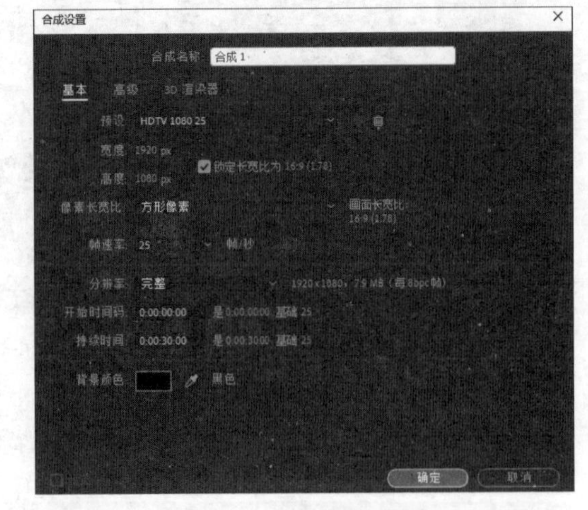

图6-3 “合成设置”对话框

- 帧速率：帧速率越高，画面越精致，但所占内存也越大。

- **分辨率**：用于设置画面显示的分辨率占预设宽度、高度的比例。分辨率越低，画面预览效果越流畅，但画面也会更加模糊。
- **开始时间码**：用于设置合成文件播放时的开始时间，默认为 0 帧。
- **持续时间**：用于设置合成文件播放的具体时长。
- **背景颜色**：用于设置合成文件的背景颜色（默认为黑色）。

3. 导入素材

AE支持多种素材的导入，包括静态图像、视频、音频等。导入素材的方法主要有以下3种。

- **基本操作**：选择【文件】/【导入】/【文件】命令、在“项目”面板的空白区域双击、在空白区域处单击鼠标右键并在弹出的快捷菜单中选择【导入】/【文件】命令或直接按【Ctrl+I】组合键，上述操作都可以打开“导入文件”对话框，从中选择需要导入的一个或多个素材文件，单击导入按钮完成导入操作。
- **导入序列**：序列是指一组名称连续且扩展名相同的素材文件，如“01.jpg”“02.jpg”“03.jpg”等。打开“导入文件”对话框，选择“01.jpg”文件，此时可勾选对话框中的“ImporterJPEG 序列”复选框，如图 6-4 所示，然后单击导入按钮，AE 将自动导入所有连续编号的素材序列。如果选择其他素材序列，则复选框的名称会有所变动，但位置不变。

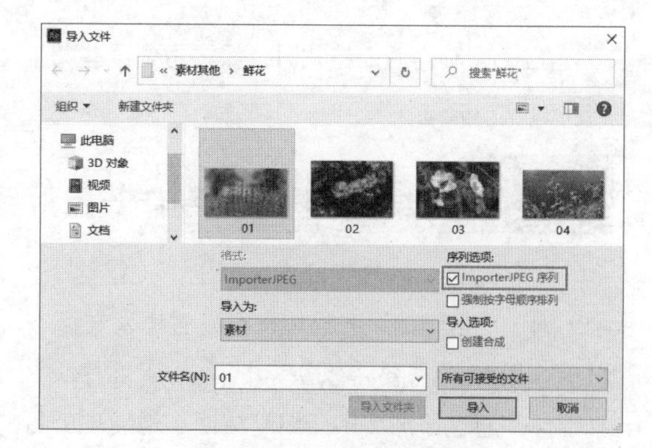

图6-4　“合成设置”对话框

- **导入分层素材**：当导入含有图层信息的素材时，可以通过设置保留素材中的图层信息。例如，导入 Photoshop 生成的 PSD 文件时，在“导入文件”对话框中选择 PSD 文件并单击导入按钮后，将打开对应素材名称的对话框。若在该对话框的“导入种类”下拉列表中选择“素材”选项，单击选中“合并的图层”单选按钮，则导入的素材合并为一个图层，如图 6-5 所示；若单击选中“选择图层”单选按钮，则可单独导入某个图层。若在“导入种类”下拉列表中选择“合成”选项，单击选中“可编辑的图层样式”单选按钮，则导入的素材将保留完整的图层信息，并支持编辑图层样式，如图 6-6 所示；若单击选中“合并图层样式到素材”单选按钮，则不可编辑图层样式，但素材的渲染速度会更快。

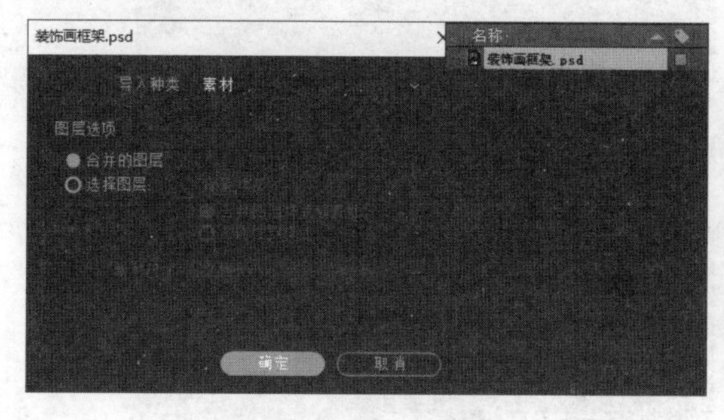

图6-5　合并的图层

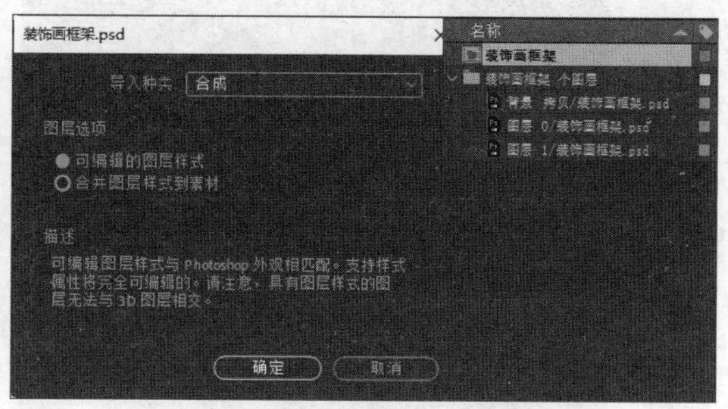

图6-6　可编辑的图层样式

4. **替换素材**

如果项目文件中的已有素材不符合制作需要或提示素材丢失、无法找到链接等问题，都可以进行素材替换操作，其操作方法：在“项目”面板中选择需要替换的素材，单击鼠标右键，在弹出的快捷菜单中选择【替换素材】/【文件】命令或在菜单栏中选择【文件】/【替换素材】/【文件】命令，打开“替换素材文件”对话框，双击新素材进行替换。

6.2 后期特效制作的基本操作

在AE中制作后期特效时，需要用到一些关于图层和关键帧动画的基本操作，才能顺利完成整个后期制作流程。

6.2.1 课堂案例——制作节目片头特效

案例说明：综艺节目《星空之下（露营季）》近期拍摄完毕，该节目倡导在繁忙的学习和工作之余，通过在祖国的风光秘境旅行，感悟人文百态，传达积极、乐观的生活态度。现节目后期团队进入素材剪辑阶段，需要将星空素材融入节目片头制作后期特效，营造出浪漫、温馨的氛围，并通过添加文字介绍简洁明了地展现节目的风格与特色，以期在短时间内提升节目的吸引力，参考效果如图6-7所示。

效果预览

知识要点：创建图层、设置图层属性、管理与编辑图层。

素材位置：素材\第6章\夜空.jpg、背景.mp4

效果位置：效果\第6章\节目片头特效.aep

图6-7 参考效果

设计素养

节目片头是一个节目开始播放时的片段，通常由节目中的典型片段、3D 动画或后期特效组合而成，可以体现出该节目的定位和风格等，时长一般在 15 秒至 30 秒。节目片头是对整个节目的浓缩与概括，能够在短时间内向观众传达节目的形象、理念，以及内容，给观众留下深刻的印象。

具体操作步骤如下。

STEP 01 启动AE并新建项目，导入“夜空.jpg”素材，在“合成”面板中选择“从素材新建合成”选项，然后导入“背景.mp4”素材。

视频教学：制作节目片头特效

STEP 02 将“夜空.jpg”素材拖曳到“时间轴”面板左侧图层控制区“背景.mp4”素材的上方，单击“夜空.jpg”素材左侧的按钮，展开“变换”栏，设置缩放为“38.3，25.0%”，并在“夜空.jpg”素材右侧的“模式”下拉列表中选择“变亮”选项，然后直接在“合成”面板中通过拖曳调整该素材的位置，如图6-8所示。

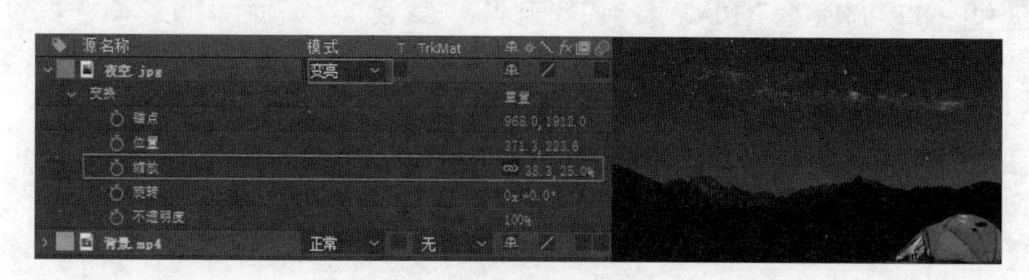

图6-8　调整“夜空.jpg”素材

STEP 03 选择【图层】/【新建】/【文本】命令新建文本图层，此时“合成”面板中自动出现文本插入点，输入“星”文字，然后打开“字符”面板，设置字体、大小、颜色分别为“方正书宋简体”“130像素”“#FFFFFF”，在“合成”面板中通过拖曳调整文字的位置。使用相同的方法分别输入“空”“之”“下”文字。

STEP 04 在图层控制区中选择“下”图层，单击鼠标右键，在弹出的快捷菜单中选择【图层样式】/【渐变叠加】命令，此时该图层下方出现“渐变叠加”栏，展开该栏，单击“颜色”选项后的“编辑渐变”超链接，打开“渐变编辑器”，在其中设置颜色为“#FFFFFF～#8464A2”。使用相同的方法为“之”图层添加“#FFFFFF～#456FBB”的“渐变叠加”图层样式，效果如图6-9所示。

STEP 05 选择【图层】/【新建】/【形状图层】命令新建“形状图层 1”图层，在“工具”面板中选择“椭圆工具”，单击“填充”超链接，打开“填充选项”对话框，在其中单击“无”按钮，然后单击确定按钮关闭对话框，继续在右侧设置描边颜色、描边宽度分别为“#FFFFFF”“3像素”。按住【Shift】键不放，在“合成”面板中的“星”文字上绘制一个圆。

STEP 06 使用与步骤05相同的方法在“星”文字下方绘制3个填充颜色为“#FFFFFF”的圆，然后在3个圆上输入“露营季”文字，在画面底部输入“一/段/回/忆　一/段/旅/程”文字，效果如图6-10所示。

STEP 07 新建一个内容为“绘梦星河”的文本图层，设置字体大小为“40”。在图层控制区中选择“形状图层 1”图层，按【Ctrl+C】组合键复制，再按【Ctrl+V】组合键粘贴得到“形状图层 5”图层，依次展开该图层的“内容”“椭圆1”“描边1”栏，单击“虚线”选项后的按钮，将圆的描边线条变为虚线，然后调整圆的大小和位置。

图6-9 文字效果

图6-10 形状和文字效果

STEP 08 按住【Ctrl】键不放，在图层控制区中选择“形状图层 5”图层和“绘梦星河”图层，单击鼠标右键，在弹出的快捷菜单中选择【预合成】命令，将两者合并为“预合成 1”图层。此时在“项目”面板中选择“预合成 1”素材，按【Ctrl+C】组合键复制，再按两次【Ctrl+V】组合键粘贴，得到“预合成 2”素材和“预合成 3”素材，将这两个素材拖曳到“时间轴”面板左侧图层控制区“预合成 1”图层上方，在“合成”面板中调整这3个预合成至画面下方同一水平线上。

STEP 09 双击“预合成 2”图层，“合成”面板中将仅显示该合成画面，使用“横排文字工具”T修改其中的文字为“户外体验”，然后在“时间轴”面板中单击“背景”选项卡。使用相同的方法修改“预合成 3”图层中的文字为“探寻秘境”，效果如图6-11所示。

STEP 10 新建形状图层，使用“星形工具”绘制一个填充颜色为“#FFEE9E”的星形形状，设置该图层的图层样式为“外发光”，设置外发光大小为“40”，效果如图6-12所示。

STEP 11 复制多个星形图层，并设置这些星形的大小和位置。选择所有的星形图层，然后将其预合成，双击该预合成图层，再选择其中一个星形图层，将鼠标指针移至时间轴面板右侧图层入点处，当其变为形状时，按住鼠标左键不放向右拖曳入点。使用相同方法为其他星形图层调整不同的入点，制作出星星不定时出现的视觉效果，如图6-13所示。

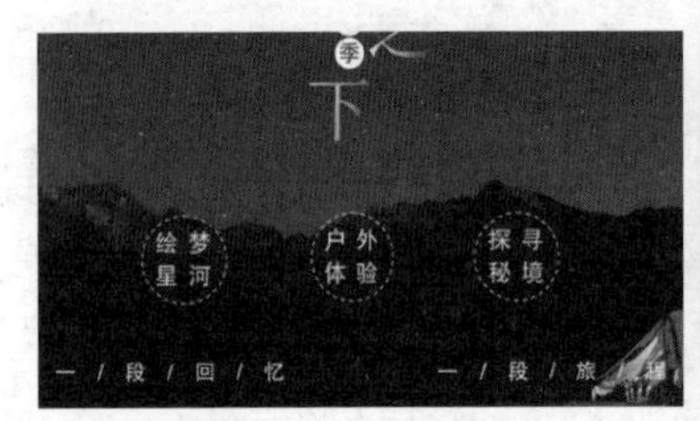

图6-11 预合成效果

图6-12 星形外发光效果

图6-13 调整入点

STEP 12 在“时间轴”面板中单击“背景”选项卡，打开“预览”面板，在其中单击“播放/停止”按钮预览节目片头特效。按【Ctrl+S】组合键保存文件，并设置文件名为“节目片头特效”。

6.2.2 创建不同类型的图层

在AE中无论是合成动画还是制作特效，都离不开图层。AE中的图层主要有7种，如图6-14所示。在“时间轴”面板的空白区域单击鼠标右键，在弹出的快捷菜单中选择【新建】命令或在菜单栏中选择【图层】/【新建】命令，在弹出的子菜单中可以选择命令创建对应的图层，如图6-15所示。

图6-14 7种图层

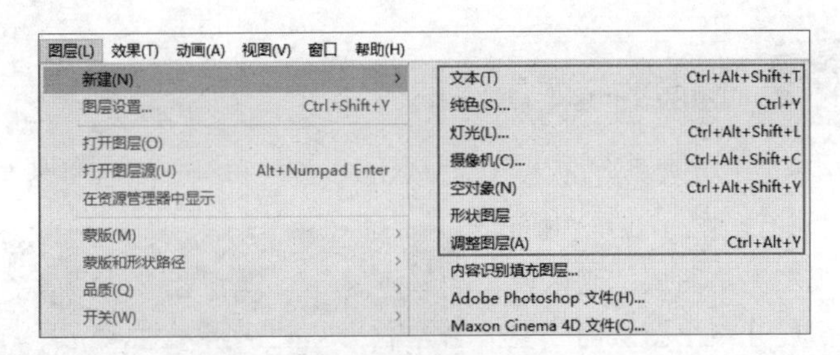

图6-15 【图层】/【新建】命令对应的子菜单

- 文本图层：主要用于创建文本对象，用户可以在文本图层中调整文本的字体、段落格式，也可以将AE的特效应用到文本图层上。该图层的名称默认为“<空文本图层>”（若在“合成”面板中输入了文字，则该图层名称将变为输入的文字内容），图层名称前的图标为T。若需要重新修改文本内容及其格式，用户可借助“横排文字工具”T或“直排文字工具”IT来实现。
- 纯色图层：“合成”面板中默认的背景是黑色的，如果没有背景素材，则可以创建纯色图层作为背景。除此之外，还可以在纯色图层上添加特效或将纯色图层作为其他图层的遮罩等。纯色图层的默认名称为该纯色图层的颜色名称加上“纯色”文字，图层名称前的图标为该纯色图层的颜色色块。
- 灯光图层：主要是作为三维图层（也称为3D图层，它是立体空间上的图层，可让二维图层的坐标轴从*XY*轴变为*XYZ*轴，然后在3个坐标轴上进行编辑，从而实现真实的空间效果）的光源。灯光图层的默认名称为该图层的灯光类型，图层名称前的图标为。

不能为图层设置灯光怎么办?

如果某图层为二维图层，则不能为该图层设置灯光。若要为该图层设置灯光，需要先在“时间轴”面板中单击普通二维图层（平面空间上的图层，坐标轴只有*XY*轴）中的三维图层标记下方的图标，或者在“时间轴”面板中选择普通二维图层，然后选择菜单栏中的【图层】/【3D图层】命令，将其转换为三维图层，最后才能设置灯光。

- 摄像机图层：主要通过平移、推拉、摇动等操作来模仿真实的摄像机视角，从而实现动态图形的运动效果，但只能作用于三维图层。摄像机图层的默认名称为“摄像机”，图层名称前的图标为。
- 空对象图层：空对象图层不会被AE渲染出来，但是具有很强的实用性。例如文件中有大量的图层需要做相同的效果时，可以建立空对象图层，然后将需要做相同效果的图层通过父子关系链接到空对象图层上，再通过调整空对象图层来调整这些图层。空对象图层的默认名称为“空”，图层名称前的图标为白色色块。
- 形状图层：主要用于建立各种简单或复杂的形状、路径，结合“工具”面板的形状工具组和钢笔工具组中的各种工具就可以绘制出各种形状。形状图层的默认名称为“形状图层”，图层名称前的图标为。
- 调整图层：主要用于统一调整画面色彩、特效等，类似一张空白的图像，但应用于调整图层上的效果会全部应用于它下方的所有图层。调整图层的默认名称为“调整图层”，图层名称前的图标为白色色块。

6.2.3 图层的基本属性

AE中的图层主要具有锚点、位置、缩放、旋转和不透明度5种基本属性，大多数动态效果都是基于这些属性进行操作的。在“时间轴”面板左侧的图层控制区域中，依次展开某个图层的“变换”栏，就可以看到该图层的所有属性，如图6-16所示。

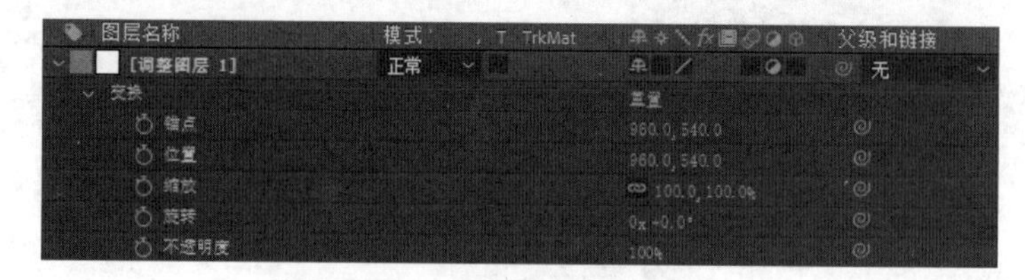

图6-16 图层的基本属性

提示

实际操作中，使用快捷键可以快速显示所需图层属性，以提高操作效率。其中，按【A】键可以显示锚点属性，按【P】键可以显示位置属性，按【S】键可以显示缩放属性，按【R】键可以显示旋转属性，按【T】键可以显示不透明度属性。

- 锚点：图层的轴心点坐标，是图层进行移动、缩放、旋转时的参考点。默认情况下，锚点位于画面中心，调整锚点位置可使用“工具”面板中的“向后平移（锚点）工具”选择锚点后并拖曳，或者在“时间轴”面板中调整锚点属性后的参数。
- 位置：设置图层的位置属性可以使图层产生位移的运动效果。二维图层的位置属性可以设置 X 轴和 Y 轴两个方向的位置参数；三维图层则可以设置 X 轴、Y 轴和 Z 轴 3 个方向的位置参数。
- 缩放：设置图层的缩放属性可以使图层以锚点为中心，产生放大或缩小的运动效果。
- 旋转：设置图层的旋转属性可以使图层以锚点为中心，产生旋转的运动效果。在“时间轴”面板中显示图层的旋转属性后，“0x”中的“0”表示旋转的圈数，一圈为 360°，“3x”即表示旋转 3 圈，后面的参数为在旋转圈数基础上额外增加的不足一圈的度数，“3x+305.0°”即表示旋转 3 圈加 305°。
- 不透明度：设置图层的不透明度属性可以使图层产生逐渐淡入或逐渐淡出的运动效果，其设置范围为 0% ～ 100%。

6.2.4 管理与编辑图层

管理与编辑图层主要在“时间轴”面板左侧的图层控制区中进行。其中，选择、移动、重命名图层，以及设置图层样式、混合模式的操作与在Photoshop、Premiere中的相关操作类似，这里不再赘述。

1. 复制与替换图层

在后期特效制作中，当需要完全相同的图层时，可通过复制图层简化重复操作；当需要保留图层的各种属性设置，但不需要图层内容时，可通过替换图层操作来节约重新制作的时间。

- 复制图层：在“时间轴”面板中选择需要复制的图层，按【Ctrl+C】组合键复制，然后选择目标图层，按【Ctrl+V】组合键粘贴，所选图层将被复制到目标图层的上方；选择【编辑】/【重复】命令或按【Ctrl+D】组合键，此时会直接把该图层复制到“时间轴”面板中，而不用再执行粘贴操作。

- **替换图层**：在“时间轴”面板中选择需要替换的图层，在“项目”面板中选择新图层，按住【Alt】键不放，将新图层拖曳到“时间轴”面板中需要替换的图层上，即可完成替换图层的操作。

2. 拆分与组合图层

拆分图层便于用户为各个视频片段添加不同的后期特效，拆分后还可以对不同的视频片段进行组合，最终形成一个完整的作品。

- **拆分图层**：选择需要拆分的图层，将时间指示器拖曳至目标位置，选择【编辑】/【拆分图层】命令或按【Ctrl+Shift+D】组合键，所选图层将以时间指示器为参考位置，拆分为上、下两层，如图 6-17 所示。

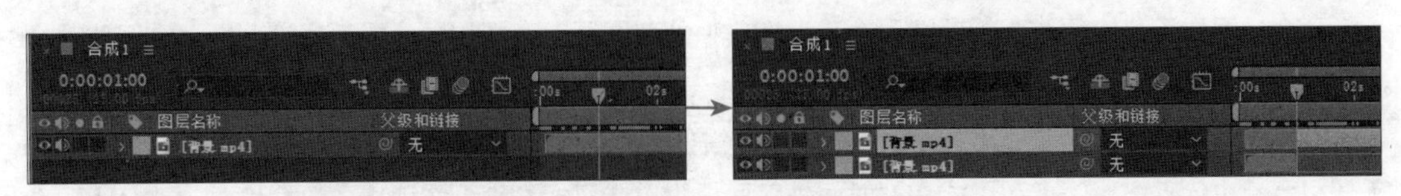

图6-17 拆分图层

- **组合图层**：若要将拆分后的不同图层组合在一起，用户可拖曳该图层的开端至前一段图层的末尾（拖曳的时候按住【Shift】键可自动吸附，以保证两段图层的组合位置不会重叠）；或者在“时间轴”面板中选择需要组合的图层，单击鼠标右键，在弹出的快捷菜单中选择【关键帧辅助】/【序列图层】命令，打开“序列图层”对话框，设置持续时间为 0:00:00:00，单击按钮，可使图层之间无缝衔接。

3. 设置图层的入点与出点

图层的入点即图层有效区域的开始点，出点则为图层有效区域的结束点。

- **精确设置**：单击“时间轴”面板左下角的图标，在图层的“入”文本框和“出”文本框中精确设置图层的入点与出点，如图 6-18 所示。
- **鼠标拖曳设置**：选择目标图层，将鼠标指针移动到图层的入点或出点位置，按住鼠标左键向左或向右拖曳图层，可快速调整图层的入点与出点。
- **通过按钮设置**：在“时间轴”面板中双击需要设置的图层名称，将打开“图层”面板，同时下方将出现时间标尺，标尺上有一个蓝色滑块，该滑块与“时间轴”面板中的时间指示器同步显示。将滑块拖曳到添加入点的位置，在“图层”面板底部单击“将入点设置为当前时间”按钮，然后将滑块拖曳到添加出点的位置，在“图层”面板底部单击“将出点设置为当前时间”按钮，即可设置入点与出点，如图 6-19 所示。在“图层”面板中设置入点与出点后，在“时间轴”面板中可同步查看设置后的效果。

图6-18 精确设置

图6-19 通过按钮设置

4. 链接图层至父级对象

将图层通过父级对象链接到目标图层后，对目标图层的操作会影响与其链接的所有图层，这些受影响的图层被称为子级图层，目标图层为父级图层。例如，为父级图层制作位移的运动效果后，链接的所有子级图层将产生相应的位移的运动效果。链接图层至父级对象的方法：在子级图层“父级和链接”下拉列表中直接选择父级图层或直接拖曳子级图层左侧的父级关联器（螺旋线图标）至父级图层上，如图6-20所示。

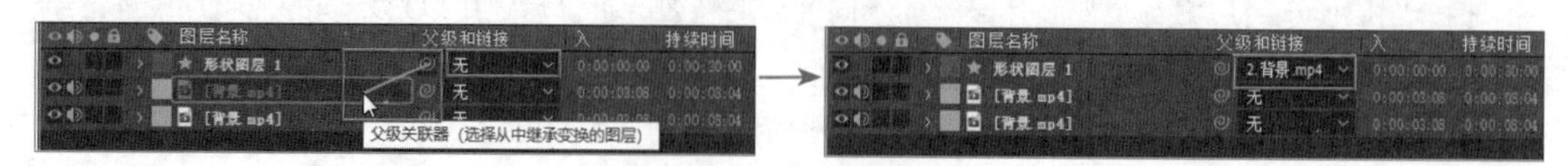

图6-20　链接图层至父级对象

5. 预合成图层

预合成图层不仅方便统一管理图层，还允许单独处理图层。将图层预合成后，这些图层会组成一个新合成，并且该新合成会嵌套于原始合成中。

预合成图层的方法：在“时间轴”面板中选择需要合成的图层，然后选择【图层】/【预合成】命令（按组合键【Ctrl+Shift+C】）或在“时间轴”面板中单击鼠标右键，在弹出的快捷菜单中选择【预合成】命令，打开“预合成”对话框，在“新合成名称”文本框中自定义新合成的名称，单击 确定 按钮。若要单独调整预合成中的某个图层，在“时间轴”面板中双击预合成图层，即可显现出该合成内的所有图层。

6.2.5 课堂案例——制作文明行车广告

案例说明：安全驾驶，文明出行，关乎人民群众生命安全和家庭幸福，更是城市文明的重要标志。为巩固和发展文明城市创建成果，市文明办准备制作一则文明行车广告，现需要制作汽车在行驶路上遇到红灯立即停车的场景特效，通过简洁的特效传达文明行车的号召，参考效果如图6-21所示。

效果预览

知识要点：插入关键帧、渲染文件。

素材位置：素材\第6章\场景.psd、标语.psd

效果位置：效果\第6章\文明行车.aep、文明行车.avi

图6-21　参考效果

具体操作步骤如下。

视频教学：制作文明行车广告

STEP 01 启动AE，新建项目，新建大小为“1920像素×1080像素”、持续时间为“0:00:06:00”的合成，在“项目”面板中双击，打开“导入文件”对话框，选择“场景.psd”素材，单击 导入 按钮，打开“场景.psd”对话框，在“导入种类”下拉列表中选择“合成”选项，单击 确定 按钮，完成导入。

STEP 02 将导入的素材全部拖曳至“时间轴”面板中，将时间指示器移至0:00:00:00处，调整每个图层的大小和位置，效果如图6-22所示。

STEP 03 选择“城市街道/场景.psd”图层，展开其“变换”栏，单击“位置”属性左侧的“秒表”图标，开启关键帧自动记录器，然后在当前时间指示器的位置插入第1个关键帧，并设置位置为“44.0，662.0”。

STEP 04 将时间指示器移至0:00:05:00处，单击“位置”属性左侧的按钮，创建该属性的另一个关键帧，并设置位置为“1889.0，662.0”。

STEP 05 选择“汽车/场景.psd”图层，展开其“变换”栏，单击“位置”属性左侧的“秒表”图标，并设置位置为“1054.0，584.0”，如图6-23所示。

图6-22　调整每个图层的大小和位置

2 汽车/场景.psd
变换 重置
锚点 2099.0,830.0
位置 1054.0,584.0
缩放 100.0,100.0%
旋转 0x+0.0°
不透明度 100%
3 城市街道/场景.psd
变换 重置
锚点 2099.0,830.0
位置 1889.0,662.0

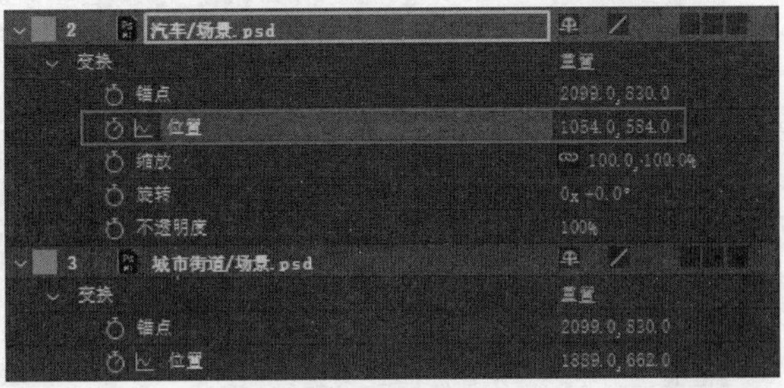

图6-23　添加并设置关键帧

STEP 06 将时间指示器移至0:00:05:24处，单击“汽车/场景.psd”图层“位置”属性左侧的按钮，再创建一个“位置”属性的关键帧，并设置位置为“374.0，584.0”；为了制作出紧急刹车的效果，这里可在0:00:05:15处再添加一个“位置”属性关键帧，并设置位置为“381.0，584.0”，效果如图6-24所示。

STEP 07 将时间指示器移至0:00:05:06处，选择“交警/场景.psd”图层，展开其“变换”栏，单击“位置”属性左侧的“秒表”图标，在“合成”面板中将该素材移至画面外的左下角。

STEP 08 将时间指示器移至0:00:05:15处，单击“交警/场景.psd”图层“位置”属性左侧的按钮，创建一个“位置”属性关键帧，并设置位置为“1165.6，747.4”，效果如图6-25所示。

图6-24　汽车位置

图6-25　交警位置

STEP 09 将时间指示器移至0:00:05:24处，选择“光/场景.psd”图层，将该素材移至最右侧的红灯上，并适当调整大小，展开其“变换”栏，单击 “不透明度”属性左侧的“秒表”图标，并设置不透明度为“52%”，效果如图6-26所示。

STEP 10 将时间指示器移至0:00:05:19处，单击“光/场景.psd”图层“不透明度”属性左侧的按钮，创建一个“不透明度”属性关键帧，并设置不透明度为“100%”。使用相同的方法在0:00:05:15处添加一个不透明度为“0%”的关键帧，在0:00:05:11处添加一个不透明度为“100%”的关键帧，在0:00:05:06处添加一个不透明度为“0%”的关键帧，制作出光在闪烁的效果。

STEP 11 导入“标语.psd”素材，将其中的两个图层拖曳至“时间轴”面板中，调整大小和位置，效果如图6-27所示。将时间指示器移至0:00:05:24处，为这两个图层添加“位置”属性关键帧。

图6-26 “52%”不透明度对应的效果

图6-27 标语效果

STEP 12 将时间指示器移至0:00:05:15处，将“标语.psd”素材中的图层水平移至画面外左侧，并添加“位置”属性关键帧，制作从左飞入画面效果，如图6-28所示。然后按【Ctrl+S】组合键保存文件，并设置文件名为“文明行车”。

STEP 13 选择【合成】/【添加到渲染队列】命令，将合成添加到“渲染队列”面板中，展开“输出模块”栏，单击“高品质”超链接，打开“输出模块设置”对话框，在“格式”下拉列表中选择“AVI”选项，单击确定按钮；继续在“输出模块”栏中单击“合成1.avi”超链接，打开“将影片输出到”对话框，在其中选择输出文件的保存位置，并设置文件名为“文明行车”，单击保存(S)按钮。单击“渲染队列”面板右上角的渲染按钮即可开始输出文件，如图6-29所示。

图6-28 标语从左飞入画面效果

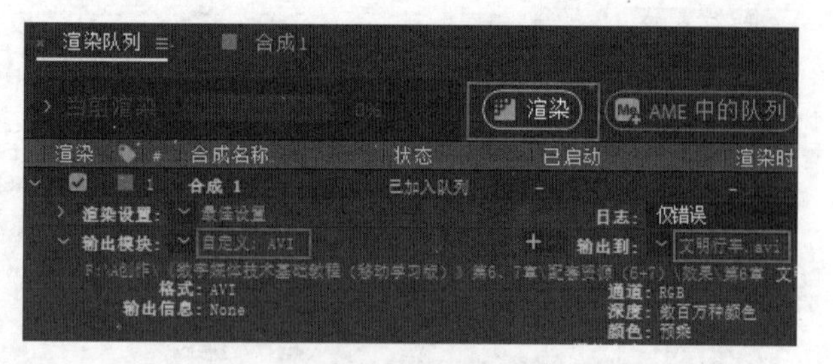

图6-29 输出文件

6.2.6 关键帧与关键帧运动路径

关键帧是指角色或者物体在运动或变化时关键动作所处的那一帧。插入关键帧并调整关键帧的运动路径，可以得到关键帧之间较为流畅的动态画面。

1. 插入关键帧

插入关键帧的一般方法是激活图层基本属性或特效中某个属性的关键帧自动记录器（“秒表”图

标（秒表图标），通过改变属性值自动插入关键帧。以图层的“位置”属性为例，插入关键帧的操作方法：在“时间轴”面板中选择图层，展开图层“变换”栏的“位置”属性，将时间指示器定位到插入第一个关键帧的位置，单击“位置”属性左侧的“秒表”图标，开启关键帧自动记录器，并在当前时间指示器的位置插入第1个关键帧；将时间指示器移至下一个需要插入关键帧的位置，单击该属性左侧的按钮（或直接调整属性值）可以创建该属性的另一个关键帧，同时该按钮变为，如图6-30所示。依此类推，即可为图层的基本属性插入多个关键帧，从而实现动态效果。

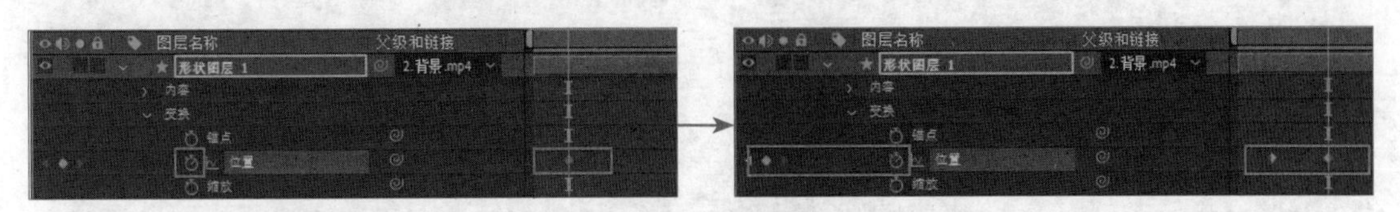

图6-30　插入关键帧

2. 调整关键帧运动路径

当为对象的空间属性（可以改变时间和位置的属性，如“位置”属性、“锚点”属性）添加多个关键帧后，将自动生成一个运动路径。选择该对象时，关键帧的运动路径也会显示出来。如图6-31所示，左侧为对象的运动路径，该路径显示为一连串的点，每个点代表一帧画面，其中方块点表示关键帧所在的位置，单击某个方块点时可选中该关键帧；点与点之间的密度表示关键帧之间的相对速度；圆框表示当前时间对象锚点所在的位置。

在关键帧之间生成的运动路径默认为平滑的贝塞尔曲线，若曲线不符合预期的运动效果，用户可适当将其进行调整，其操作方法：选择“选取工具”，选中需要调整的方块点，将鼠标指针移至方块点两侧的手柄上，按住鼠标左键不放并拖曳鼠标，可调整曲线的形状（此方法与在Photoshop中使用“钢笔工具”调整路径的方法相似），如图6-32所示。

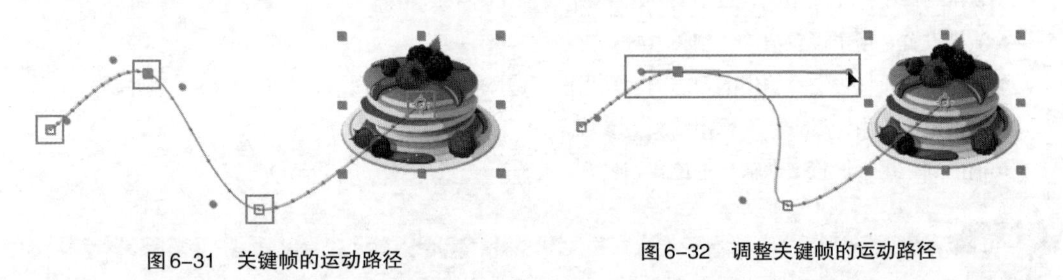

图6-31　关键帧的运动路径　　图6-32　调整关键帧的运动路径

另外，还可以使用“添加顶点工具”或“删除顶点工具”在关键帧运动路径中单击以添加或删除关键帧；使用“转换顶点工具”单击方块点，可将贝塞尔曲线路径和直线路径加以转换。

6.2.7 渲染与输出数字媒体

在AE中制作后期特效后，首先需要通过渲染使视频得以流畅播放，再通过输出将合成中的画面根据实际用途保存为相应格式的文件，以便在不同的软件和设备中进行传播。

其具体方法：选择需要渲染输出的合成，然后选择【文件】/【导出】/【添加到渲染队列】命令或选择【合成】/【添加到渲染队列】命令（按【Ctrl+M】组合键），将合成添加到“渲染队列”面板中，如图6-33所示。在其中进行各项设置后，单击渲染按钮。

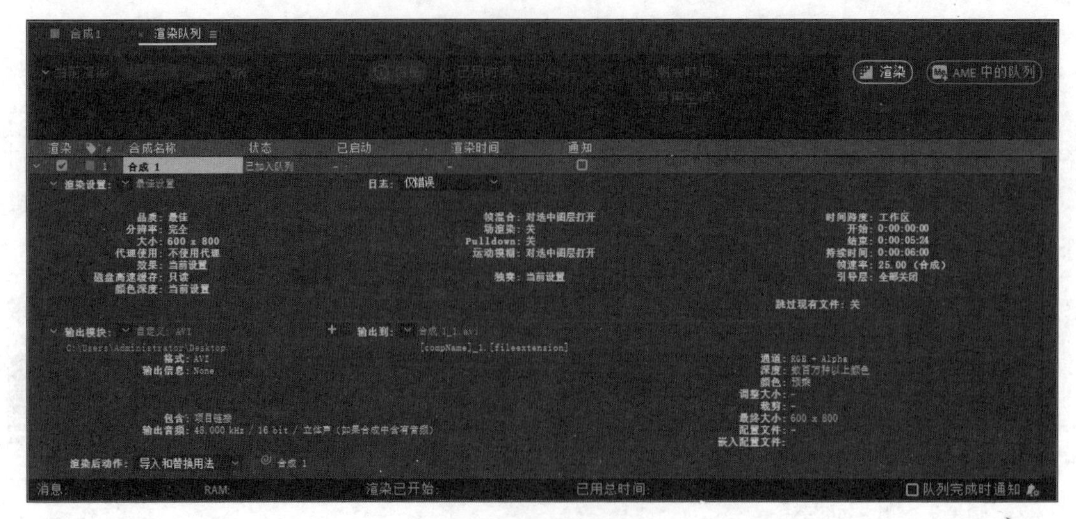

图6-33 “渲染队列”面板

- **当前渲染**：用于显示当前正在进行渲染的合成。
- **已用时间**：用于显示当前渲染已经用的时间。
- **剩余时间**：用于显示当前渲染仍要用的时间。
- **渲染**：单击渲染按钮，将开始渲染合成。
- **AME 中的队列**：单击AME 中的队列按钮，将加入渲染队列的合成添加到 Adobe Media Encoder 队列中。
- **状态**：用于显示渲染项的状态。“未加入队列”表示该合成还未准备好渲染；“已加入队列”表示该合成已准备好渲染；“需要输出”表示未指定输出文件名；“失败”表示渲染失败；“用户已停止”表示用户已停止渲染该合成；“完成”表示该合成已完成渲染。
- **渲染设置**：用于设置渲染的相关参数。
- **日志**：用于设置文件输出的日志内容。用户可选择“仅错误”“增加设置”“增加每帧信息”选项。
- **输出模块**：用于设置文件输出的相关参数。
- **输出到**：用于设置文件输出的位置和名称。

技能提升

图6-34所示为某环保纪录片片头特效的部分画面，请结合本节所讲知识进行分析与练习。

（1）在AE中如何完成这些画面之间的变化效果？

图6-34 某环保纪录片片头特效的部分画面

（2）根据你的分析，利用提供的素材（素材位置：素材\第6章\白云.jpg、地球.psd）动手实践。

效果预览

制作丰富的后期特效

AE中内置的效果多达上百种，每种效果都可以调整相应的参数，从而表现出不同的效果，因此使用AE可以制作出丰富的后期特效。

6.3.1 课堂案例——制作水滴相溶特效

案例说明：某设计人员需要为网页加载过程设计一个有创意的特效，这里考虑运用图形变化模拟水滴融入另一液体的效果，制作出逼真的水滴相溶、滴落的变化特效，参考效果如图6-35所示。

知识要点：创建蒙版、编辑蒙版属性、蒙版的布尔运算。

效果位置：效果\第6章\水滴相溶特效.aep

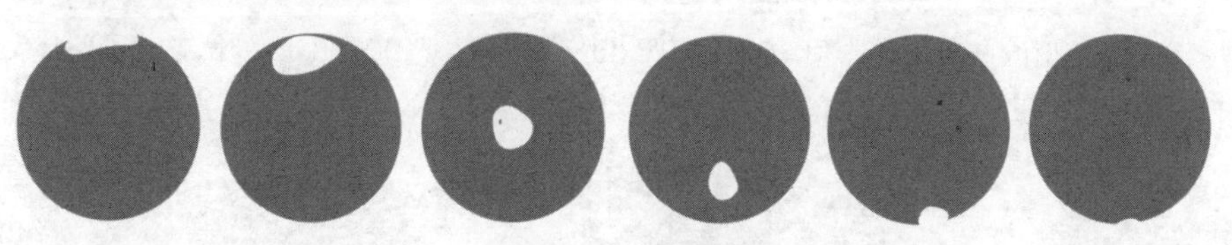

效果预览

图6-35　参考效果

具体操作步骤如下。

视频教学：
制作水滴相溶特效

STEP 01 新建项目文件，按【Ctrl+N】组合键打开“合成设置”对话框，设置宽度为“400像素”、高度为“300像素”、持续时间为“0:00:04:00”，然后单击 确定 按钮。

STEP 02 新建一个白色的纯色图层，再新建一个蓝色的纯色图层，选择【图层】/【蒙版】/【新建蒙版】命令，快速为蓝色的纯色图层创建一个蒙版，展开该图层的“蒙版1”栏，单击“蒙版路径”右边的“形状”超链接，打开“蒙版形状”对话框，在“重置为”下拉列表中选择“椭圆”选项，单击 确定 按钮。

STEP 03 选择“选取工具”，在“合成”面板中调整椭圆蒙版的形状，如图6-36所示。

STEP 04 使用“椭圆工具”在椭圆正上方绘制第二个蒙版，然后使用“选取工具”将椭圆调整为水滴形状，如图6-37所示。单击“蒙版2”名称右侧的下拉列表框，在弹出的下拉列表中选择“相减”选项。

STEP 05 选择并展开“蓝色球”图层中的“蒙版2”栏，单击“蒙版路径”属性左侧的“秒表”图标，创建一个该属性的关键帧，将时间指示器移至0:00:00:10处，使用“选取工具”调整蒙版路径如图6-38所示。AE将在该处自动添加第2个“蒙版路径”关键帧。

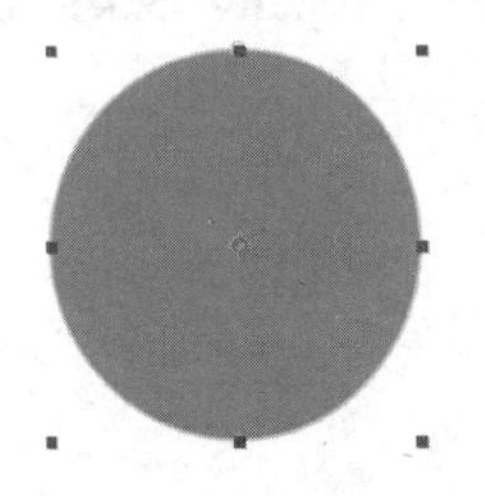

图6-36 调整椭圆蒙版

图6-37 绘制并调整蒙版路径

图6-38 第2次调整蒙版路径

STEP 06 将时间指示器移至0:00:00:17处，使用“选取工具”调整蒙版的位置和形状如图6-39所示；将时间指示器移至0:00:01:00处，使用“选取工具”调整蒙版的位置和形状如图6-40所示；将时间指示器移至0:00:01:09处，使用“选取工具”调整蒙版的位置和形状如图6-41所示。

图6-39 第3次调整蒙版路径

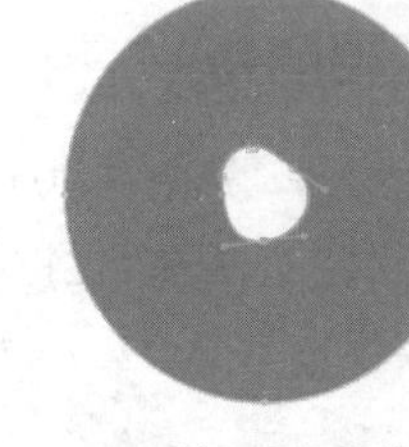

图6-40 第4次调整蒙版路径

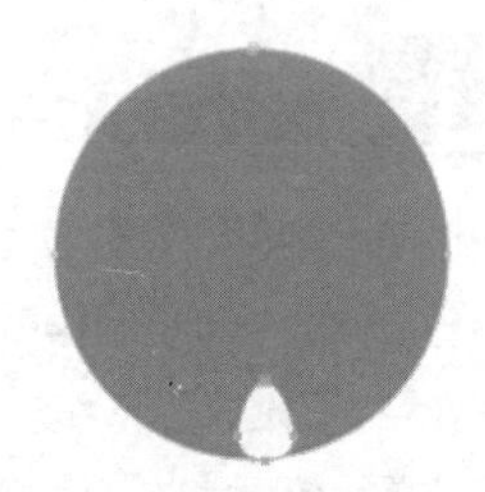

图6-41 第5次调整蒙版路径

STEP 07 使用与步骤06相同的方法在0:00:01:24、0:00:02:01、0:00:03:21处调整蒙版路径，蒙版变化效果如图6-42所示。

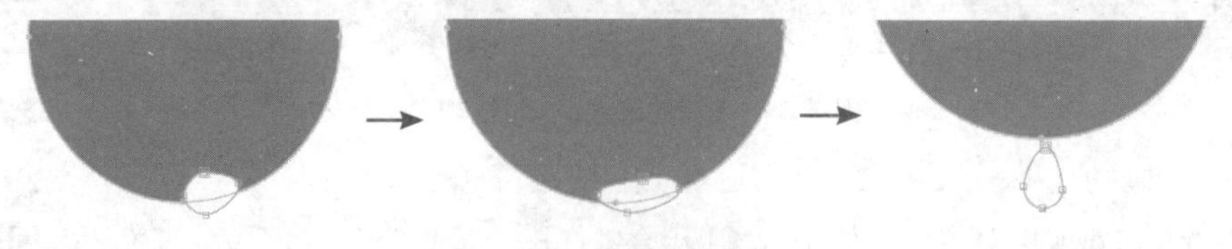

图6-42 蒙版变化效果

STEP 08 在“预览”面板中单击“播放/停止”按钮预览完整效果，然后按【Ctrl+S】组合键保存文件，并设置文件名为“水滴相溶特效.aep”。

6.3.2 创建蒙版并编辑属性

在制作后期特效时，若需要隐藏图层的某一部分，而显示另一部分，用户可以通过蒙版来实现这种混合效果。AE中的蒙版与Photoshop中的蒙版含义相同、功能相似，但创建和编辑方法却略有差别。

1. 创建蒙版

在AE中创建蒙版的方法主要有以下4种。

● **使用菜单命令创建蒙版**：选择【图层】/【蒙版】/【新建蒙版】命令或按【Ctrl+Shift+N】组合键，

将快速创建一个与图层等大的矩形蒙版。此后若继续选择【图层】/【蒙版】/【蒙版形状】命令，可打开“蒙版形状”对话框，在其中设置定界框的位置，并将定界框重置为矩形或椭圆，如图 6-43 所示。

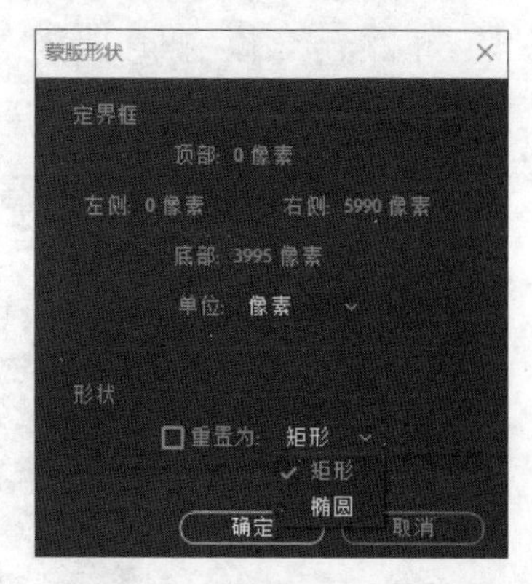

图 6-43　“蒙版形状”对话框

- 使用形状工具创建蒙版：选择需要创建蒙版的图层，切换到相应的形状工具，在“合成”面板中绘制形状，即可将绘制的形状作为所选图层的蒙版。
- 使用钢笔工具创建蒙版：若想创建出更加复杂的蒙版，则可以借助“钢笔工具”实现。具体方法：选择需要创建蒙版的图层，切换到“钢笔工具”，在图层上单击绘制蒙版路径，当闭合绘制的路径后，便可创建出相应的蒙版。
- 使用画笔工具与橡皮擦工具创建蒙版：使用“画笔工具”与“橡皮擦工具”可以绘制自由度更高的蒙版。其中，“画笔工具”可用于修改图层部分区域的颜色，而“橡皮擦工具”可用于修改图层部分区域的透明度。具体方法：在“时间轴”面板中双击图层名称进入“图层”面板，选择“画笔工具”或“橡皮擦工具”（在“画笔”面板和“绘画”面板中可设置相关工具参数），在图层上按住鼠标左键进行涂抹，可以在“图层”面板和“合成”面板中查看该效果。

2. 编辑蒙版属性

为图层创建蒙版后，展开该图层，可以看到在其中新增了“蒙版”栏，该栏下有4种属性，如图6-44所示。

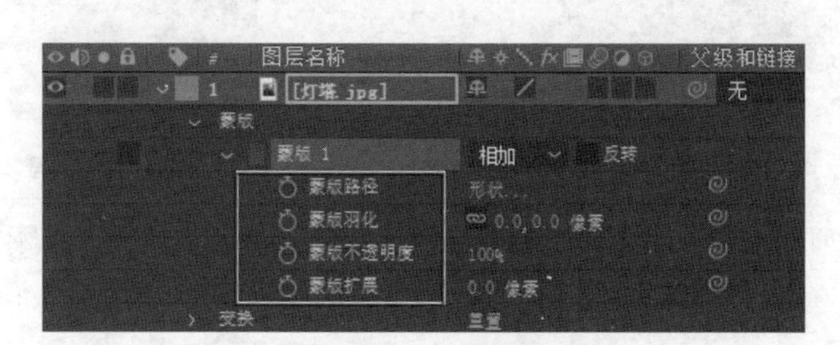

图 6-44　蒙版属性

- 蒙版路径：用于调整蒙版的位置和形状。
- 蒙版羽化：用于调整蒙版水平或垂直方向的羽化程度，为蒙版周围添加模糊效果，使其边缘的过渡更加自然。
- 蒙版不透明度：用于调整蒙版的不透明度，而不修改原始图层的不透明度。当该属性参数为 100% 时为完全不透明，为 0% 时则为完全透明。
- 蒙版扩展：用于调整蒙版扩展或者收缩。与等比例缩放不同，调整“蒙版扩展”属性参数会使蒙版的形状发生改变。当该属性参数设置为正数时，蒙版将向外扩展；设置为负数时，蒙版将向内收缩。

6.3.3 蒙版的布尔运算

当图层中存在多个蒙版时，用户可利用布尔运算功能对多个蒙版进行计算，使其产生不同的叠加效果。单击蒙版名称右侧的下拉列表框，在弹出的下拉列表中可看到AE提供的7种运算方式，如图6-45所示。

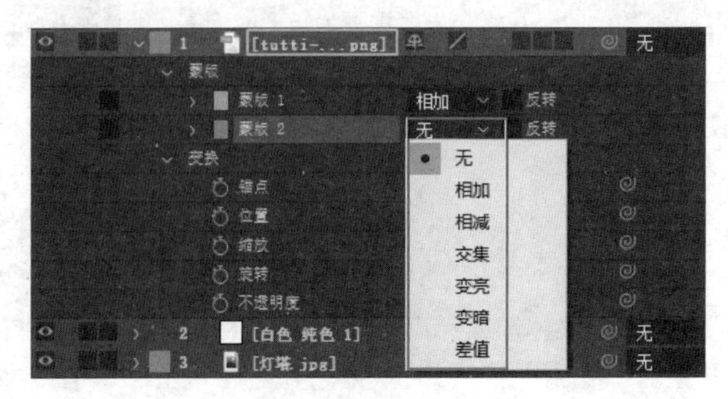

图6-45 蒙版的布尔运算方式

- 无：选择该选项，该蒙版仅作为路径形式存在，而不会被作为蒙版使用。
- 相加：选择该选项，所有蒙版将全部显示，蒙版之外的图层区域将全部隐藏，如图 6-46 所示。新创建的蒙版默认选择该选项。
- 相减：选择该选项，所有蒙版将被减去，蒙版之外的图层区域将全部显示，如图 6-47 所示。

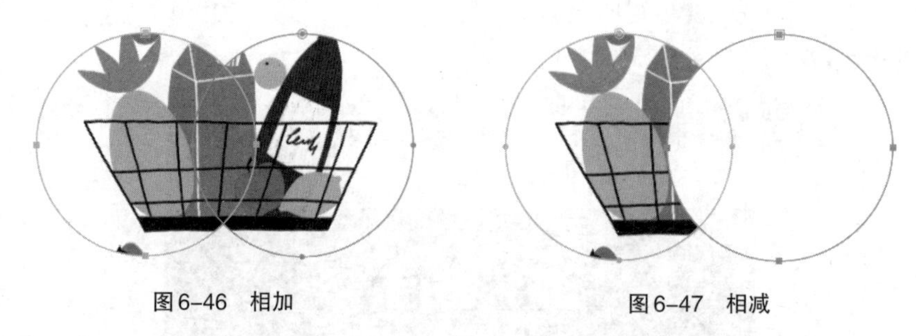

图6-46 相加　　图6-47 相减

- 交集：选择该选项，所有蒙版交集的图层区域将全部显示，其余部分不显示，如图 6-48 所示。
- 变亮：与“相加”选项效果类似，当图层中多个蒙版的不透明度存在差异时，蒙版重叠处将显示不透明度较高的蒙版，如图 6-49 所示。

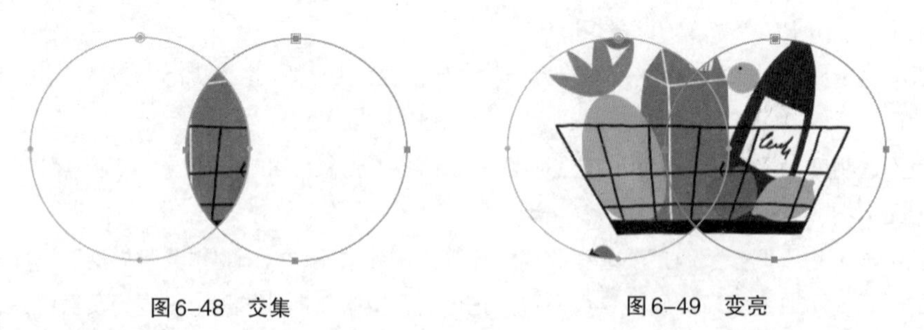

图6-48 交集　　图6-49 变亮

- 变暗：与“交集”选项效果类似，当图层中多个蒙版的不透明度存在差异时，蒙版重叠处将显示不透明度较低的蒙版，如图 6-50 所示。
- 差值：选择该选项，可先对选择的蒙版进行相加运算，然后隐藏蒙版相交的部分，如图 6-51 所示。

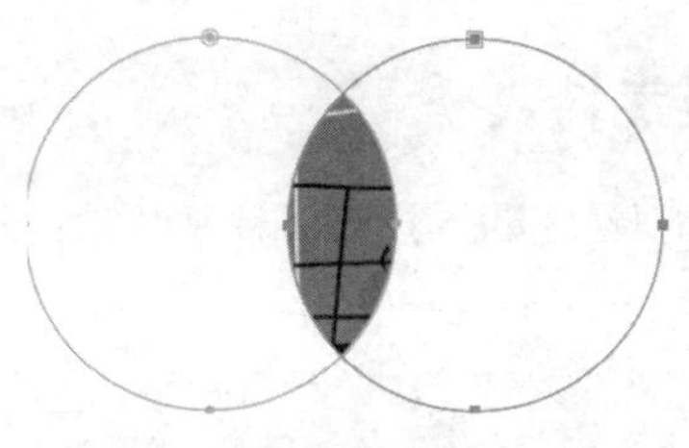

图6-50　变暗

图6-51　差值

6.3.4 应用遮罩

在AE中，遮罩功能是利用两个相邻的图层，将上层图层设置为下层图层的遮罩，从而决定下层图层的显示范围。图6-52所示为应用遮罩前后的对比效果。

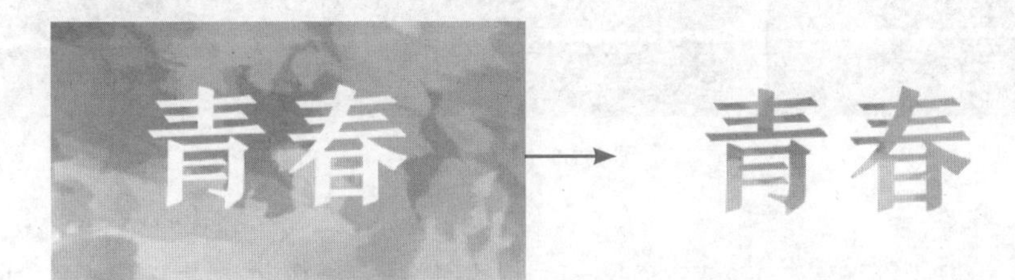

图6-52　应用遮罩前后的对比效果

在AE中应用遮罩时，首先需要调整遮罩图层与被遮罩图层的位置，然后在“时间轴”面板左下角单击“展开或折叠‘转换控制’窗格”按钮，显示出“TrkMat”栏，在其下方的下拉列表中选择遮罩选项，此时“TrkMat”栏变为轨道遮罩层栏，如图6-53所示。应用遮罩后，上方图层（遮罩图层）将被隐藏，且上方图层名称左侧显示图标，下方图层（被遮罩图层）名称左侧显示图标，如图6-54所示。

图6-53　遮罩选项

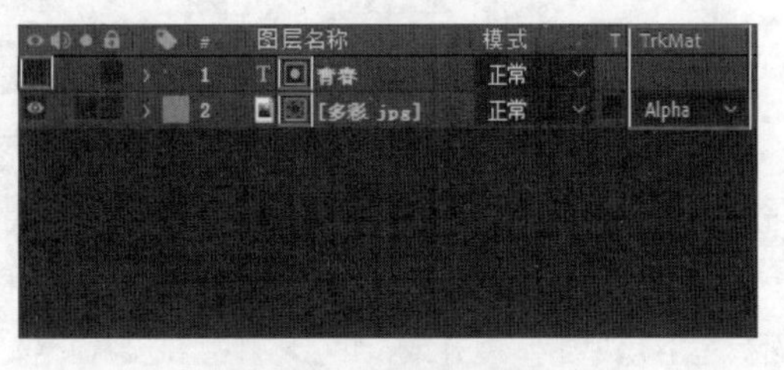

图6-54　应用遮罩后

由图6-53可知，AE提供了4种遮罩类型，各自的作用和效果如下。

- **Alpha 遮罩**：Alpha 遮罩能够读取遮罩图层的不透明度信息。应用该遮罩后，被遮罩图层中的内容将只受不透明度的影响，当 Alpha 通道中的像素值为 100% 时显示为不透明。
- **Alpha 反转遮罩**：Alpha 反转遮罩与 Alpha 遮罩的原理相反，当 Alpha 通道中的像素值为 0% 时显示为不透明。
- **亮度遮罩**：亮度遮罩能够读取遮罩图层的不透明度信息和亮度信息。应用该遮罩后，图层除了受不透明度的影响外，同时还受到亮度的影响，当像素的亮度值为 100% 时显示为不透明。
- **亮度反转遮罩**：亮度反转遮罩与亮度遮罩的原理相反，当像素的亮度值为 0% 时显示为不透明。

6.3.5 课堂案例——制作时空穿梭转场特效

效果预览

案例说明：穿梭转场特效可以给人一种穿越时空的视觉感受，适用于多种视频的特效场景制作。某设计人员准备发挥自己的创意性思维，制作一个时空穿梭转场特效视频。制作时可合理利用多种视频效果，使视频的转场自然、美观，参考效果如图6-55所示。

知识要点：渐变擦除、“CC Radial Blur”和“边角定位”效果。

素材位置：素材\第6章\云层.mp4、旅行.mp4、计算机.jpg

效果位置：效果\第6章\时空穿梭.aep

图6-55 参考效果

具体操作步骤如下。

视频教学：制作时空穿梭转场特效

STEP 01 新建项目文件，将“云层.mp4”“旅行.mp4”“计算机.jpg”素材导入“项目”面板中，新建持续时间为“0:00:11:00”的合成。

STEP 02 将“云层.mp4”“旅行.mp4”拖曳到“时间轴”面板中，然后依次单击“云层.mp4”“旅行.mp4”图层左侧的按钮，关闭素材的原始音频。在不改变“旅行.mp4”图层时长的基础上，在“时间轴”面板右侧将“旅行.mp4”图层的入点拖曳至0:00:03:00处，使两个图层部分发生重叠，如图6-56所示。

图6-56 关闭原始音频并调整图层入点

STEP 03 在“时间轴”面板中选择并展开“云层”图层，选择【效果】/【过渡】/【渐变擦除】命令，“云层”图层中将新增“效果”栏，展开“效果”栏，再展开其中的“渐变擦除”栏。在“时间轴”面板左下角单击“展开或折叠‘转换控制’窗格”按钮，显示出“模式”栏，将时间指示器移至0:00:03:00处，单击“过渡完成”属性名称左侧的“秒表”图标，插入关键帧；将时间指示器移至0:00:03:04处，设置过渡完成、过渡柔和度、渐变图层分别为“100%”“76%”“2.旅行.mp4”，如图6-57所示。

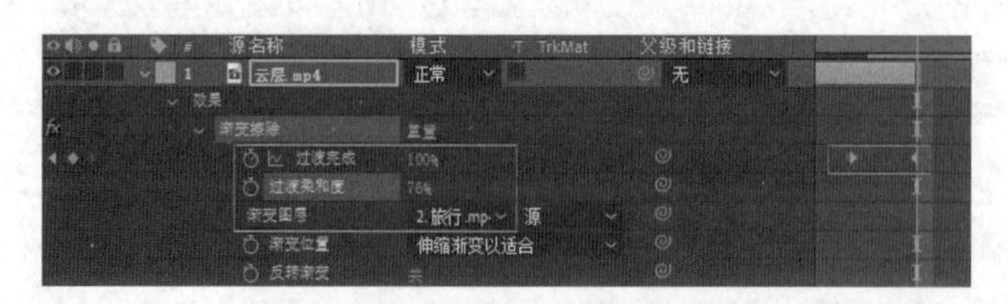

图6-57 添加并设置“渐变擦除”效果

STEP 04 拖曳时间指示器预览0:00:03:00～0:00:03:04的画面，过渡效果如图6-58所示。

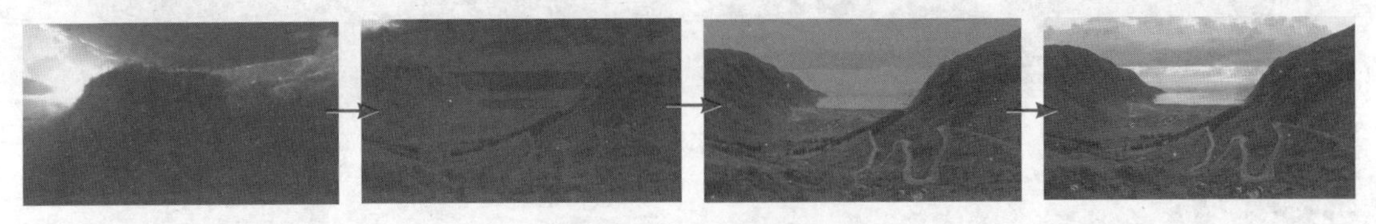

图6-58　预览过渡效果

STEP 05 选择“云层.mp4”“旅行.mp4”图层，单击鼠标右键，在弹出的快捷菜单中选择【预合成】命令，将两个图层合并为“预合成1”合成，按【Ctrl+D】组合键复制新图层合成。

STEP 06 将时间指示器移至0:00:08:08处，选择【窗口】/【效果和预设】命令，打开“效果和预设”面板，在其中搜索“CC Radial Blur”效果，并将该效果拖曳到最上面的“预合成1”合成中，在“效果控件”面板中设置相关参数，如图6-59所示。单击“Amount”属性名称左侧的“秒表”图标，插入关键帧；将时间指示器移至0:00:06:20处，设置Amount为“0”。

STEP 07 将时间指示器移至0:00:08:08处，选择“椭圆工具”，在画面中心绘制一个椭圆作为蒙版。在“时间轴”面板中勾选“蒙版”栏后方的“反转”复选框，并设置蒙版羽化和蒙版不透明度分别为“50.0，50.0”“76%”，此时的画面效果如图6-60所示。

STEP 08 选中“时间轴”面板中的所有图层，并将其预合成，生成“预合成2”合成。在“项目”面板中选择“计算机.jpg”素材，单击鼠标右键，在弹出的快捷菜单中选择【基于所选项新建合成】命令。

STEP 09 将“预合成2”拖曳到“计算机”合成中，设置“预合成2”缩放为“109.0，109.0%”，然后将“边角定位”效果拖曳到“预合成2”中，将时间指示器移至0:00:07:18处，插入“边角定位”效果的“左上”“右上”“左下”“右下”关键帧；将时间指示器移至0:00:07:19处，在“合成”面板中拖曳4个边角定位点到合适位置，如图6-61所示。

图6-59　设置“CC Radial Blur”效果

图6-60　绘制并设置蒙版

图6-61　调整边角定位

STEP 10 由于“预合成2”的结束时间为0:00:09:04，因此在“计算机”合成上单击鼠标右键，在弹出的快捷菜单中选择【合成设置】命令，设置持续时间为“0:00:09:04”，单击 确定 按钮。

STEP 11 选中“计算机”合成中的所有图层，将其预合成，得到“预合成3”，将时间指示器移至0:00:07:18处，插入“位置”“缩放”属性的关键帧并设置位置参数、缩放参数分别为“1040.0，584.5”“106.0，106.0%”；将时间指示器移至0:00:07:19处，设置位置参数、缩放参数分别为“1085.5，817.5”“185.0，185.0%”；将时间指示器移至0:00:08:05处，设置位置参数、缩放参数分别为“1043.3，603.9”“107.1，107.1%”，变化效果如图6-62所示。按【Ctrl+S】组合键保存文件，并设置文件名为“时空穿梭”。

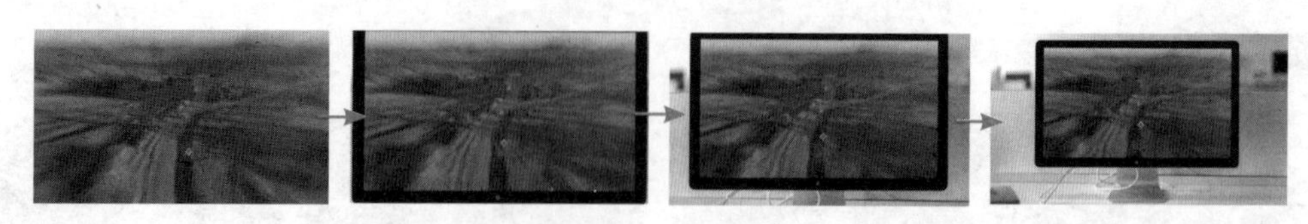

图6-62 变化效果

6.3.6 添加与设置特效

AE内置的特效属于动态层级的特效，所有特效都可以通过设置参数得到动态效果。在制作后期特效的过程中，充分应用AE内置的特效不仅能提高操作效率，而且能打造出更加专业和精彩的视频画面。

1. 添加特效

在AE中添加特效的方法主要有以下3种。

- 利用菜单命令添加特效：在“时间轴”面板中选择目标图层，单击“效果”菜单项，在弹出的快捷菜单中选择所需特效。
- 利用右键菜单添加特效：在“时间轴”面板中选择目标图层，在其上单击鼠标右键，在弹出的快捷菜单中选择【效果】命令，并在弹出的子菜单中选择所需特效。
- 利用“效果和预设”面板添加特效：在“时间轴”面板中选择目标图层，按【Ctrl+5】组合键打开“效果和预设”面板，在其中选择所需特效，双击该特效或将其拖曳到目标图层上即可成功添加此特效。

2. 编辑特效

为图层添加特效后，图层名称右侧会显示“效果”图标fx，此时展开图层，可看到“效果”栏，继续展开该栏，即可修改添加的特效，如图6-63所示。

除上述方法外，也可以选择在“窗口”菜单中显示“效果控件”面板。该面板一般位于“项目”面板右侧，在其中可以更加方便地修改特效的各种参数，如图6-64所示。

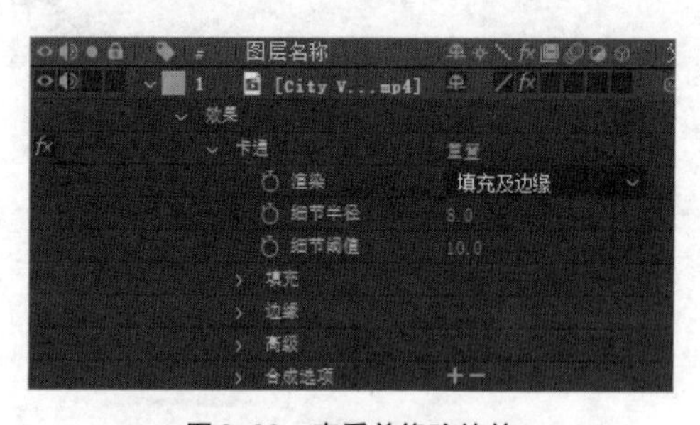

图6-63 查看并修改特效

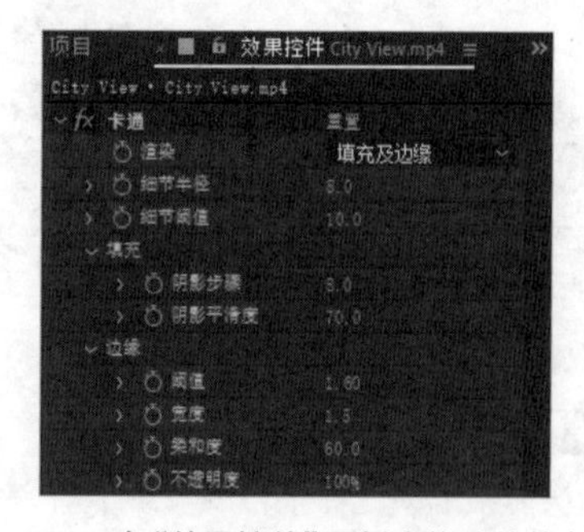

图6-64 在“效果控件”面板中修改特效参数

3. 删除与关闭特效

在“时间轴”面板中选择图层中的特效选项或在“效果控件”面板中选择特效名称，按【Delete】键即可删除。

如果不想删除特效，只想临时关闭特效，以便查看画面内容，则可在“时间轴”面板中单击该特效左侧的“效果”图标fx，如图6-65所示。需要注意的是，临时关闭的特效不仅不会在“合成”面板中显示，也不会在预览和渲染时出现。

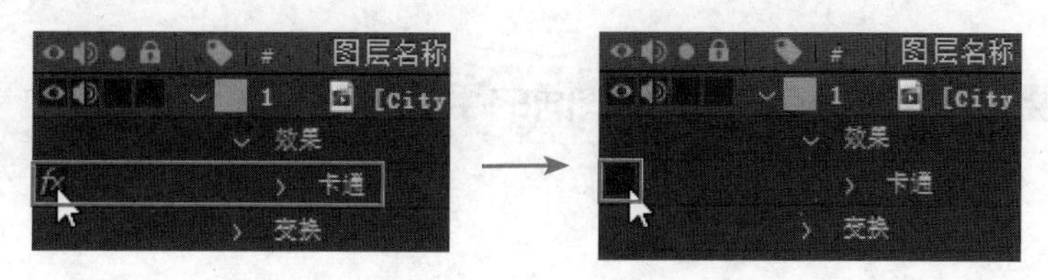

图6-65　临时关闭特效

技能提升

AE之所以被广泛应用在各个领域，除了自身具有强大的功能外，其可以支持各种第三方特效插件也是非常重要的原因。这些插件主要针对AE中一些特定的功能，能实现AE自身很难实现或无法实现的效果。图6-66所示为常用不同功能的插件，请在互联网上搜索自己需要或感兴趣的插件并下载，然后安装到AE中，体验插件的强大功能。

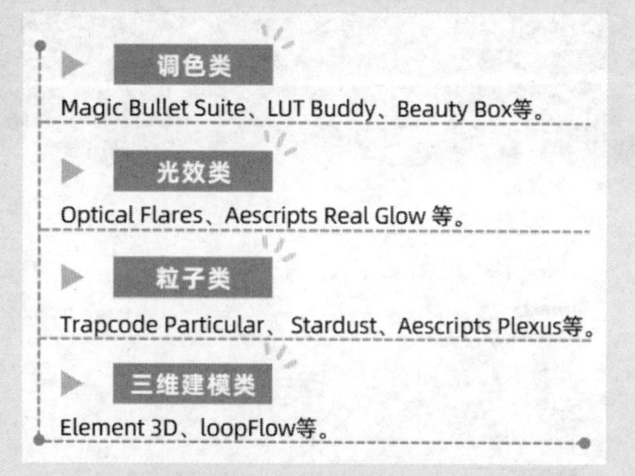

图6-66　常用不同功能的插件

下载特效插件后，如果其中没有安装程序，而只有扩展名为.aex的文件，则直接将该文件复制到AE安装目录下的“Plug-ins”文件夹中（默认位置：“Program Files\Adobe\Adobe After Effects\Support Files\Plug-ins”），该文件夹主要用于存放AE内置特效和外置插件。

如果特效插件中包含应用程序（扩展名为.exe的可执行文件），如Setup.exe或Install.exe等安装程序，则直接双击该程序，即可自行安装到AE安装目录下的“Plug-ins”文件夹中。

资源链接

AE 内置的特效多达上百种，其作用涵盖调色、抠像、过渡、模拟、风格化等各个方面，每种效果都可以调整相应的参数，从而达到需要的效果。若想了解每种特效的相关介绍，读者可扫描右侧的二维码，查看详细内容。

扫码看详情

6.4 制作三维效果

在后期特效制作中，常常需要制作三维效果来打造真实的空间感。在AE中，通过创建三维图层，运用各种摄像机和灯光，可以制作出视觉表现更加丰富的三维合成视频特效。

6.4.1 课堂案例——制作三维空间的手机广告

效果预览

案例说明： 某品牌手机即将推出新品，准备制作一则宣传广告来多角度展现手机。这里考虑使用AE制作三维效果，展现出手机外观、型号、价格、核心卖点等，广告风格以科技风为主，参考效果如图6-67所示。

知识要点： 应用三维图层、应用摄像机。

素材位置： 素材\第6章\广告素材\

效果位置： 效果\第6章\手机广告.aep

图6-67　参考效果

具体操作步骤如下。

视频教学：制作三维空间的手机广告

STEP 01 打开“广告素材.aep”素材，然后将“手机.png”素材添加至“时间轴”面板中，将时间指示器移至视频末尾，调整素材的大小和位置，效果如图6-68所示。

STEP 02 单击“手机.png”图层右侧对应的“3D图层”图标，将该图层转换为三维图层，展开该图层，可以看到“变换”栏中增加了多种属性，并且增加了“几何选项”栏和“材质选项”栏，如图6-69所示。

图6-68　调整素材的大小和位置

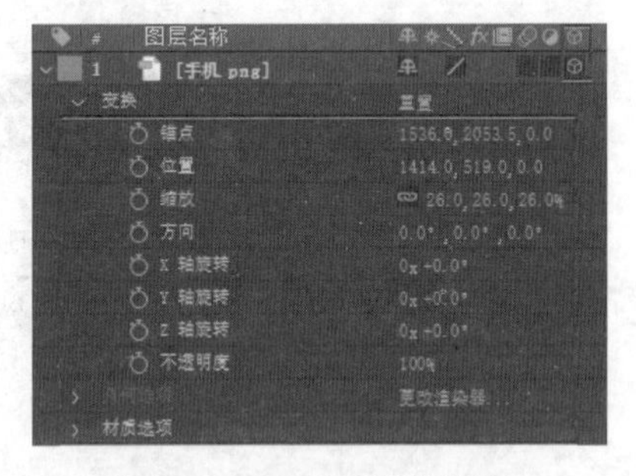

图6-69　开启三维图层效果

STEP 03 选择【图层】/【新建】/【摄像机】命令或按【Ctrl+Alt+Shift+C】组合键打开“摄像机设置”对话框，在“类型”下拉列表中选择“双节点摄像机”选项，在“预设”下拉列表中选择“50毫米”选项，在下方可以看到摄像机自动随之变化的更多参数，如图6-70所示。

STEP 04 单击 确定 按钮，“手机.png”图层上方将新建“摄像机 1”图层，展开“摄像机 1”图层，在0:00:01:01处插入方向关键帧，设置参数为“337°，355°，0°”，画面如图6-71所示；在0:00:01:21处修改方向关键帧参数为“359°，359°，0°”，画面如图6-72所示；在0:00:02:03处修改方向关键帧参数为“359°，355°，0°”，画面如图6-73所示。

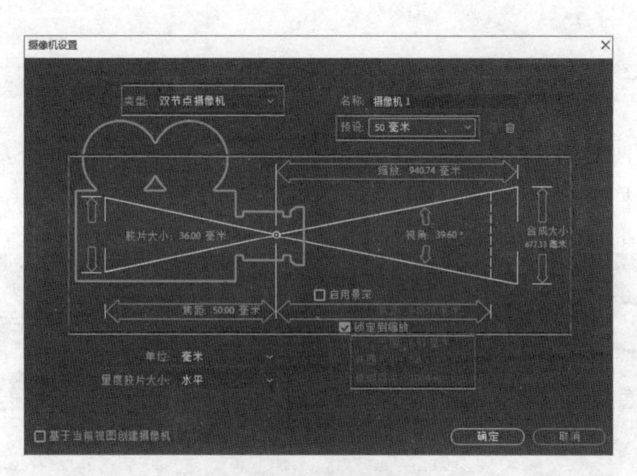

图6-70　新建摄像机

图6-71　插入方向关键帧

图6-72　调整摄像机方向

图6-73　再次调整摄像机方向

STEP 05 选择【图层】/【新建】/【空对象】命令或按【Ctrl+Alt+Shift+Y】组合键新建空对象图层，“摄像机 1”图层上方将出现“空 1”图层，单击“空 1”图层的“3D图层”图标，然后在“摄像机 1”图层右侧的“父级和链接”下拉列表中选择“1.空1”选项，如图6-74所示。

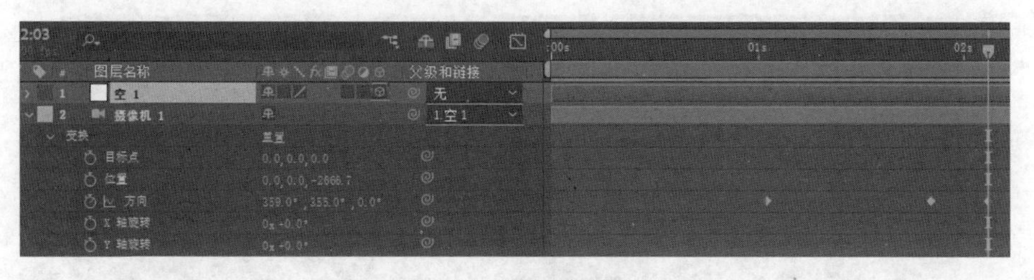

图6-74　链接父级对象

STEP 06 展开“空1”图层，在0:00:01:21处插入方向关键帧，设置参数为“65°，32°，0°”，画面如图6-75所示；在0:00:02:22处修改方向关键帧参数为“23°，39°，357°”，画面如图6-76所示。预览整个广告效果，然后按【Ctrl+S】组合键保存文件，并设置文件名为“手机广告”。

图6-75　调整空对象三维方向

图6-76　再次调整空对象三维方向

6.4.2 应用三维图层

除音频素材外，其他素材都可以应用三维效果。应用时只需单击素材对应图层右侧的“3D图层”图标，即可将该图层转换为三维图层，转换后三维图层的基本属性如图6-77所示。

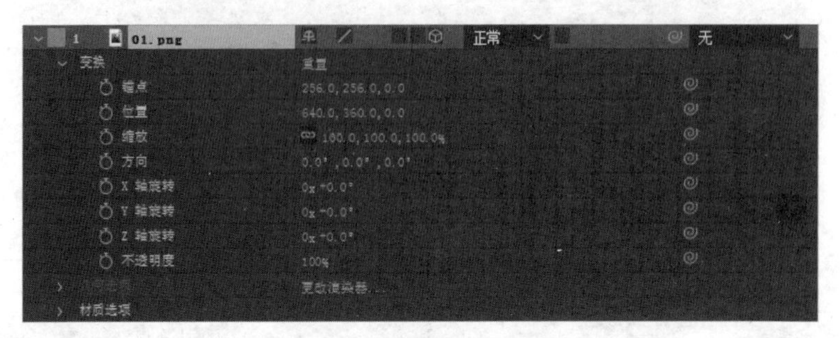

图6-77 三维图层的基本属性

1. 三维图层的基本属性

三维图层的基本属性在二维图层的基础上，增加了一个“方向”属性，并且旋转属性变成了*X*轴（横向）、*Y*轴（纵向）及*Z*轴（纵深）这3个方向的旋转属性。

- 方向：当调整方向属性时，图层将围绕世界轴（与合成的绝对坐标对齐的轴）旋转，其调整范围只有 360°。用户可通过调整方向属性来作为其他图层方向的参考位置，起到类似指南针的作用。
- 旋转：当调整旋转属性时，图层将围绕本地轴（与图层对齐的轴）旋转，其调整范围不受限制。

2. 三维图层的材质属性

三维图层的材质属性主要用于设置该图层反映灯光光照系统的效果，其参数如图6-78所示。

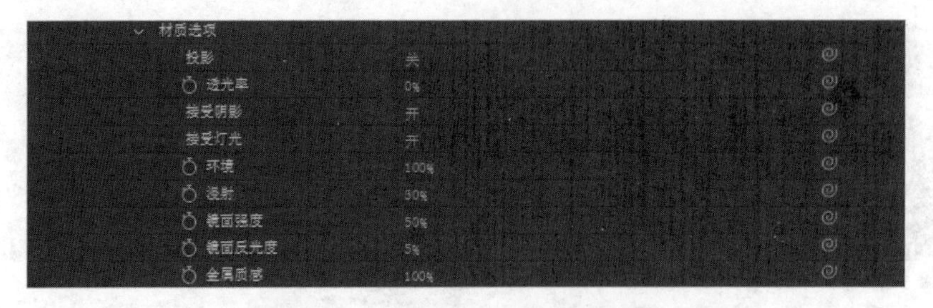

图6-78 三维图层的材质属性及其参数

- 投影：投影包括“关”“开”“仅”3种模式，用于设置关闭投影效果、打开投影效果或仅显示投影效果。
- 透光率：透光率即透光程度，可以体现半透明物体在灯光下的照射效果。
- 接受阴影：接受阴影表示是否接受阴影效果，此属性无法插入关键帧。
- 接受灯光：接受灯光表示是否接受灯光的光照效果，此属性无法插入关键帧。
- 环境：环境可调整三维图层受“环境”类型灯光影响的程度。
- 漫射：漫射可调整三维图层受“漫反射”类型灯光影响的程度。
- 镜面强度：镜面强度可调整三维图层镜面反射的程度。

- 镜面反光度：镜面反光度可调整三维图层中镜面高光的反射区域和强度。
- 金属质感：金属质感可调整由镜面反光度反射的光的颜色。

6.4.3 应用灯光

三维图层虽具备材质属性，但要想发挥该属性的作用，还需要在场景中添加灯光效果，使图层反映出的画面更加真实与丰富。由于本章“6.2.2 创建不同类型的图层”中介绍了灯光图层的创建方法，因此在此基础上，下面重点介绍不同光源的效果与应用方法。

1. 平行光

平行光类似来自太阳光源的光线，可照亮场景中的任何地方，光照范围无限且光照强度无衰减，可产生阴影，同时也具有方向性，其照射效果为整体照射。平行光的效果及其属性参数如图6-79所示。

> **提示**
>
> 创建灯光图层后，灯光图层下方的图层即可应用光照效果，此时可以在“合成”面板右下角的“活动摄像机”下拉列表中选择“自定义视图 1”选项，切换画面的显示角度，从而更好地观察灯光照射在图层上的效果。

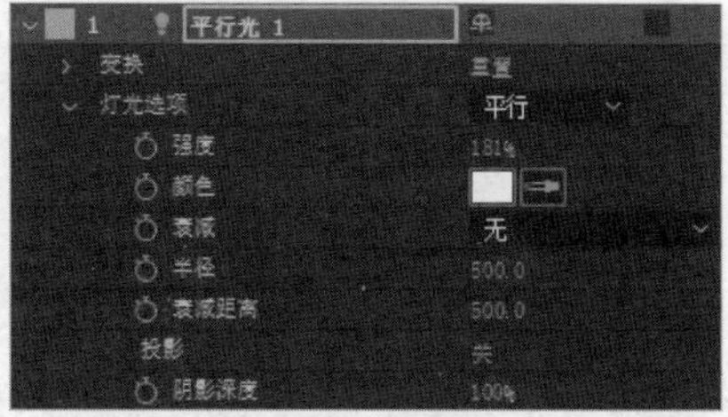

图6-79　平行光的效果及其属性参数

- 调整光源位置：在“合成”面板中选择灯光图层，将鼠标指针移至坐标轴上并拖曳鼠标，可调整光源的位置。其中，拖曳红色的 X 轴可在水平方向上移动光源；拖曳绿色的 Y 轴可在纵向方向上移动光源；拖曳蓝色的 Z 轴可在纵深方向上移动光源。
- 设置光源参数：创建灯光图层后，要重新设置光源参数。重新设置光源参数可通过两种方法实现：一是直接双击灯光图层左侧的“光源”图标，打开“灯光设置”对话框，按照创建灯光图层的方法设置参数；二是在“时间轴”面板中直接展开图层下的“灯光选项”栏，在其中重新设置各属性的参数。

2. 环境光

环境光没有发射点和方向性，也不会产生阴影，只能设置灯光强度和颜色。通过调整其亮度，环境光可以为整个场景添加光源。环境光经常用于需要为场景补充照明的情形或与其他灯光配合使用。环境光的效果及其属性参数如图6-80所示。

3. 点光

点光是从一个点向四周发射360° 的光线，随着对象与光源的距离不同，照射效果也不同。点光的效果及其属性参数如图6-81所示。

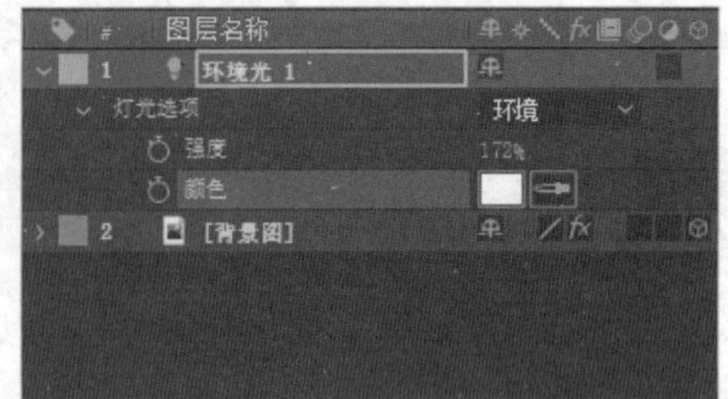

图 6-80　环境光的效果及其属性参数

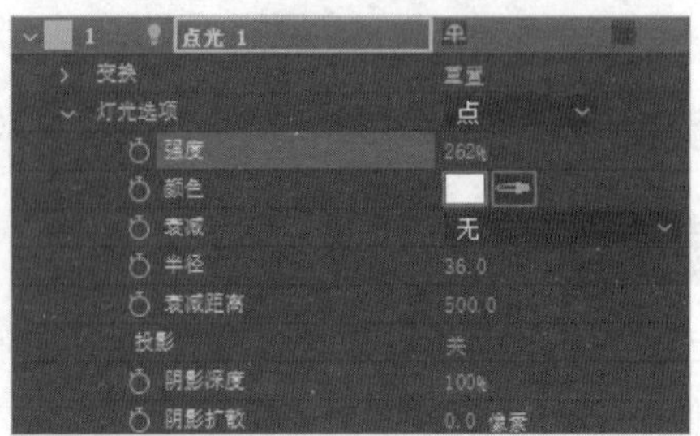

图 6-81　点光的效果及其属性参数

4. 聚光

聚光通过圆锥发射光线，并且根据圆锥的角度确定照射范围。聚光不仅可以调整光源的位置，还可以调整光源照射的方向，被照射的物体产生的阴影还会有模糊效果。聚光的效果及其属性参数如图6-82所示。

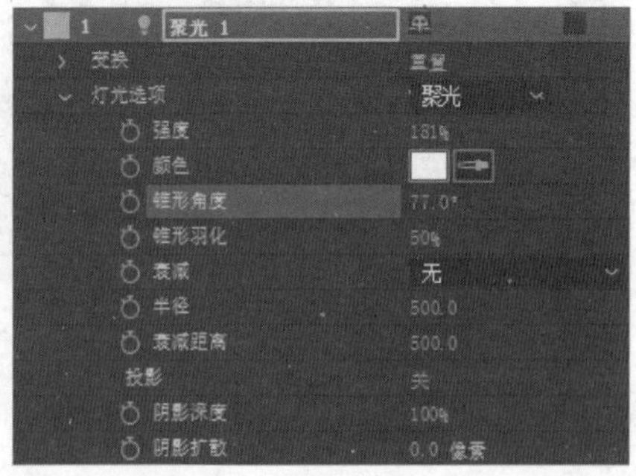

图 6-82　聚光的效果及其属性参数

6.4.4 应用摄像机

AE中的摄像机功能可以通过模拟摄像机“推拉摇移”的真实操作来控制三维场景，也可以从不同距离和角度查看三维场景，摄像机图层就是对摄影机功能的应用。

提示

只有开启了三维图层效果的图层，才能应用灯光和摄像机功能。如果在没有开启三维图层效果的前提下创建灯光图层或摄像机图层，AE 也会及时给出提醒。

1. 控制摄像机

控制摄像机主要包括旋转、平移、推拉3个方面，这3个方面均可以借助“工具”面板中的工具进行。

- **旋转摄像机**：使用“绕光标旋转工具”、“绕场景旋转工具”、“绕相机信息点旋转工具”，可分别以十字光标、场景、相机信息点为中心旋转摄像机。
- **平移摄像机**：使用“在光标下移动工具”、“平移摄像机 POI 工具”，可分别使摄像机向光标位置和双节点摄像机的目标点（Point of Interest，POI）平移。
- **推拉摄像机**：使用“向光标方向推拉镜头工具”、“推拉至光标工具”、“推拉至摄像机 POI 工具”，可分别以光标移动方向、光标单击位置和摄像机目标点推拉镜头。

2. 设置摄像机

为了更好地查看摄像机效果，还可以在“合成”面板中设置多个视图的显示状态，如在“合成”面板右下角的“视图布局”下拉列表中选择“2个视图”选项，然后将左侧视图视角设置为“摄像机1”，将右侧视图视角设置为“自定义视图1”，此时左侧视图即可显示摄像机拍摄下的画面内容，而在右侧视图中可调整摄像机的位置和拍摄方向，如图6-83所示。

另外，双击摄像机图层左侧的“摄像机”图标，可在打开的“摄像机设置”对话框中按创建摄像机图层的方法重新设置各项参数。用户也可在“时间轴”面板中直接展开摄像机图层中的“摄像机选项”栏，在其中修改摄像机图层相应属性的参数，如图6-84所示。

图6-83　通过2个视图调整摄像机

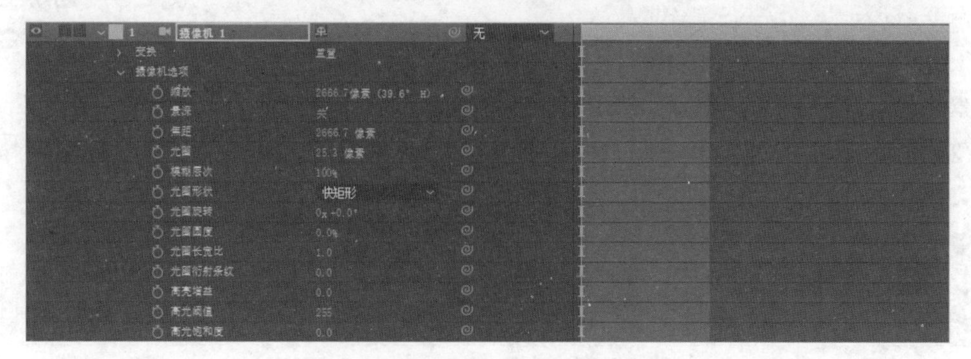

图6-84　摄像机图层的属性及其参数

技能提升

在AE中制作三维效果需要具备良好的空间想象力。图6-85所示为应用双节点摄像机、环境光和聚光，调整不同角度拍摄三维图层的画面，请尝试在AE中调整出这些画面（素材位置：素材\第6章\花瓶.mp4），强化自己对三维空间的认知。

效果预览

图6-85　拍摄三维图层的画面

6.5 课堂实训

6.5.1 制作流沙书法特效

1．**实训背景**

某团队制作了一则成语介绍的超清短片，弘扬我国优秀的传统文化。为了在介绍每个成语之前快速吸引观众，现考虑制作一个流沙书法特效作为成语出现时的特效模板。

2．**实训思路**

（1）确定风格和元素。由于本短片主要用于介绍成语，因此内容应以文字为主，设计风格可考虑以古风、书法体为主。这里可将卷轴作为背景，然后在卷轴上添加成语文字。

（2）设计特效变化。特效可考虑在卷轴、成语上进行变化，制作卷轴渐隐、文字以沙化后慢慢飘散的效果，如图6-86所示。制作时，需要注意成语的沙化要自然，飘散范围应逐渐变广，飘散方向可随机。

效果预览

本实训的参考效果如图6-87所示。

素材位置：素材\第6章\卷轴.psd

效果位置：效果\第6章\流沙书法特效.aep

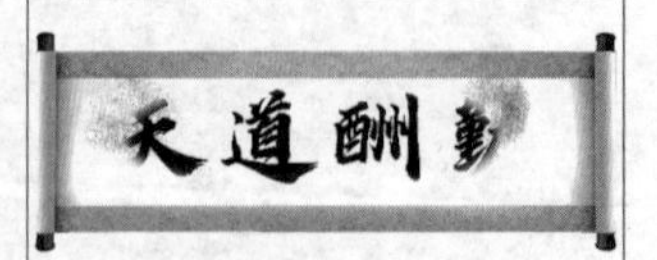
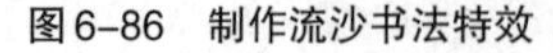
图6-86　制作流沙书法特效

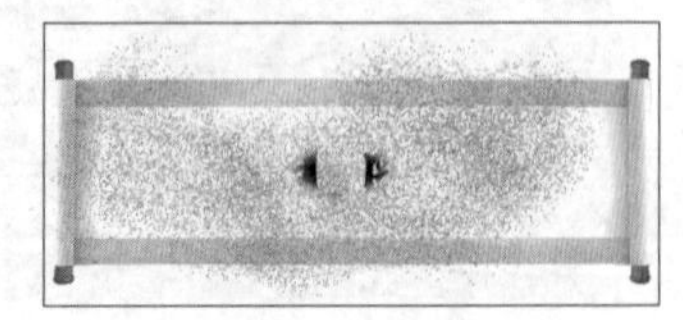
图6-87　参考效果

3. 步骤提示

视频教学：制作流沙书法特效

STEP 01 新建宽度为“1920像素”、高度为“1920像素”、持续时间为“0:00:04:00”的项目文件，将“卷轴.psd”素材导入“项目”面板中，然后将其拖曳到“时间轴”面板中。

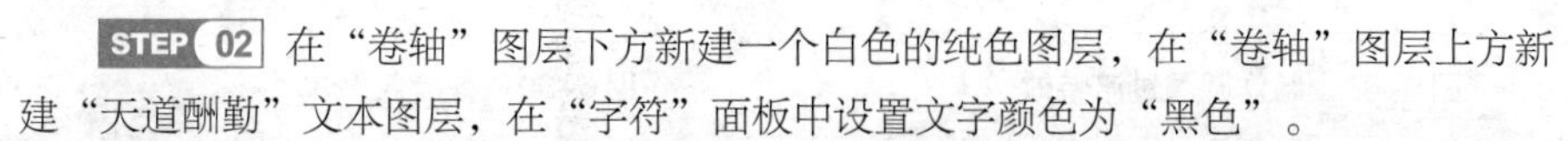

STEP 02 在“卷轴”图层下方新建一个白色的纯色图层，在“卷轴”图层上方新建“天道酬勤”文本图层，在“字符”面板中设置文字颜色为“黑色”。

STEP 03 为“天道酬勤”图层添加一个椭圆形蒙版，设置蒙版羽化为“43.0，43.0”，插入蒙版路径关键帧，在0:00:00:00处调整蒙版至完全显示文字，在0:00:03:00处调整蒙版至完全遮盖文字，制作蒙版向文字中央逐渐收缩、文字从外围开始逐渐消失的效果。

STEP 04 按【Ctrl+D】组合键复制该文字图层，重命名复制后的图层为“流沙”，修改“流沙”图层中蒙版的布尔运算方式为“相减”，在“字符”面板中修改文字颜色为“#A73A1D”，在0:00:03:02处插入“不透明度”属性关键帧，在0:00:03:10处修改不透明度为“0%”。

STEP 05 在“效果和预设”面板中搜索“CC Scatterize”效果，将其应用到“流沙”图层上，在“效果控件”面板中适当调整参数，以文字为基础生成粒子，在0:00:00:15处插入Scatter关键帧，设置该参数为“0.0”，在后面的时间适当添加关键帧增大该参数，使流沙飘散范围逐渐变广。

STEP 06 将“湍流置换”效果应用到“流沙”图层上，适当调整参数，使流沙飘散方向更随机。

STEP 07 选择“卷轴”图层，在0:00:02:14、0:00:02:19、0:00:03:08处各插入一个不透明度属性关键帧，分别设置不透明度为“100%”“50%”“0%”，制作出卷轴渐隐效果。预览完成的特效，并保存文件。

6.5.2 制作资讯类自媒体片尾特效

1. 实训背景

资讯类自媒体以日常发布新闻资讯短视频为主，为了增强品牌识别性，需要在每个短视频片尾添加一个品牌宣传特效，要求特效中各元素之间衔接顺畅，节奏感强，能给人留下深刻的印象。

2. 实训思路

效果预览

（1）构思内容。考虑为该特效设计一种按照一定规律不断变化的动态效果，先以不断旋转的、层叠的圆圈来表达该自媒体不断搜集新资讯的寓意，然后在圆圈变化后的新背景中展现该自媒体的Logo。

（2）制作圆圈过渡特效。该特效的主要场景为通过圆圈的过渡变化填充白色背景，然后出现自媒体的Logo。制作时，可以先使用椭圆工具绘制出需要的圆圈，然后复制多个圆圈图层，并在“时间轴”面板中调节各图层的入点至不同位置，形成交错出现的过渡效果，如图6-88所示。

（3）合成片尾特效。在圆圈过渡特效制作完成后，即可将各个合成添加到新合成中，调整各个合成的时间位置，添加适当的“填充”效果并修改颜色，最后输入自媒体的Logo，通过关键帧制作Logo出现时的不透明度变化效果，合成完整的片尾特效。

本实训的参考效果如图6-89所示。

图6-88 制作圆圈过渡特效

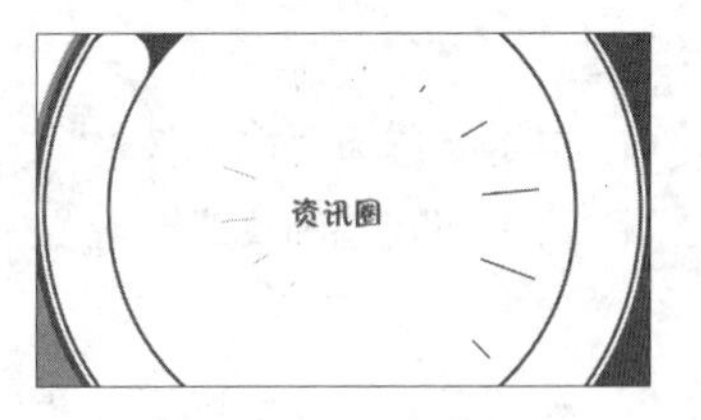

图6-89 参考效果

素材位置：素材\第6章\线.aep

效果位置：效果\第6章\自媒体片尾特效.aep

3. 步骤提示

视频教学：
制作资讯类
自媒体片尾特效

STEP 01 打开“线.aep”素材，新建“过渡”合成，在其中制作圆圈过渡特效。新建“形状图层1”形状图层，使用“椭圆工具”绘制一个小圆，在“时间轴”面板中展开该形状图层，为形状图层添加蓝色的“填充”效果。然后在该形状图层“内容”栏右侧单击“添加”按钮，在弹出的下拉列表中选择“修剪路径”选项，设置修剪路径的“开始”属性关键帧从“100%”到“0%”发生变化。再使用相同的方法选择“描边”选项，设置“描边宽度”属性关键帧从“20%”到“100%”发生变化。

STEP 02 复制该图层，改变小圆的填充颜色，并将时间轴中的起始位置后移5帧。再复制一层，将填充颜色改为“白色”，并将该图层时间轴中的起始位置后移5帧，形成错开出现的过渡效果。

STEP 03 选中这3个图层，按【Ctrl+Shift+C】组合键，将其组成预合成图层，并修改名称为“圈1”。使用同样的方法，制作圆圈一圈一圈地往外错开出现的动作效果。3个图层为一圈效果，这里一共需要制作“圈2”～“圈6”5个预合成。

STEP 04 新建“自媒体片尾”合成，新建一个白色的纯色图层，将“过渡”“线”合成拖曳到“自媒体片尾”合成中，复制“线”合成，给这两个“线”合成添加“填充”效果并改变颜色，最后修改复制“线”合成的旋转为180°，错开线的出现时间。

STEP 05 使用“横排文字工具”在“合成”面板中输入文字“资讯圈”，设置文字的“不透明度”属性关键帧从“0%”到“100%”发生变化，然后预览并保存文件。

6.6 课后练习

练习 1 制作雷雨天气特效

天气特效的主要作用是让用户更直观地感知气象部门预测的天气情况。现准备制作一个雷雨天气特效，尺寸要求为1024像素×1024像素。制作时，可使用调整图层、纯色图层、“高级闪电”效果等功能，参考效果如图6-90所示。

素材位置：素材\第6章\天气\

效果位置：效果\第6章\雷雨天气特效.aep

图6-90　参考效果

练习 2　制作招生广告特效

招生季即将来临，某学校设计了一张静态的招生广告，现需要运用AE将其处理成具有动态特效的招生广告，以增强广告的吸引力和视觉表现力。制作时，可使用蒙版、“曲线”效果、“快速方框模糊”效果、“CC Grid Wipe”效果、“CC Light Sweep”效果、摄像机等功能，参考效果如图6-91所示。

素材位置：素材\第6章\招生.png

效果位置：效果\第6章\招生广告特效.aep

图6-91　参考效果

练习 3　制作水墨转场特效

水墨是中国传统绘画艺术特有的一种形式，水墨风格能给人一种安静幽远的意境，常用于设计作品、合成视频。这里考虑运用水墨风格的转场特效，制作时可将水墨素材视频放置于图片上方，然后为图片设置亮度反转遮罩，参考效果如图6-92所示。

素材位置：素材\第6章\亭子.jpg、水墨素材.mp4

效果位置：效果\第6章\水墨转场特效.aep

图6-92　参考效果

第7章 综合案例

本章将综合运用前面所学的知识进行多个领域的商业案例制作，包括为企业制作电商活动海报、产品介绍动画和企业宣传片等。每个案例都先提出案例要求，再通过制作思路来分析数字媒体技术的综合应用。通过对本章的学习，读者可以进一步掌握使用数字媒体技术设计与制作商业案例的方法。

学习目标

◎ 掌握电商活动海报的制作思路与制作方法
◎ 掌握产品介绍动画的制作思路与制作方法
◎ 掌握企业宣传片的制作思路与制作方法

素养目标

◎ 提升对完整商业案例的分析与制作能力
◎ 激发对电商活动海报、产品介绍动画和企业宣传片的制作兴趣

案例展示

电商活动海报

产品介绍动画

企业宣传片

7.1 海报设计——制作企业电商活动海报

7.1.1 案例背景

随着我国环保事业的不断发展和人们环保意识的不断加强，新能源行业发展越发迅速，越来越多的科技公司加入新能源领域。某新能源科技公司是一家集产品研发、智能制造、O2O销售于一体的新能源企业。源于对用户需求的思考和对技术研发的投入，该新能源科技公司致力于用科技驱动智能电动车的变革，引领未来出行方式。为了全方位升级和强化品牌，该公司准备参加“汽车生活节”的电商活动，现需要制作一张活动海报，宣传企业的新能源汽车。

7.1.2 案例要求

为更好地完成本案例中的“汽车生活节”的企业电商活动海报，设计人员在制作时需要遵循以下要求。

效果预览

（1）本案例的海报主题为“汽车生活节”，设计人员可根据这一主题并结合该新能源汽车的相关信息来构思海报内容。本案例的海报需要围绕汽车、生活展开联想，从汽车奔驰在城市道路上的场景出发，进行海报视觉效果的设计。

（2）根据海报主题和宣传新能源汽车的目的，本案例的海报主标题要求为“汽车生活节”；宣传标语为“新能源汽车 环保新动力”；次要文案需要分别展示活动时间、活动信息、汽车特点等内容，以便用户更加全面地了解该活动和该品牌。

（3）由于新能源汽车产品具有较强的科技特色，因此本案例海报的风格可以为科技风，表现出未来感和速度感。在色彩上，尽量选择蓝色、紫色等冷色调；在图形设计上，尽量多采用简洁的矩形、直线、曲线。

（4）本案例的海报要求使用Photoshop制作，尺寸为“30厘米×40厘米”，分辨率为“100像素/英寸”，颜色模式为“RGB颜色模式”，最终格式除了要保存一份可修改的PSD文件外，还需要导出一份便于预览和传播的JPG文件。

本案例完成后的参考效果如图7-1所示。

图7-1　参考效果

素材位置：素材\第7章\电商活动海报\

效果位置：效果\第7章\汽车生活节.psd、汽车生活节.jpg

7.1.3 制作思路

本案例的制作主要分为3个部分，具体制作思路如下。

视频教学：
制作企业电商活动海报

1. 绘制海报背景

STEP 01 启动Photoshop，新建宽度为“30厘米”、高度为“40厘米”、分辨率为“100像素/英寸”、名称为“汽车生活节”的文件，使用“渐变工具”在图像编辑区从上至下为“背景”图层填充“#2850c2～#713eb5”的渐变颜色。

STEP 02 选择“矩形工具”，在工具属性栏中设置填充为“#3360ac～#1d3189”渐变，取消描边，在图像编辑区中绘制5个矩形，并通过“变换”命令调整矩形的4个角，效果如图7-2所示。

STEP 03 在“图层”面板中设置从左数第2个四边形的混合模式为“变亮”、不透明度为“86%”；设置其他四边形的混合模式为“滤色”，适当降低不透明度。

STEP 04 在“图层”面板中为右边3个四边形添加图层蒙版，使用“橡皮擦工具”适当擦除四边形底部，效果如图7-3所示。

STEP 05 将这5个四边形编组，置入“城市.png”素材，并将该素材创建为图层组的剪贴蒙版，设置“城市”图层的混合模式为“叠加”、不透明度为“58%”，效果如图7-4所示。

STEP 06 打开“海报素材.psd”素材，将其中的所有内容拖入“汽车生活节.psd”文件中，调整大小和位置，效果如图7-5所示。

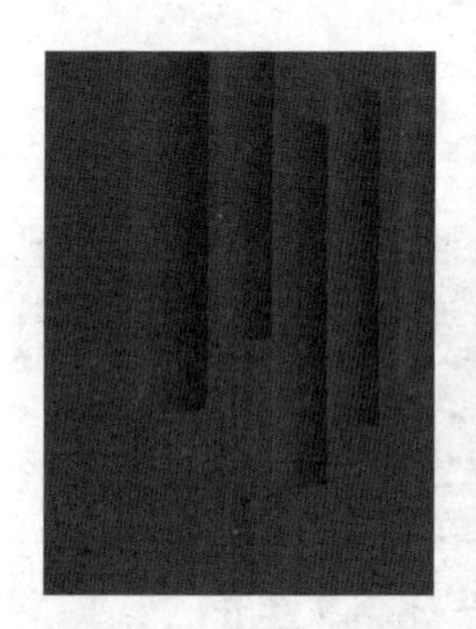

图7-2 绘制并变换矩形

图7-3 添加图层蒙版

图7-4 添加城市素材

图7-5 添加海报素材并调整大小和位置

STEP 07 选择“矩形工具”，在工具属性栏中设置填充为“#305ca9”，取消描边，在图像编辑区右下角绘制矩形，并变换矩形的透视角度，设置该矩形图层的混合模式为“滤色”、不透明度为“60%”，然后为矩形添加“内发光”图层样式，再添加“图层蒙版”，适当擦除矩形右下角，效果如图7-6所示。

STEP 08 选择“矩形工具”，设置填充为“#6717cd～#2871fa”渐变、旋转渐变为“-171”、描边为“白色”，描边宽度为“3像素”，在图像编辑区左侧绘制矩形，并变换矩形的透视角度，设置该矩形图层的混合模式为“滤色”、不透明度为“72%”，效果如图7-7所示。

STEP 09 置入“云.png”素材，调整其透视角度与步骤07中矩形的角度相同，再选择【编辑】/【变换】/【变形】命令，调整其效果如图7-8所示。

STEP 10 在“图层”面板中设置“云”图层的混合模式为“叠加”，选择【滤镜】/【模糊】/【动感模糊】命令，打开“动感模糊”对话框，设置角度、距离分别为“0度”“160像素”，单击确定按钮，效果如图7-9所示。

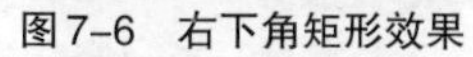

图7-6 右下角矩形效果

图7-7 左侧矩形效果

图7-8 变形素材

图7-9 动感模糊效果

2. 制作汽车展示部分

STEP 01 置入“汽车.png”素材，调整素材的大小和位置，并在“图层”面板中将“汽车”图层移至“云”图层下方，效果如图7-10所示。

STEP 02 在“汽车”图层下方新建图层，设置前景色为“#080e21”，选择“画笔工具”，在工具属性栏中设置画笔样式、大小分别为“柔边圆”“120像素”，为汽车绘制投影，效果如图7-11所示。

STEP 03 选择“直排文字工具”，选择【窗口】/【字符】命令打开“字符”面板，设置字体、字体样式、字距分别为“思源黑体 CN”“Bold”“50”，在汽车右侧输入“NEW ENERGY”文字，然后为文字添加“描边”图层样式，设置描边颜色为“白色”、大小为“4像素”，并在“图层”面板中设置填充为“0%”，效果如图7-12所示。

STEP 04 将该文字图层创建为图层组，为该图层组添加图层蒙版，擦除文字左侧的部分，制作出渐隐效果，如图7-13所示。

图7-10 置入汽车素材

图7-11 绘制投影

图7-12 输入文字

图7-13 文字渐隐效果

STEP 05 使用“横排文字工具”输入新能源汽车的相关宣传文字，然后选择【编辑】/【变换】/【斜切】命令，调整文字的角度，如图7-14所示。

STEP 06 选择“直线工具”，在工具属性栏中设置填充、粗细分别为“白色”“3像素”，在“非凡科技”文字下方绘制一条倾斜的直线。

STEP 07 在汽车信息牌左边缘、右边缘添加“海报素材.psd”素材中的光效，效果如图7-15所示。

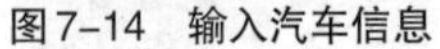

图7-14　输入汽车信息　　图7-15　添加光效

3. 制作海报标题部分

STEP 01 绘制海报标题的装饰灯牌。选择“矩形工具”，在工具属性栏中设置填充为“白色”，取消描边，设置圆角半径为“50像素”，在图像编辑区右上角绘制圆角矩形，并变换透视角度，然后为其添加“斜面和浮雕”图层样式，在其中设置高光颜色、阴影颜色分别为“#da62ec”“#5ddafe”，其他参数设置如图7-16所示。

STEP 02 在“图层”面板中设置圆角矩形图层的填充为“52%”，效果如图7-17所示。

STEP 03 选择“直线工具”，在工具属性栏中设置填充、粗细分别为“白色”“6像素”，在圆角矩形右侧绘制两条倾斜的直线，并为两条直线添加“斜面和浮雕”图层样式，在其中设置高光颜色、阴影颜色分别为“#da62ec”“#5ddafe”，其他参数设置如图7-18所示。

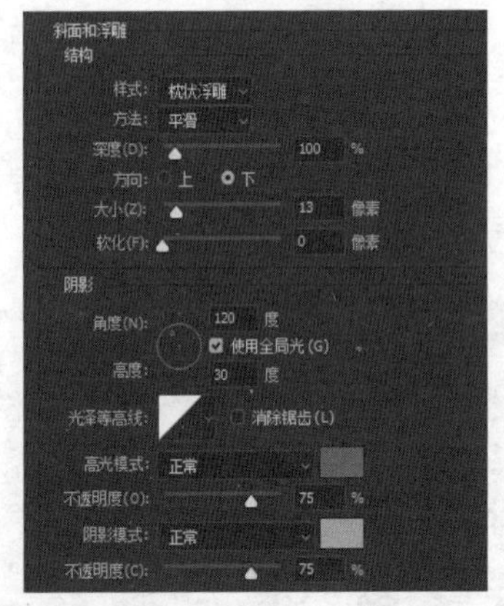

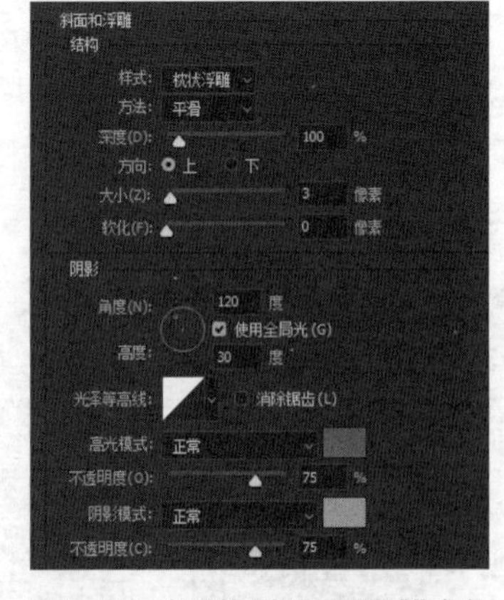

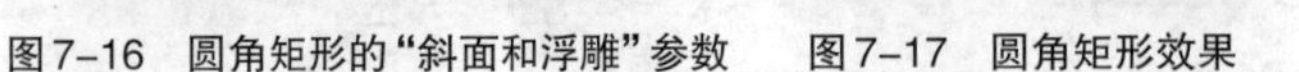

图7-16　圆角矩形的“斜面和浮雕”参数　　图7-17　圆角矩形效果　　图7-18　直线的“斜面和浮雕”参数

STEP 04 复制圆角矩形图层，将复制后的图层移至原图层下方。选择复制后的图层，清除图层样式，在工具属性栏中取消填充，修改描边、描边宽度分别为“白色”“10像素”，灯牌效果如图7-19所示。

STEP 05 添加海报标题文字。使用“直排文字工具”在灯牌上输入“汽车生活节”文字，然后对文字进行斜切变换，并为该文字添加“斜面和浮雕”图层样式，其中设置高光颜色、阴影颜色分别为“#da62ec”“#5ddafe”，其他参数设置如图7-20所示。

STEP 06 使用“直排文字工具”在灯牌上输入“活动时间 10月1日至8日”文字，对文字进行斜切变换，并为该文字添加不透明度、渐变颜色分别为“21%”“#2dd5ff～#eb66ff”的“渐变叠加”图层样式，效果如图7-21所示。

STEP 07 在“图层”面板底部单击“创建新的填充或调整图层”按钮，在弹出的下拉列表中选择“色相/饱和度”选项，打开“色相/饱和度”属性面板，设置色相为“+20”，并添加图层蒙版，使用“画笔工具”在汽车车牌区域涂抹，将其排除在调色范围外，效果如图7-22所示。

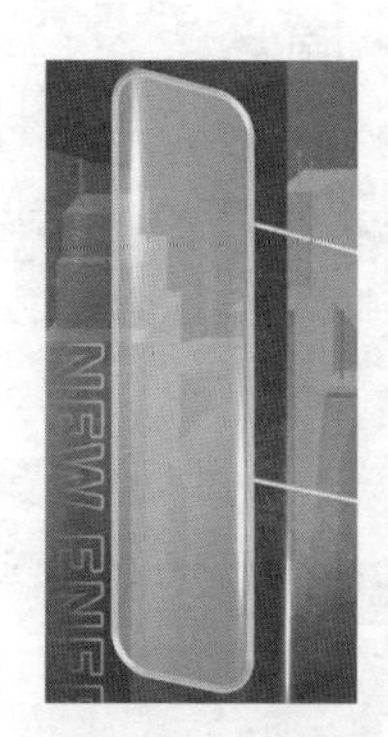

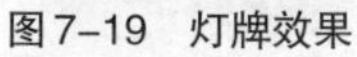

图7-19　灯牌效果

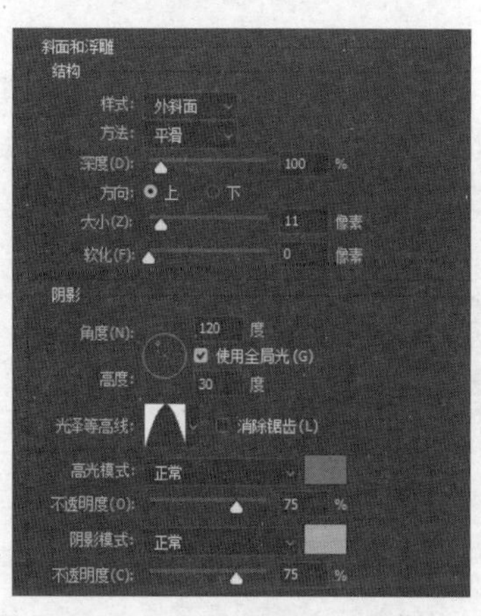

图7-20　“斜面和浮雕”参数

图7-21　输入文字

图7-22　调整效果

STEP 08 按【Ctrl+S】组合键保存PSD文件。按【Alt+Shift+Ctrl+S】组合键打开“存储为Web所用格式”对话框，设置优化的文件格式、品质分别为“JPEG”“100”，单击 存储... 按钮，打开“将优化结果存储为”对话框，设置文件名和存储位置后，单击 保存(S) 按钮，导出JPG文件。

7.2 动画制作——制作产品介绍动画

7.2.1 案例背景

使用新能源汽车可以摆脱人们对石油这种不可再生能源的依赖，同时还能减少碳排放污染、提高空气质量。为了让更多的人了解新能源汽车的优点和环保意义，加入到使用新能源汽车的行列中，某新能源公司准备采用动画的形式来展现新能源汽车的含义、环保意义、功能、充电方式等内容，提倡节能减排的出行方式。

设计素养

制作产品介绍动画时，应结合相应的文案、产品及视觉素材（包括图片、视频、动画），用简单有趣的方式来创作。在制作过程中需注意以下 4 个要素：①创意同产品情感一致，与企业文化内容相符；②针对受众群体的特点，渗入适当差异要素；③不仅要追求动画效果的观赏性，还要突出产品的卖点，做到宣传企业产品并推动消费；④合理运用动画特效，突出视觉效果，但不宜采用过分夸张、夸大的表现方式。

7.2.2 案例要求

为更好地完成本案例中的产品介绍动画，设计人员在制作时需要遵循以下要求。

（1）为了保持动画的完整性，不仅需要制作产品的介绍页动画，还要制作片头和片尾动画。片头动画作为动画的开场，应起到吸引观众视线的作用，因此精细度要比片尾动画的精细度高，要求展示出新能源汽车的款式、公司名称和动画主题等内容；片尾动画只需要短短几帧，起到提示动画完结的作用，不需要制作场景，只需要与介绍页动画保持一致的背景画面效果。

（2）动画所提供的素材包括PNG格式的图像、FLA格式的动画文件和TXT格式的文本文件。要求展示文案内容时，所绘制的图像风格应与所提供素材的风格保持一致。同时，还要将提供的素材添加在片头动画和介绍页动画之间，以区分两段内容。

（3）在布局介绍页动画的文案内容时，所展示的文字要搭配对应的图像，如文案内容提到充电方式，那么画面中就应出现新能源汽车充电的图像，或者出现充电方式所采用的设备；文案中提到环保内容，那么画面中就应出现与环保相关的图像。

（4）在展示文字的内在逻辑时，要求将不同内容分组，并按照文案提及的顺序添加动画效果，使文字逻辑清晰，方便客户理解内容，也避免文字堆积。

（5）本案例的产品介绍动画要求使用Animate来制作，尺寸为“1920像素×1080像素”，帧率为“24.00fps”，总时长在28秒左右，最终导出SFW格式的动画文件。

效果预览

本例完成后的参考效果如图7-23所示。

素材位置： 素材\第7章\产品介绍素材\

效果位置： 效果\第7章\产品介绍动画.fla、产品介绍动画.swf

图7-23 参考效果

7.2.3 制作思路

本案例的制作主要分为4个部分，具体制作思路如下。

1. 制作片头动画

STEP 01 启动Animate，新建尺寸为“1920像素×1080像素”、帧率为“24.00fps”、平台类型

为“ActionScript 3.0”的动画文件。然后打开素材文件夹中的“片头”文件夹，将其中所有素材全部导入“库”面板中，并创建“片头”文件夹归置素材。

视频教学：
制作产品介绍动画

STEP 02 设置舞台颜色为“#DBE2EF”，创建两个图层，然后选择“片头”组中的所有素材并拖曳到舞台上，调整其大小和位置，并分别转换为图形元件，设置元件名称与素材名称一致，然后将“标签”图形元件和“边框”图形元件放置在图层_1上，将“汽车”图形元件放置在图层_2上，将“标题1”图形元件和“大标题”图形元件放置在图层_3上，调整各元件在舞台上的位置，效果如图7-24所示。

STEP 03 选择“文本工具”T，设置字体为“思源黑体 CN”、字体大小为“40”、填充颜色为“#000000”，输入“云亿新能源科技公司”文字，并将其转换为图形元件，为“标签”图形元件和“边框”图形元件添加“投影”滤镜，设置距离为“10”、阴影颜色为“#003366”，完成后的效果如图7-25所示。

图7-24　放置“片头”组内素材

图7-25　完成后的效果

STEP 04 在“图层_3”上第30帧插入关键帧，返回第1帧，并将图层上所有素材移至舞台左侧，为两帧创建传统补间动画，再将第1帧的Alpha设置为0%。

STEP 05 创建新图层，并将新图层转换为“图层_2”图层的遮罩层。在遮罩图层上第1帧绘制一个矩形，然后在第30帧为遮罩图层和被遮罩层图层插入关键帧。选择遮罩图层的第1帧，缩小图像大小，创建形状补间动画，制作出遮罩由小变大的效果；接着调整“图层_2”图层中第1帧图像的位置，并创建传统补间动画，制作出汽车从下往上出现的效果，如图7-26所示。

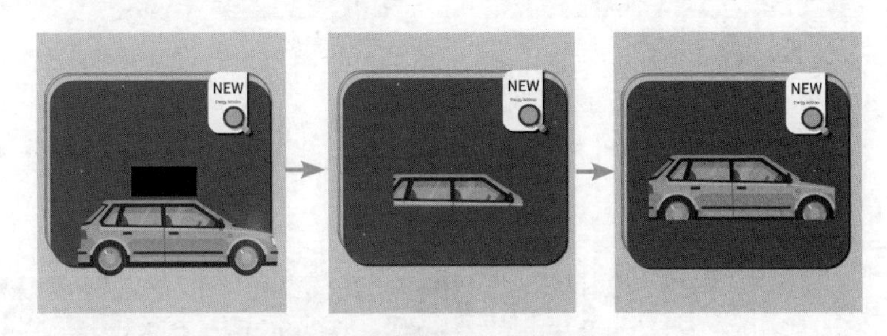

图7-26　创建传统补间动画效果

STEP 06 为“图层_1”图层的第1帧创建补间动画，在第10帧和第30帧插入关键帧，选择“位置”选项，然后将播放头移至第1帧和第10帧，分别调整元件的位置，制作出从画面右侧移入舞台的效果。

STEP 07 分别将“图层_2”图层和遮罩层上的第1帧拖曳到第10帧的位置，打开“素材.fla”动画文件，复制第1帧，切换到片头动画文件，新建并粘贴在新图层的第43帧，此时的时间线控制区如图7-27所示。创建文件夹，将所有图层移至其中，完成片头动画的制作，效果如图7-28所示。

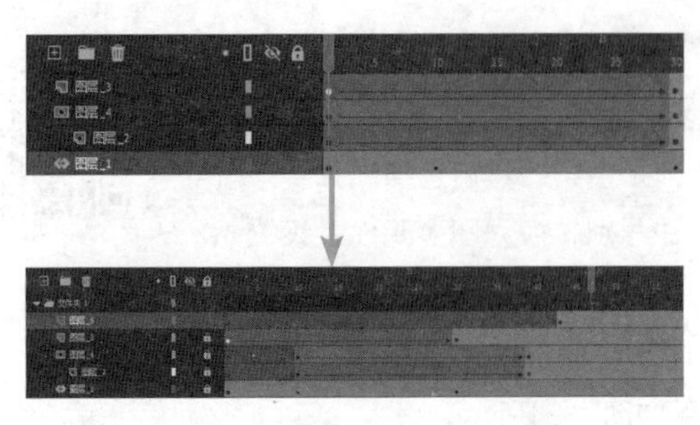

图7-27 时间线控制区前后的变动

图7-28 片头动画效果

2. 制作介绍页动画

STEP 01 创建“文件夹2”文件夹，新建名称为“底层”的图层，并在第75帧插入关键帧，绘制一个与舞台大小、颜色一致的矩形。新建名称为“配图”的图层，并将“介绍页.png”素材导入该图层的第75帧，将其转换为同名称的图形元件。

STEP 02 创建两个文字图层，在“文字”图层第75帧和“文字2”图层第105帧输入“新能源汽车介绍.txt”文本文件中的文字，效果如图7-29所示。选择左侧文字转换为图形元件，进入元件编辑区，为文字添加装饰；对右侧文字重复此操作。然后分别在两个图层的第90帧和第121帧插入关键帧，创建传统补间动画，制作出从小到大、不透明度从0%到100%的效果，时间线控制区和舞台效果如图7-30所示。在两个文字图层的第140帧和第150帧插入关键帧，制作出文字由大到小、由显示到消失的传统补间动画效果。

图7-29 输入文字(1)

图7-30 时间线控制区和舞台效果(1)

STEP 03 按照与步骤02相同的方式在“文字”图层输入“新能源汽车介绍.txt”文本文件中的文字并进行装饰，接着制作文字单个出现，然后一起消失的动画，此时主场景舞台和时间线控制区及元件的“时间轴”面板如图7-31所示。

图7-31 主场景舞台和时间线控制区及元件的“时间轴”面板

STEP 04 在“配图”图层第268帧创建空白关键帧，导入“介绍页2.png”素材，并将其转换为同名称的图形元件，接着将图像移到舞台上方，制作出图像由上到下的动画效果。按照与步骤02相同的方式，输入“新能源汽车介绍.txt”文本文件中的文字，如图7-32所示。然后装饰文字，效果如图7-33所示。

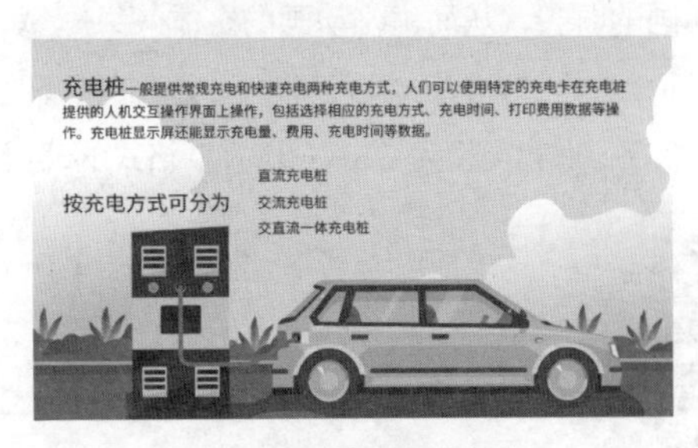

图7-32　输入文字(2)

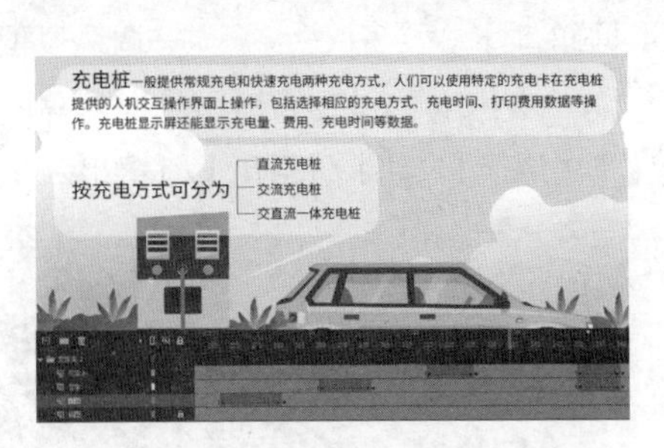

图7-33　时间线控制区和舞台效果(2)

STEP 05 在“配图”图层第373帧创建空白关键帧，并将“介绍页”图形元件移到舞台上方，制作出图像由上到下的动画效果。按照与步骤02相同的方式，输入“新能源汽车介绍.txt”文本文件中的文字，如图7-34所示，然后装饰文字。导入“保护环境.png”素材，将其转换为同名称的图形元件，并在“文字2”图层第415帧和第430帧插入关键帧，制作出素材从文字右侧移动到文字下方的动画效果，如图7-35所示。

图7-34　输入文字(3)

图7-35　时间线控制区和舞台效果(3)

3. 制作片尾动画

STEP 01 在文字的两个图层第480帧和第510帧插入关键帧，全部制作成由大到小、不透明度从100%到0%的动画效果，如图7-36所示。

STEP 02 创建“文件夹3”文件夹，并在文件夹内新建“图层_10”图层，然后在“库”面板中创建名称为“结束动画”的图形元件，进入元件编辑区，导入“结束语底托.png”素材到“库”面板中，然后拖曳素材到舞台中，新建图层，输入“感谢收看！”文字。返回主场景，在“图层_10”图层的第515帧插入关键帧，并将“结束动画”图形元件放置到舞台上，为该图层添加传统运动引导层，绘制路径，然后将元件对准路径，并不断添加关键帧调整元件的运动轨迹与路径贴合，效果如图7-37所示。

图7-36　制作文字消失效果

图7-37　时间线控制区和舞台效果(4)

4. 保存文件和导出动画

STEP 01 选择【控制】/【测试】命令，测试动画效果，发现片头动画时长较短，可延长片头动画和介绍页动画的时长，再多次反复测试并调整每部分动画的时长，从而优化动画的整体效果。

STEP 02 按【Ctrl+S】组合键保存文件，并将文件命名为“产品介绍动画”，以便后续修改。

STEP 03 选择【文件】/【导出】/【导出为影片】命令，保存类型为“SWF 影片”格式的动画文件。

7.3 视频制作——制作企业宣传片

7.3.1 案例背景

企业宣传片是企业用以宣传自身的一种专题片，主要介绍企业的规模、业务、产品、文化等信息。云亿新能源公司计划在公司成立5周年之际制作一个企业宣传片，对企业进行阶段性的总结。现已策划好宣传片的具体内容，包括企业概况、企业文化、产品技术等。

设计素养

企业在现代社会中扮演着重要的角色，也承担着更多的社会责任。企业宣传是企业发展中的一项重要工作，在企业宣传中加强思想政治工作对推动企业发展、塑造企业形象、激发员工的积极性和创造性都起着积极作用。因此，在制作企业宣传片时，要展现出企业重视思想政治工作，促进了企业的健康发展，展现企业正确的价值观，展示员工良好的精神面貌和工作态度。

7.3.2 案例要求

为更好地完成本案例中的企业宣传片，设计人员在制作时需要遵循以下要求。

（1）本案例的宣传片需要包含3个部分。第一部分为企业概况，包括企业的环境展示、成立时间、业务范围、企业发展等，让客户对企业能有一个清楚的认识；第二部分为企业文化，包括企业制度、价值观念、企业精神等，以提高客户对企业的认可度和信任度；第三部分为产品技术，包括企业的主要产品（新能源汽车和充电桩）、研发团队、研发技术、生产过程等。

（2）本案例提供了关于企业的视频素材，要求先使用AE制作后期特效，再使用Premiere剪辑素材，适当调整素材的时长、色彩、效果等，并添加过渡和字幕，然后使用Audition制作音频，最后将制作的特效和音频导入Premiere中，完成宣传片的剪辑。

（3）由于本案例的宣传片共有3个部分，因此还需要制作各部分之间的转场特效，用于展示每个部分的标题。该特效应具有科技感，符合云亿新能源公司的风格，建议采用发光的线条和背景，结合线条的动态变换，生成创意性的特殊效果，以增加客户继续观看的兴趣。

（4）本案例宣传片的音频主要包含宣传片背景音乐、转场音效、宣传片字幕旁白，这里对于背景音乐和音效素材无须做过多的处理，只需在Premiere中对时间位置、音量、音频过渡等进行处理；对于宣传片字幕旁白，要求使用Audition生成音频，然后进行特殊效果处理，让声音更加明亮、正式。

效果预览

（5）本案例的设计规格为1920像素×1080像素、25.00 帧/秒、总时长在3分钟左右，最终需要导出MP4格式的视频文件。

本例完成后的参考效果如图7-38所示。

素材位置： 素材\第7章\企业宣传片\

效果位置： 效果\第7章\企业宣传片\

图7-38 参考效果

7.3.3 制作思路

本案例的制作主要分为4个部分，具体制作思路如下。

1. 制作转场特效

视频教学：制作企业宣传片

STEP 01 启动AE，新建项目文件，新建名称为“转场”、大小为“1920像素×1080像素”、持续时间为“00:00:04:00”的合成，将“AE”文件夹中的素材导入“项目”面板中。

STEP 02 新建颜色为“#01047F”的纯色图层，将“项目”面板中的“光效.mov”素材添加到“时间轴”面板中，设置该图层的混合模式为“相加”，在“变换”栏中调整图层的位置和缩放，预览视频在00:00:01:09的画面如图7-39所示。

STEP 03 打开“效果和预设”面板，将其中的“发光”效果添加到“光效”图层上，适当调整该效果参数，预览发光效果在00:00:02:06的画面如图7-40所示。

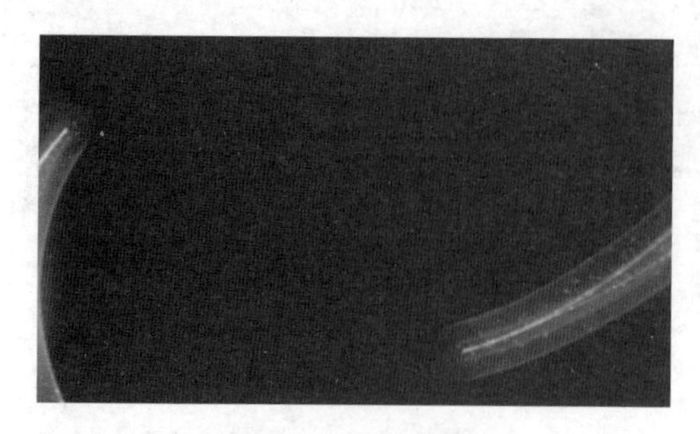

图7-39　预览视频

图7-40　预览发光效果

STEP 04 新建调整图层，为该图层添加“曲线”“三色调”“发光”效果，适当设置参数，调整后的画面效果如图7-41所示。

STEP 05 新建第2个调整图层，双击该图层，打开该图层的“图层”面板，使用“钢笔工具”在画面右上角绘制蒙版，并适当羽化蒙版，如图7-42所示。

图7-41　调整后的画面效果

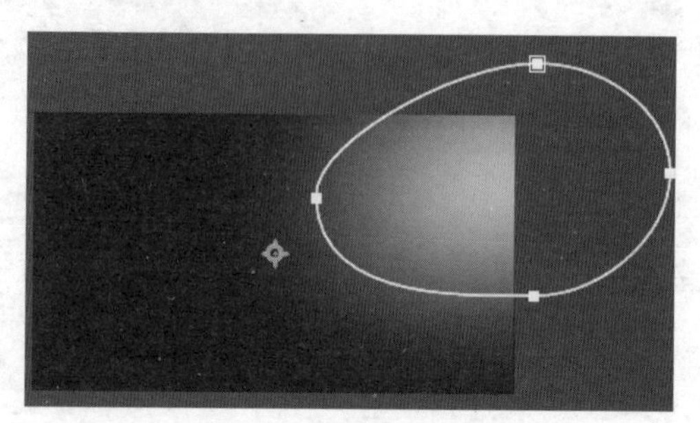

图7-42　添加蒙版

STEP 06 为第2个调整图层添加“曲线”效果，在“效果控件”面板中调整曲线如图7-43所示；在“合成”面板中查看画面右上角发光效果如图7-44所示。

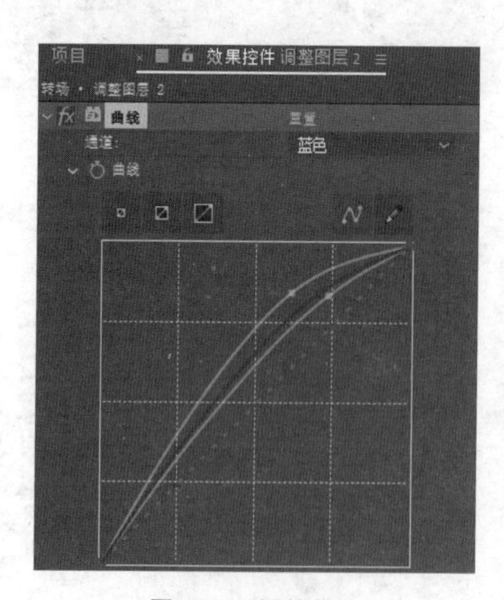

图7-43　调整曲线

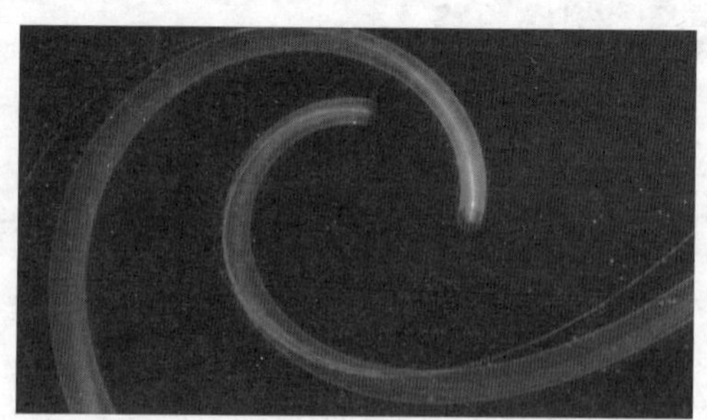

图7-44　右上角发光效果

STEP 07 使用“横排文字工具”在画面中间分别输入“01 企业概况”“COMPANY PROFILE”文字，将“项目”面板中的“Light 1.mov”素材添加到“时间轴”面板中，设置“Light 1”图层的混合模式为“相加”，此时00:00:02:15的画面如图7-45所示，可看到画面存在多余的黑色背景。

STEP 08 按【Ctrl+D】组合键复制“Light 1”图层，设置原“Light 1”图层的轨道遮罩为“亮度遮罩"[Lignt 1.mov]""，然后为复制后的“Light 1”图层添加“色调”和“曲线”效果，适当调整效果参数。隐藏复制后的“Light 1”图层，此时00:00:02:15的画面效果如图7-46所示。

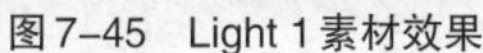
图7-45 Light 1素材效果

图7-46 遮罩后的画面效果

STEP 09 将两个“Light 1”图层和两个文字图层预合成为“篇章”预合成图层，展开“篇章”预合成图层中的“变换”栏，在前后两个不同的时间点各添加一个不透明度为“0%”和“100%”的关键帧，制作文字出场动效。

STEP 10 将“项目”面板中的“Light 2.flv”素材添加到“时间轴”面板中，设置“Light 2”图层的混合模式为“相加”。

STEP 11 新建颜色为“#009CFF”的纯色图层，为该图层绘制蒙版，并适当羽化蒙版，如图7-47所示。按【Ctrl+D】组合键复制该纯色图层，修改复制后的图层蒙版如图7-48所示。适当降低蒙版的不透明度，此时00:00:03:00的画面如图7-49所示。

STEP 12 新建第3个调整图层，为该图层绘制蒙版，适当羽化蒙版，如图7-50所示。为该图层添加“颜色平衡”“亮度和对比度”“曲线”“色调”效果，适当调整效果参数。

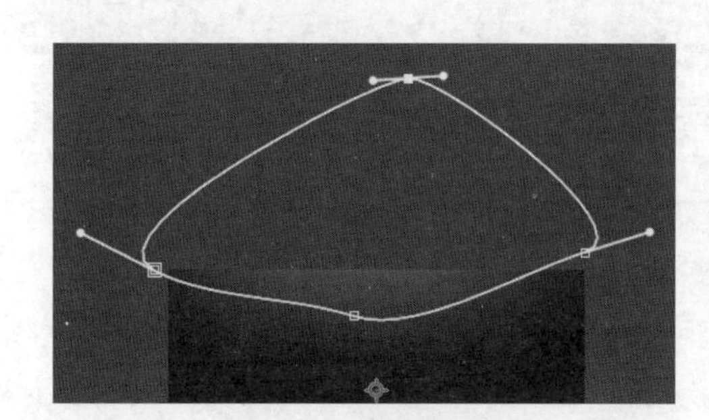

图7-47 羽化蒙版效果

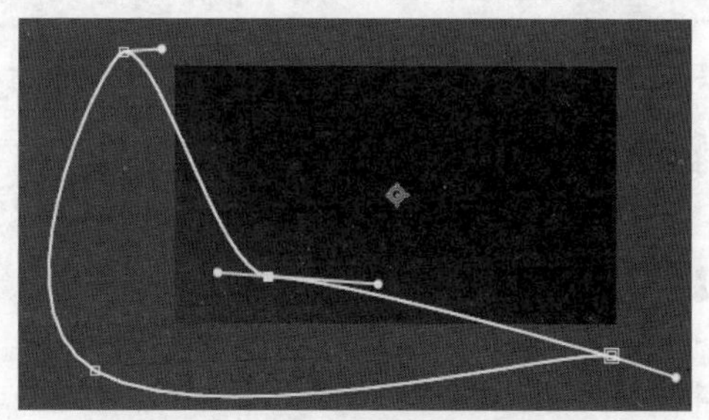

图7-48 修改复制后的图层蒙版

图7-49 降低蒙版不透明度的画面

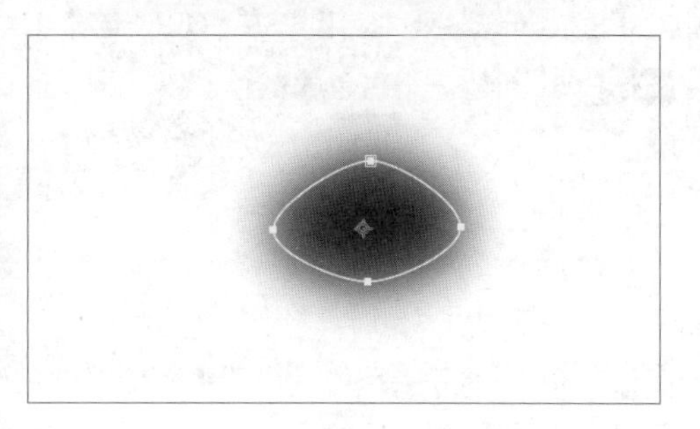

图7-50 新建第3个调整图层

STEP 13 渲染“转场”合成，将其导出为格式为MOV、名称为“01 企业概况”的文件。然后修改“篇章”预合成图层中的文字为其余两部分的信息，并依次渲染导出MOV文件，效果如图7-51所示。

图7-51 其余两部分的效果

2. 剪辑宣传片视频

STEP 01 启动Premiere，新建名为“企业宣传片”的项目文件，新建时基为“25.00 帧/秒”、大小为“1920像素×1080像素”、名称为“企业宣传片” 的序列，将上一部分导出的MOV格式的转场特效视频和“视频素材”文件夹中的素材全部导入“项目”面板（其中的PSD文件以“序列”方式导入）中。

STEP 02 双击“项目”面板中的“企业”序列，“时间轴”面板中将显示该序列内容，通过“效果”面板为每个轨道中的素材入点添加合适的视频过渡效果，并调整各个素材的出场时间，制作出开场效果，如图7-52所示。

图7-52 制作开场效果

STEP 03 切换到“企业宣传片”序列，将“项目”面板中的“企业”序列、“01 企业概况.mov”素材依次添加到V1轨道上。

STEP 04 将“企业大楼1.mp4”“企业大楼2.mp4”“办公1.mp4”“新能源.mp4”“排放.mp4”“风景过渡.mp4”素材添加到V1轨道上，并选中这些素材，在素材上单击鼠标右键，在弹出的快捷菜单中选择【嵌套】命令，制作嵌套序列01，双击“项目”面板中的“01”序列，继续在该序列中调整素材缩放、裁剪时长、调整速度、调色。在这里，我们可以在“Lumetir 颜色”面板的“创意”栏中对“排放.mp4”素材应用“SL NOIR LDR”Look，将其制作为黑白色调。

STEP 05 新建一个白色的颜色遮罩，将“项目”面板中的“颜色遮罩”拖曳到V1轨道“风景过渡.mp4”素材的右上方，如图7-53所示，此时Premiere将自动为“01”序列创建V2轨道。再将“项目”面板中的“企业发展.mov”素材拖曳到V2轨道“颜色遮罩”素材的上方，此时Premiere将自动为“01”序列创建V3轨道。在“时间轴”面板中调整“企业发展.mov”“颜色遮罩”素材的出点与“风景过渡.mp4”素材出点相同，调整入点如图7-54所示。

STEP 06 在“效果控件”面板中降低“颜色遮罩”素材的不透明度至“22.0%”，画面效果如图7-55所示，然后为“01”序列中的所有素材添加合适的过渡效果。

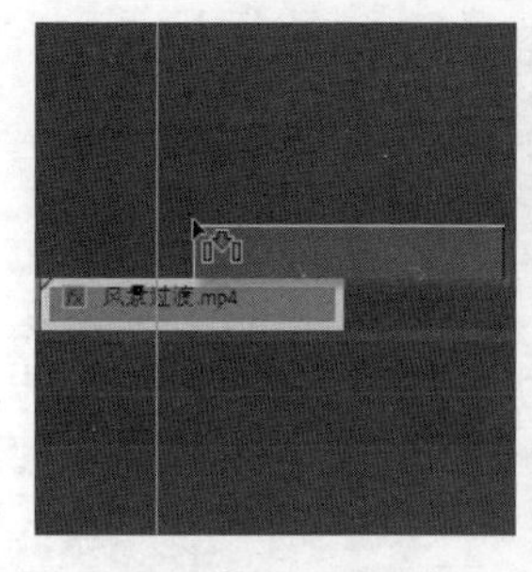

图7-53 拖曳素材

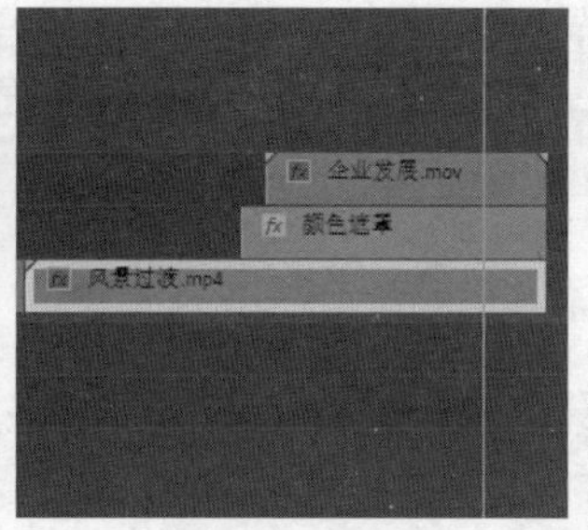

图7-54 调整入点

图7-55 画面效果

STEP 07 切换至“企业宣传片”序列，可发现“01”嵌套序列过短，导致缺少了一部分画面。因此，这时可以删除V1轨道上的“01”嵌套序列，然后将“项目”面板中的“01”嵌套序列拖曳至V1轨道上，然后将“项目”面板中的“02 企业文化.mov”“办公2.mp4”“办公3.mp4”“办公4.mp4”“握手.mp4”“风能.mp4”素材依次添加到V1轨道上，并将除“02 企业文化.mov”外的其他素材制作成嵌套序列“02”，双击该序列，在该序列中调整素材的缩放、裁剪时长、调整速度、调色、添加过渡效果等。

STEP 08 切换至“企业宣传片”序列，发现“02”嵌套序列右端呈斜条纹状态，即多余了一部分空白画面，在斜条纹起始处分割“02”嵌套序列，如图7-56所示，然后删除分割后的后半段。

STEP 09 将“项目”面板中的“03 产品技术.mov”素材添加到V1轨道上，将播放指示器移至该素材出点。双击“项目”面板中的“产品介绍动画.mp4”素材，打开“源”面板，在00:00:03:24处标记入点，在00:00:11:01处标记出点，单击“插入”按钮，将入点到出点的“产品介绍动画.mp4”素材插入V1轨道的“03 产品技术.mov”素材上之后，选中该素材，制作为嵌套序列“03”，双击该序列，将“项目”面板中的“汽车内饰.mov”“仪表盘.mp4”和内容为汽车行驶的相关素材添加到该序列中，并适当放大素材的画面、裁剪时长、调整速度、调色、添加过渡效果等。

STEP 10 选择“汽车行驶5.mp4”素材，为其应用“镜头光晕”效果，在“效果控件”面板中设置光晕中心、镜头类型分别为“637.0，74.0”“105毫米 定焦”，并为其绘制椭圆蒙版，设置蒙版羽化为“100.0”，如图7-57所示。

STEP 11 将00:00:12:18到00:00:15:11的“产品介绍动画.mp4”素材插入V1轨道上，然后将“项目”面板中的“充电近景.mp4”“研发环境.mp4”“研发.mp4”“产品技术1.mp4”“车间.mp4”素材添加到V1轨道上，调整素材的缩放、裁剪时长、调整速度、调色、添加过渡效果等。

STEP 12 切换至“企业宣传片”序列，可发现“03”嵌套序列过短，此时可以删除V1轨道上的“03”嵌套序列，然后将“项目”面板中的“03”嵌套序列拖曳至V1轨道上，添加前后的对比效果如图7-58所示。

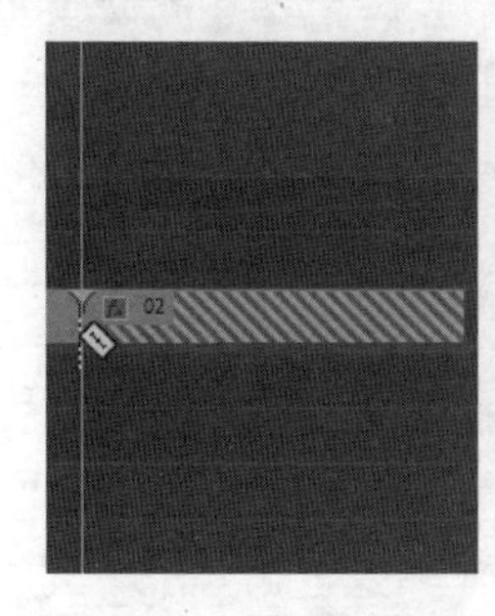

图7-56 分割嵌套序列

图7-57 添加蒙版

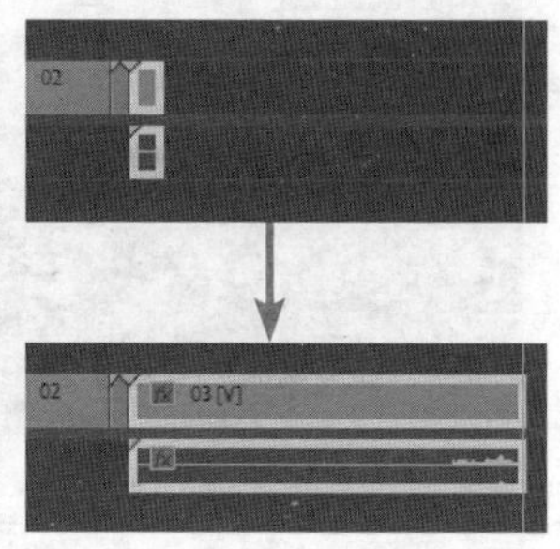

图7-58 添加前后的对比效果

STEP 13 将播放指示器移至00:00:10:00处，选择【窗口】/【文本】命令，打开“文本”面板，在“字幕”选项卡中单击从文件导入说明性字幕按钮，打开“导入”对话框，选择“字幕.srt”文件，单击打开(O)按钮，打开“新字幕轨道”对话框，在“格式”下拉列表中选择“副标题”选项，单击选中“播放指示器位置”单选按钮，然后单击确定按钮。

STEP 14 字幕将被导入“时间轴”面板中新建的C1轨道上，选择其中第一个字幕素材，如图7-59所示。在“基本图形”面板的“编辑”选项卡中设置字体、字体样式、字体大小分别为“思源黑体CN”“Normal”“60”，然后在“轨道样式”下拉列表中选择“创建样式”选项，打开“新建文本样式”对话框，设置名称为“字幕样式”，单击确定按钮。

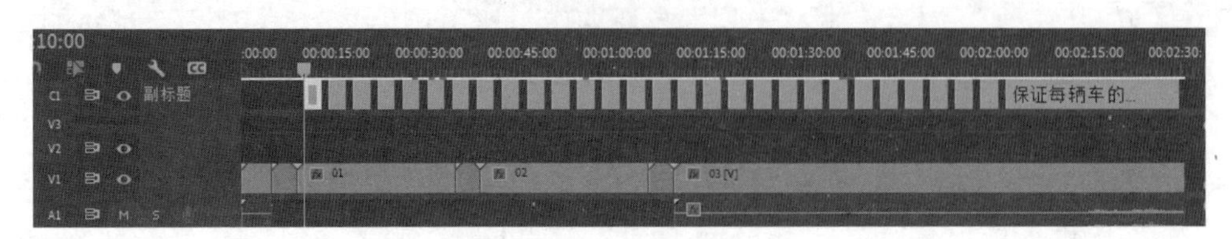

图7-59　导入字幕

STEP 15 在C1轨道上通过拖曳调整每个字幕素材的入点和出点，使字幕与视频画面内容相匹配，然后取消所有的音频、视频素材的链接，删除所有的音频素材。

3. 制作旁白音频

STEP 01 启动Audition，选择【效果】/【生成】/【语音】命令，打开“新建音频文件”对话框，保持默认设置不变，单击确定按钮，打开“效果-生成语音”对话框，将“字幕.txt”素材中的内容复制到对话框的文本框中，设置参数如图7-60所示，单击确定按钮。

STEP 02 选择【效果】/【特殊效果】/【人声增强】命令，打开“效果-人声增强”对话框，单击选中“高音”单选按钮，然后单击应用按钮，提高女声的清晰度。

STEP 03 选择【效果】/【调制】/【镶边】命令，打开“效果-镶边”对话框，设置参数如图7-61所示，单击应用按钮，让语音效果更加真实生动。

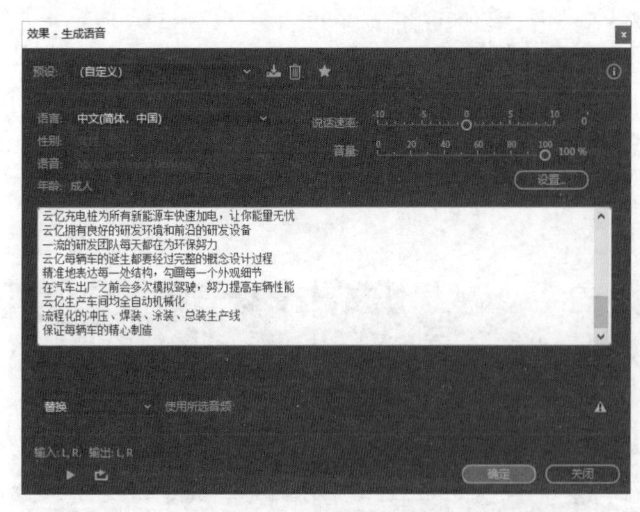

图7-60　设置生成语音的参数

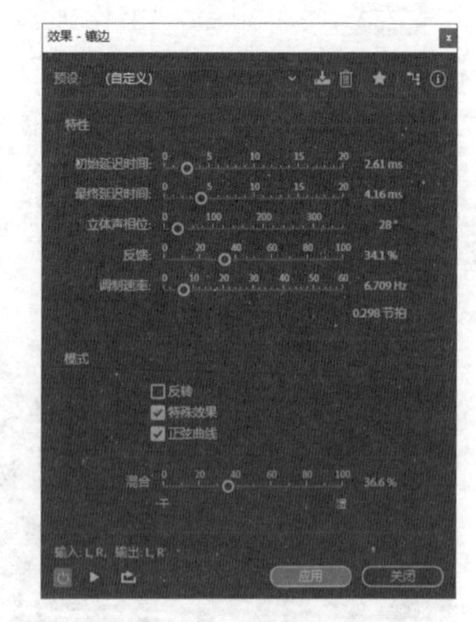

图7-61　设置镶边参数

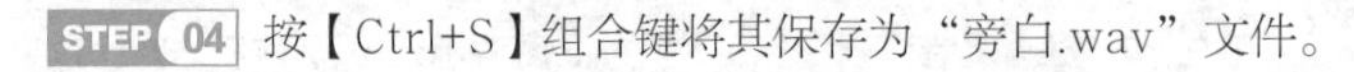

STEP 04 按【Ctrl+S】组合键将其保存为“旁白.wav”文件。

4. 合成并导出完整的宣传片

STEP 01 启动Premiere，导入“旁白.wav”“背景音乐.mp4”素材，将“旁白.wav”素材添加到A1轨道上，并根据视频画面中的字幕出现时间分割旁白，调整每一句旁白的入点和出点，如图7-62所示。

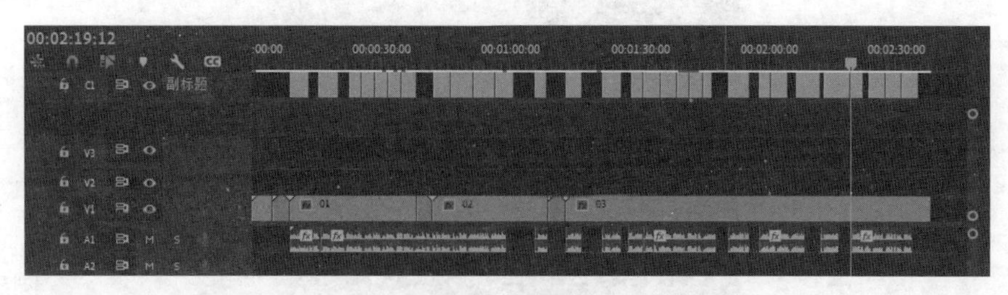

图7-62　调整旁白

STEP 02 将“背景音乐.mp3”素材添加到A2轨道上，在视频结尾分割“背景音乐.mp3”素材，并在该素材的入点、出点处应用默认音频过渡效果。

STEP 03 保存项目文件，然后将“企业宣传片”序列文件导出名称为“企业宣传片”的MP4格式的视频文件。

课后练习

练习 1　制作“星辰大海”公益海报

从遥遥相望到星际遨游，我国奔赴星辰大海的步伐从未停止。为了庆祝即将到来的中国航天日，某公益组织准备制作一张大小为“1181像素×1575像素”的“星辰大海”公益海报，用于在互联网中进行传播，展示人们关于宇宙天马行空的畅想，激发青少年的航天梦想和航天热情。制作时，可以以蓝色为主色调，使用Photoshop的形状工具组、“模糊”滤镜组、混合模式、蒙版、调色命令等，参考效果如图7-63所示。

素材位置：素材\第7章\星辰大海\

效果位置：效果\第7章\“星辰大海”公益海报.psd

设计素养

4 月 24 日“中国航天日”是为了纪念中国航天事业成就，发扬中国航天精神而设立的一个纪念日。设立“中国航天日”旨在铭记历史、传承精神，激发全民族探索的创新热情，凝聚实现中国梦航天梦的强大力量。设计相关作品时，可从激发全民，尤其是青少年崇尚科学、探索未知、敢于创新的热情，科学普及航天知识，唱响“探索浩瀚宇宙、发展航天事业、建设航天强国”的主旋律等方面着手。

图7-63 参考效果

练习 2 制作活动开屏广告

"6.18"活动即将到来，某网店计划在一些App中投放活动开屏广告，通过派送红包、领取优惠券的方式，吸引更多顾客进入店铺参与活动，以提升商品的销量。该开屏广告主要针对1080像素×1920像素的手机屏幕而制作，因此该广告要符合手机屏幕的尺寸。制作时，可以在Animate中通过绘制形状、传统补间动画、元件、引导动画等来完成，参考效果如图7-64所示。

素材位置： 素材\第7章\6.18开屏广告\

效果位置： 效果\第7章\6.18开屏广告.fla

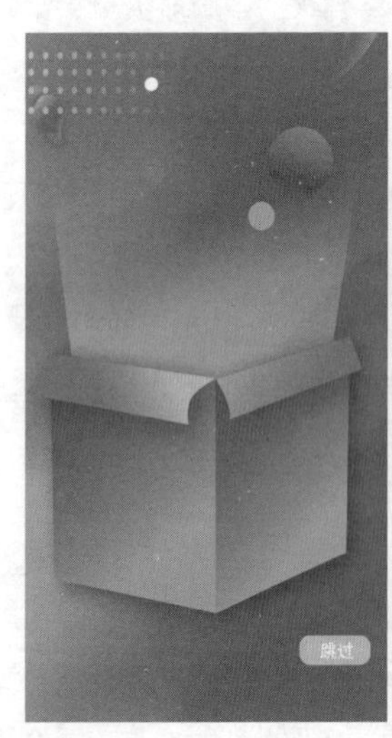

图7-64 参考效果

练习 3 制作《多彩中国》节目宣传片

效果预览

《多彩中国》节目正筹备上线，现准备制作一个宣传片来吸引大众，凸显节目特色。由于该节目风格偏娱乐化，因此片头特效要充满活力，画面色彩要简洁明快。制作时，可先使用AE制作并导出片头特效，再使用Premiere剪辑城市视频素材，最后将片头特效渲染为AVI文件，将AVI文件导入Premiere中合成尺寸为3840像素×2160像素的完整节目宣传片，参考效果如图7-65所示。

素材位置：素材\第7章\节目\

效果位置：效果\第7章\节目片头特效.aep、节目片头特效.avi、节目宣传片.prproj

图7-65 参考效果

拓展案例

▶ 平面设计

促销广告

企业宣传册

科技峰会招贴

数据线主图

▶ 动画设计

谷雨动态宣传海报

猫咪走动场景动画

动态Banner广告

古诗词课件动画

▶ 音频处理

录制“音箱的作用”音频

合成语音聊天

编辑课件录音

丰富背景音乐

▶ 视频制作

旅行Vlog

商品短视频

节目包装

宣传片

▶ 特效制作

动态Logo

广告特效

片头特效

新年祝福特效